海上风电
工程集成技术

中国能源建设集团有限公司工程研究院　组编

许继刚　主编

中国电力出版社
CHINA ELECTRIC POWER PRESS

内 容 提 要

本书由中国能源建设集团有限公司工程研究院组织编写，内容涵盖海洋勘察、钢管桩与导管架制造、风电机组中压变流器控制、海底电缆弯曲限制器制造、海上升压站建造、海上风电施工装备、风电机组基础钢管桩与导管架施工、海上风电调试和智慧运行维护等全产业链核心关键技术。

本书可供从事海上风电勘察设计、装备制造、施工安装、调整试验、运行维护的工程技术人员阅读使用，也可供从事海上风电规划选址与投资建设的各级行政和技术管理人员、从事海上风电研发的科研人员阅读使用，也可作为大专院校与职业学校的教学和培训参考书。

图书在版编目（CIP）数据

海上风电工程集成技术/中国能源建设集团有限公司工程研究院等编. —北京：中国电力出版社，2022.9

ISBN 978-7-5198-6838-3

I. ①海…　Ⅱ. ①中…　Ⅲ. ①海风－风力发电系统　Ⅳ. ①TM614

中国版本图书馆 CIP 数据核字（2022）第 101485 号

出版发行：中国电力出版社
地　　址：北京市东城区北京站西街 19 号（邮政编码 100005）
网　　址：http://www.cepp.sgcc.com.cn
责任编辑：赵鸣志　董艳荣
责任校对：黄　蓓　常燕昆
装帧设计：赵姗姗
责任印制：吴　迪

印　　刷：北京九天鸿程印刷有限责任公司
版　　次：2022 年 9 月第一版
印　　次：2022 年 9 月北京第一次印刷
开　　本：787 毫米×1092 毫米　16 开本
印　　张：18.25
字　　数：382 千字
印　　数：0001—1500 册
定　　价：128.00 元

编 写 单 位

中国能源建设集团有限公司工程研究院

中国能源建设集团广东省电力设计研究院有限公司

中能建华南电力装备有限公司

北京电力设备总厂有限公司

江苏电力装备有限公司

中国能源建设集团浙江火电建设有限公司

中国能源建设集团广东火电工程有限公司

中国能源建设集团华东电力试验研究院有限公司

编 委 会

主　编　许继刚

参　编　葛广林　汪华安　张月华　毛　敏　刘浩鸾　徐金兵
　　　　乐群立　林继辉　徐志强[1]　范永春　张　猛　刘金柏
　　　　陈杰湛　王慧军　赵文忠　郑明煌　吴正武　郑文成
　　　　王红斌　印铃铃　梁汝波　蒋根华　朱杰儿　杨炎忠
　　　　许　强　邓锡斌　刘成柱　徐志强[2]　庄丹辉　楼国才
　　　　汤　磊　陈　冲　李鸿飞　程建棠

注：1　作者单位为中国能源建设集团有限公司工程研究院。
　　2　作者单位为江苏电力装备有限公司。

前言

随着我国将"碳达峰、碳中和"目标升级为国家战略，电力行业作为碳排放主体，其低碳发展对我国实现"双碳"目标起着至关重要的作用。构建清洁、低碳、安全、高效的能源体系，大力发展风能、太阳能等新能源是关键，截至 2021 年底，风力发电（简称风电）、太阳能发电装机容量占总发电装机容量百分比仍不足 30%，因此，大幅提升新能源发电比例是实现减碳目标的重要途径。

海上风电是新能源发展的新领域，也是风电发展的重要方向，与陆上风电相比，其具有发电效率高、资源丰富、节省土地等多方面优势。我国海上风电靠近东部用电负荷中心，便于就近消纳，无论从应对气候变化、污染防治还是能源安全的角度，海上风电的发展定位都将成为我国能源结构转型的重要战略支撑，是未来风电规模化发展的必然趋势，有序推进海上风电发展意义重大。

为助力我国海上风电工程建设成本的降低，提升海上风电工程建设技术水平，中国能源建设集团有限公司积极践行中央企业担当，以重大科技专项形式，支持海上风电领域的科技创新工作。通过对海上风电工程领域关键技术创新研究，形成了从勘察、设备部件研制、建造、安装、调试与运行维护全产业链集成技术。研究成果在浙能嘉兴 1 号 300MW 海上风电场、华能嘉兴 2 号 300MW 海上风电场、浙江苍南 4 号 400MW 海上风电场、广东阳江沙扒 300MW 海上风电场、广东阳江阳西沙扒二期 400MW 海上风电场工程、广东阳江青洲三 500MW 海上风电场等工程建设中成功应用。本书主要内容正是中国能源建设集团有限公司重大科技专项"海上风电工程集成技术研究与应用"多年研究成果的总结、提炼。

本书专业性强、涉及面广，共 10 章，内容涵盖了海洋勘察、钢管桩与导管架制造、风电机组中压变流器控制、海底电缆弯曲限制器制造、海上升压站建造、海上风电施工装备、风电机组基础钢管桩与导管架施工、海上风电调试和智慧运行维护等关键技术。本书的出版将为海上风电工程建设提供重要的技术资料，为推动我国海上风电工程建设领域的技术进步发挥积极作用。

本书编委会由中国能源建设集团有限公司从事海上风电工程技术研究、技术管理的核心骨干人员组成，分别来自中国能源建设集团有限公司工程研究院、中国能源建设集团广东省电力设计研究院有限公司、中能建华南电力装备有限公司、北京电力设备总厂有限公司、江苏电力装备有限公司、中国能源建设集团浙江火电建设有限公司、中国能源建设集团广东火电工程有限公司、中国能源建设集团华东电力试验研究院有限公司等单位。

本书作者都是长期从事海上风电工程研究、勘察、制造、建设的专业技术人员，有着丰富的海上风电工程实践经验。本书不仅有算法研究、制造工艺、施工装备研发，同时还有大量的国内外技术调研和工程案例分析，可为从事海上风电工程研究、勘察、制造、建设、调试与运行维护的专业技术人员提供有益的帮助。同时，对于从事海上风电工程建设、调试、运行、维护的管理和教学、培训人员也有一定的参考价值。

本书由许继刚担任主编，负责全书的组织、策划和统稿工作。徐志强❶、李鸿飞负责全书的图文整理工作。前言由许继刚编写，第一章由许继刚和徐志强❶编写，第二章由汪华安、范永春、郑文成、邓锡斌编写，第三章由林继辉、郑明煌、杨炎忠、陈冲编写，第四章由张月华、张猛、王红斌、刘成柱编写，第五章由毛敏、刘金柏、印铃铃、徐志强❷编写，第六章由乐群立、赵文忠、朱杰儿、汤磊、程建棠编写，第七章由葛广林、李鸿飞编写，第八章由刘浩鸾、陈杰湛、梁汝波、庄丹辉编写，第九章由徐金兵、王慧军、蒋根华、楼国才编写，第十章由吴正武、许强编写。全书由许继刚审定。

由于海上风电技术发展迅速且本书编写时间仓促，难免存在遗漏和需要改进的地方，真诚欢迎广大读者提出批评意见和修改建议。

编　者

2022 年 5 月

---

❶ 作者单位为中国能源建设集团有限公司工程研究院。

❷ 作者单位为江苏电力装备有限公司。

目 录

第一章

海上风电工程技术综述

第一节 发 展 背 景

推进能源生产和消费革命，构建清洁低碳、安全高效的能源体系和新型电力系统是实现我国"碳达峰、碳中和"目标的必由之路。海上风电作为新能源发展的重要领域，是推动风电技术进步和产业升级的重要力量，是促进能源结构调整的重要发展方向。风力发电最关键的因素就是风力的大小，海上风况普遍优于陆上，离岸 10km 海域的海上风速通常比沿岸要高出 20%，风电机组的发电功率（即风功率密度）与风速的 3 次方成正比，因而同等条件下，海上风电机组的年发电量可比陆上高 70%。同时，海上很少有静风期，海上风电机组的发电时间更长，一般陆上风电机组的年发电利用小时数约为 2000h，而海上风电机组往往能达到 3000h 以上。我国海上风力资源丰富，具备较高的开发价值，长约 18000 多公里的海岸线，可利用海域面积约为 300 万 km^2。根据此前风能资源普查结果，我国 5～25m 水深、50m 高度海上风电开发潜力约为 2 亿 kW，5～50m 水深、70m 高度海上风电开发潜力约为 5 亿 kW，我国海上风能可开发潜力巨大。此外，我国海上风电靠近东部用电负荷中心，便于就近消纳，无论从应对气候变化、污染防治还是能源安全的角度，海上风电的发展定位都将成为我国能源结构转型的重要战略支撑。丰富的资源潜力、高发电利用小时数、不占用土地、适宜大规模开发以及较好的消纳能力等特点，决定了我国海上风电将快速发展。

2021 年 10 月 24 日，国务院发布的《关于印发 2030 年前碳达峰行动方案的通知》（国发〔2021〕23 号）提出：坚持陆海并重，推动风电协调快速发展，完善海上风电产业链，鼓励建设海上风电基地。2021 年 12 月 22 日，国家发展和改革委员会发布了《关于印发〈江苏沿海地区发展规划（2021—2025）〉的通知》（发改地区〔2021〕1862 号）提出：加快建设近海千万千瓦级海上风电基地，规划研究深远海千万千瓦级海上风电基地。2022 年 1 月 29 日，国家发展和改革委员会、国家能源局发布了《关于印发〈"十四五"新型储能发展实施方案〉的通知》（发改能源〔2022〕209 号），结合广东、福建、江苏、浙江、山东等地区大规模海上风电基地开发，为海上风电配置新型储能，提升海上风电消纳利用水平和容量支撑能力。在国家、地方各项政策的持续支持下，我国海上风电将迎来规模化发展的黄金期。

近几年我国海上风电开发速度明显加快，2020 年海上风电新增装机容量 3060MW，

2021 年我国海上风电新增装机量达 16 900MW，累计装机达到 26 380MW，这也使得我国海上风电总容量超过英国，成为全球第一大海上风电市场。根据国际风能理事会的预测，2023 年以后，海上风电会保持 20%以上的年化复合增长率。同时，我国也在通过宏观统筹和整体规划，推进海上风电规模化、集约化开发，推动我国从海上风电大国迈向海上风电强国。不少省市已经着手统筹开发海上风电，广东、浙江、江苏、山东北部、闽南外海、广西北部湾以及海南均出台了相关规划。以广东为例，截至目前，我国海上风电先行者——广东阳江，已有 10 000MW 海上风电项目通过核准，国内首个近海深水区海上风电项目正在建设中，国内首个漂浮式海上风电机组已并网发电。根据"十四五"可再生能源发展规划初步成果，预计到 2025 年底，我国海上风电累计装机将达到 30 000～40 000MW，即 2022—2025 年的年均增量在 4500～6700MW。

我国海上风电的大规模开发，推动了产业链快速迭代升级，无论是装备、技术还是管理水平都有显著进步，15MW+的风电机组、±400kV 柔性直流输电、搭配 DP2 动力系统的 2500t 以上施工装备等先进技术不断涌现。风电场已经从近海的 200～300MW 逐步发展到千兆瓦量级，这些都说明我国海上风电技术取得了长足进步。但是，随着我国海上风电走向规模化、集约化开发，对海上风电度电成本提出了新的要求。海上风电工程建设成本是影响海上风电电价的重要因素之一，海上风电工程建设涉及多个方面，包括风电机组、桩基基础、海上输变电、施工和运维等，每个环节的精细化设计、技术和管理优化都对海上风电的经济性起着至关重要的作用。

目前，风电机组整机制造成本降低仍需技术突破和关键零部件国产化等支持，短时期内其成本很难大幅降低，相比而言，降低海上风电建设和运维成本是短期内降本增效的有效途径之一。相较陆上风电，海上风电不仅是风电工程，也是海洋工程，除了风电技术，更需要借助先进的海洋工程技术。纵观我国海域，从南到北资源禀赋各异，广东、福建是典型的高风速区域，水深风大；山东、广西以及江苏，海域特点则是水不深、大陆架下降趋势比较缓，但是风速不太高。面对多样性的海域，为了获得最大发电能力，需要深度研究风资源状况、海文海况、海底实际状况等不同条件，针对未来海上风电向远海、深海发展，以技术创新为核心，提出最优的建设及运行维护解决方案，通过工程技术创新持续降本增效，推动海上风电建设和运行维护成本的降低。

🎐 第二节　海上风电工程技术现状

一、国外发展现状

1990 年，瑞典安装了第一台试验性的海上风电机组，离岸距离为 350m，水深为 6m，单机容量为 220kW。1991 年，丹麦在波罗的海的洛兰岛西北沿海建成了世界上第一个海上风电场——Vindeby 海上风电场，拥有 11 台 450kW 的风电机组，机组距离海岸线仅 1.5～3km。2000 年，兆瓦级风电机组开始应用于海上，海上风电项目初步具备了商业化应用的价值。2002 年，丹麦在北海海域建成了世界上第一座大型海上风电场——Horns Rev Ⅰ 海上风电场，共安装 2MW 风电机组 80 台，装机容量达 160MW。随后，德国、英国、比利时、丹麦等诸多欧洲国家陆续投入到海上风电场的建设。表 1-1 给出了欧洲北海地区部分代表性的海上风电场。

表 1-1 欧洲北海地区部分代表性的海上风电场

风电场名称	装机容量（MW）	风力发电机组型号	开发时间（年）	水深（m）	离岸距离（km）	国家
Alpha Ventus	60	6×MultibridM5000 6×Repower5M	2010	28	56	德国
BARD Offshore 1	400	80×BARD 5.0	2013	40	100	德国
Beatrice	10	2×REpower5M	2007	45	23	英国
Belwind	165	55×VestasV90-3.0MW	2010		46	比利时
Borkum Riffgrund I	312	78×SiemensSWT-4.0-120	2015	23～29	55	德国
DanTysk	288	80×SiemensSWP-3.6-120	2015	21～31	70	德国
Dudgeon	402	67×SiemensSWT-6.0-154	2017		32	英国
Eneco Luchterduinen	129	43×VestasV112/3000	2015	18～24	24	荷兰
Gemini BuitenGaats&ZeeEnergie	600	150×SiemensSWT-4.0	2017		55	荷兰
Global Tech I	400	80×MultibridM5000	2015	39～41	110	德国
Gode Wind 1&2	582	97×SiemensSWT-6.0-154	2016	30	42	德国
Greater Gabbard	504	140×SiemensSWT-3.6-107	2012	20～32	23	英国
Hywind	2.3	1×SiemensSWP-2.3-82	2009	220	10	挪威
Northwind	216	72×VestasV90-3.0	2014	16～29	37	比利时
Sandbank	288	72×SiemensSWT-4.0-130	2017	24～34	90	德国
Thomtonbank	325.2	6×REpower5M, 48×Senvion6M	2013	13～19	27	比利时
Veja Mate	402	67×SiemensSWT-6.0-154	2017	41	95	德国

近年来，包括英国、德国、丹麦、美国、韩国、日本等西方国家纷纷加快了海上风电开发的速度。海上风电已成为不少欧洲国家争相发展的方向。根据全球风能理事会（GWEC）发布的统计数据，截至 2021 年底，全球海上风电总装机量约为 57 000MW。根据预测，到 2025 年，欧洲海上风电装机量将达到 40 000MW，其中 30 000MW 来自近海（离岸距离 ＜70km），10 000MW 来自远海（离岸距离 ≥70km）。

常用的海上风电机组单机容量从 2MW 至 8MW 不等，2021 年 2 月，维斯塔斯（Vestas）宣布推出 V236-15.0MW 海上风电机组，单机容量为 15MW，将应用于德国 He Dreiht

900MW 海上风电项目。根据相关研究预测，未来几年海上风电工程建设规模将迅速扩大，并向深海发展。随着离岸距离的增加，交流输电技术的优势将逐渐减弱，高压直流输电技术将成为大规模海上风电送出的有效方法之一。近年来漂浮式基础被提出应用于深远海领域的风电项目开发，许多国家已相继开展了研究论证，截至 2019 年 6 月，全球在运行的漂浮式示范风电机组或商业化项目已达 9 个，主要集中在欧洲、日本、韩国和美国。采用漂浮式基础的风电机组对深远海区的适应性较强，施工难度小，运维成本低，具有良好的应用前景。

二、国内发展现状

我国海上风电起步较晚，2007 年 11 月，中国海油绥中 36-1 钻井平台 1.5MW 试验机组的建成运行标志着我国海上风电的正式起步。2009 年 1 月，国家发展和改革委员会、能源局正式启动了沿海地区海上风电的规划工作。2010 年 6 月，我国建成亚洲第一个大型海上风电示范项目——上海东海大桥 102MW 海上风电场，由 34 台 3MW 风电机组组成，离岸距离为 8～13km。该项目填补了国内海上风电工程主设备制造、工程设计、施工、管理等方面的空白，为我国海上风电产业发展提供了宝贵经验。2013 年底，我国陆续完成 17 个海上风电项目。2014 年，我国海上风电产业经历了爆发式增长，进入快速发展期，海上风电政策导向逐步明确，逐渐由风电政策细分至海上风电政策。2016 年之后，我国海上风电进入全面加速阶段。

根据统计数据，2017 年，我国海上风电新增装机容量达 1160MW，累计装机容量达 2790MW；2018 年，新增装机容量达 1650MW，累计装机容量达 4440MW；2019 年，新增装机容量约 1980MW，累计装机容量约 6420MW；2020 年，新增装机容量约 3060MW，累计装机容量约 9480MW；2021 年，新增装机容量达 16 900MW，累计装机容量达 26 380MW，如图 1-1 所示。

图 1-1　2017—2021 年我国海上风电装机情况统计图

由近年数据可以看出，我国海上风电迈入加速发展期，增长势头强劲。表 1-2 列出了我国部分地区代表性海上风电场。

表 1-2 我国部分代表性海上风电场

风电场名称	装机容量（MW）	风电机组单机容量（MW）	开发时间（年）	水深（m）	离岸距离（km）
广东珠海金湾海上风电场	300	5.5	2018	10~25	10
广东阳江沙扒四期海上风电场	300	6.45	2019	27~31	24.8
江苏盐城大丰 H5 海上风电场	206.4	6.45	2020	15~20	67
江苏如东海上风电场（H4、H7）	800	4	2020	16、19	33、62
广东阳江青洲三海上风电场	500	6.8/8.3	2021	42~46	60

目前，我国的海上风电技术已进入大型化、规模化与商业化阶段。2021 年 8 月，明阳智能宣布推出 MySE16.0-242 海上风电机组，单机容量达 16MW，超过维斯塔斯 V236-15.0MW、西门子歌美飒 14MW-222DD、GE Haliade X 14MW-220 三款机型，一举"跃居"成为全球单机容量最大的海上风电机组。2021 年 12 月，江苏如东海上风电场±400kV柔性直流输电工程实现风电场全容量并网，项目离岸直线距离为 65km，总装机容量为1100MW，是目前世界上容量最大、电压等级最高、亚洲首个海上风电柔性直流输电工程，也是柔性直流输电技术在我国远海风电送出领域的首次应用。2021 年 12 月，搭载全球首台抗台风型漂浮式海上风电机组在广东阳江海上风电场成功并网发电，标志着我国海上风电正由陆向海、由浅到深、由固定基础向漂浮式平台方向发展。近年我国海上风电开发已经拓展至超过 40m 水深区域，为了能够更加充分地获取和利用海上风力资源，深远海将成为我国今后一段时间海上风电发展的热点区域。

三、发展趋势

根据全球风能委员会统计数据，我国海上风电新增装机容量连续多年领跑全球。我国海上风电正呈现出规模化、智慧化、定制化和大型化的发展趋势，其发展范围包括近远海、浅深水，并由小规模向大规模迅速扩张的趋势。未来我国将建成更多的百万或千万千瓦级海上风电场，形成集约化发展优势。

1. 机组容量大型化

单机容量是衡量海上风电技术与装备水平的关键性指标。早在 2010 年，欧洲海上风电新增装机平均单机功率已达 4MW，2015 年后新并网风电机组平均单机功率以每年1MW 的速度增长。2019 年，欧洲平均单机功率达 7.8MW。目前，10MW 及以上风电机组成为各制造商的重点开发方向，西门子歌美飒 11MW 机组已在丹麦 Osterild 海上风电场应用，GE 公司 12MW 样机 2019 年 10 月已在阿姆斯特丹发电。预计到 2030 年，海上风电单机功率将达 15～20MW。目前，我国已掌握 5～7MW 海上风电整机集成技术，5MW 成为主流机型，国内已吊装的最大单机功率达 10MW，多家整机制造商正在开展 10MW 以上机型的设计和样机生产，逐步缩小与欧洲的差距。

2. 开发区域逐步深远海化

离岸距离以及水深是衡量海上风电技术与开发能力的另一项重要指标。一般认为离岸距离 50km 或海深 50m 可认为是深远海风电场。深远海域风能资源丰富，开发制约因素相对较少，是未来海上风电的发展趋势。我国海上风电场分为潮间带滩涂风电场、近海风电场以及深远海风电场，其中潮间带滩涂风电场水深 5m 以下，近海风电场水深为 5～50m，深远海风电场水深为 50m 以上。我国潮间带滩涂和近海风电开发技术较为成熟，已投运的海上风电基本在 25m 水深以内。随着近浅海资源开发逐渐趋于饱和，海上风电的发展势必走向深远海领域，25～50m 水深的近海以及深远海是我国海上风电发展最具潜力的海域。漂浮式基础是深远海风电的重要组成部分，欧洲、日本、中国已开展示范，是未来海上风电发展的重要方向。

3. 直流输电方式成为热点

目前，海上风电场输电技术主要有高压交流输电技术、高压直流输电技术，理论上还有分频输电技术及多相输电技术等。海上风电场输电方式的选择主要参考风电场容量和离岸距离。高压交流输电方式多适用于海上风电小规模、近距离输送，交流输电方式具备技术方案成熟度高、近海输送成本低、结构简单、可靠性高等优点，我国建成的近海风电场多采用高压交流输电方式。分频输电技术是在不提高电压等级的前提下通过降低输电频率来实现电能的传输，具有提高线路传输能力，减少输电回路数和出线走廊以及延长海底电缆使用寿命的优点，但会带来低频侧变压器的体积和造价增大，交-交变频器需要考虑无功补偿和滤波等问题。多相输电是指相数多于三相的输电技术，理论上具有提高线路输电功率和热稳定极限功率等优点。但是随着相数的增多，多相输电线路故障组合类型迅速增加，断路器结构更加复杂，给故障分析计算、继电保护的设计及整定带来了困难。随着海上风电场开发规模的扩大，输电容量和输电距离的增加，当海上风电的离岸距离超过 70km 甚至更远时，采用高压交流输电产生很大的电容电流，会显著降低电缆输送有功的能力。因此，高压交流输电不能满足大容量、远距离海上风电输送的需求。随着电力电子器件、计算机控制等技术的发展，高压直流输电具有输送距离远、运行调控灵活等优点，适用于输电距离更远的海上风电的并网，成为未来海上风电输电的热点。

🌀 第三节 关 键 技 术

海上风电工程集成技术涵盖海洋勘察技术、装备制造、施工安装、调试和运行维护等方面关键技术，涉及海上风电工程建设领域各个环节。在海洋勘察方面重点介绍海洋岩土勘察平台、船只及勘察设备情况。在装备制造方面，主要包括海上升压站建造技术、海上风电中压变流器控制技术、海底电缆弯曲限制器三个方面。在施工安装方面，主要包括海上风电施工装备关键技术和海上风电机组多桩导管架工程装备与工艺。在调试方面，重点介绍海底电缆主绝缘交流耐压试验、海底电缆差动保护校验系统。在运行维护方面，重点介绍运维船舶专业化管理和海上风电智慧运维管理。

1. 海洋勘察平台关键技术

针对国内外海洋岩土勘察使用的平台、船只及勘察设备，分析勘察平台、船只的动力配置及在不同海况下的适应能力，分析不同勘察设备的勘察施工能力及勘察质量等，提出了专业海洋勘察船只、设备实施海洋岩土勘察作业的组合方案。通过现场试验对推荐的海洋岩土勘察平台在全孔绳索钻探取芯、全孔静压取样、全孔井下式孔压静力触探（CPTU）、全孔交替式取样及 CPTU 方面的效果进行论证和评价。

2. 海上风电钢管桩与导管架制造关键技术

风电机组基础钢管桩、导管架采用 DH36/EH36 材质，在分析材料的延展性特性基础上，介绍了大型钢管卷板制管外形尺寸控制、超厚超大直径钢管卷制工艺优化方法，提高了钢管卷制成型工效和质量。为提高大型构件钢管环缝焊接效率，介绍了高效打底焊技术、多台焊机联动控制装置及变直径钢管桩焊接滚轮架技术，实现多环焊缝同时焊接。针对导管架卧装建造工艺精度控制难题，详细论述了导管架侧片车间预拼装精度控制措施及导管架主体外场立体拼装工艺。

3. 海上风电用中压变流器控制技术

海上风电用中压变流器在低开关频率下，输电电流谐波较大，对并网电流的电能质量影响较大，为改善输出电能质量，介绍了适应中压大功率工况的特定谐波消除脉宽调制（selective harmonic elimination PWM，SHEPWM）和断续脉冲调制（discontinuous puls width modulation，DPWM）策略。针对低开关频率下三电平变流器中点电位平衡控制问题，提出了 SHEPWM 和 DPWM 动态切换控制策略，维持开关频率基本不变的前提下实现了中点电位的快速调节和稳定控制。针对不平衡电网工况下并网控制及谐波电网工况下并网控制，论述了基于比例积分降阶谐振调节器及有源阻尼控制的综合协调控制策略对抑制并网电流谐波的效果。

4. 海底电缆弯曲限制器

海底电缆弯曲限制器是保护海底电缆的重要附件，针对弯曲限制器制造工艺，建立海缆弯曲限制器有限元模型，阐述海缆弯曲限制器结构尺寸、材料和连接方式的设计方法，介绍了浇注型聚氨酯弹性体的成型工艺。针对 J 管中心夹具加工变形量控制，分析材料对成品设计参数的影响，建立设计模型。

5. 海上升压站建造技术

为降低上部组块陆上建造施工对场地和配合机械的要求，阐述了整体式建造技术，通过优化上部组块结构组合、吊装和安装工序，降低上部组块建造过程对场地和配合机械设备的要求。钢结构制造时原材料尺寸、装配尺寸、焊接变形、环境温度等都会造成安装误差，为有效控制误差，论述了偏差控制的措施和工艺方法，降低对各杆件节点间配合公差的影响。为降低上部组块安装过程对地比压，介绍了上部组块底部工装设计。针对超高型导管架建造难点，给出了超高导管架建造技术与工艺。

6. 海上风电施工装备关键技术

随着海上风电建设需求的不断发展，海上施工安装作业平台已经发展为一种独特的专业施工装备，其主要特点：自升式、四桩腿、绕桩式起重机和动力定位系统。通过对海上风力发电机大部件数据和海上施工安装作业平台发展的分析，提出适应未来3～5年风电机组主流机型的海上施工安装作业平台方案。

7. 海上风电机组多桩导管架工程装备与工艺

导管架基础嵌岩地层复杂，采用可打入性分析和引孔岩壁强度计算方法，确定沉桩初打深度。为满足泥浆反循环钻孔工艺的要求，给出插肩式护筒设计方法、Ⅰ型桩"打-钻-打"工艺、芯柱嵌岩桩钢筋笼安装和混凝土灌注工艺。为解决牺牲护筒工艺方案对水下Ⅲ型桩施工定位精度的影响，介绍了双层定位技术。针对不同水深沉桩定位及垂直度高精度要求，分别论述了水上导向定位平台、水下导向定位平台设计模型，并给出了导向定位工装选用建议。

8. 海上风电调试关键技术

海底电缆交流耐压试验试验电压高、电流大，在分析长距离聚乙烯海底电缆交流耐压试验方式基础上，给出了试验参数的计算方法、试验设备的选择方法。为实现海底电缆在风电机组并网前无负荷情况下差动保护校验，介绍了一种基于励磁涌流差动保护校验方法。继电保护与自动化装置带模拟负荷校验系统及方法是通过三相一次通流及一次通压试验，使系统继电保护与自动化装置带上模拟负荷，真实地反映系统互感器的配置与连接的正确性、可靠性。

9. 海上风电智慧运维技术

通过对海上风电运维技术发展现状与技术发展趋势的分析，给出了运维船舶要求、管控措施及运维船舶选择建议。针对海上风电运行维护工作特点，论述了海上风电运维管理策略，智慧化运维技术及智慧运维调度管理措施。智慧运维技术的应用可以提升运行维护作业安全性、通达性、经济性，对降低运行维护成本、降低发电损失、提高风电场发电量起着至关重要的作用。

第四节　技术关联性分析

随着我国海上风电产业逐步向大型化方向发展，风电机组容量持续增大，风电机组基础从固定式走向漂浮式，海上风电场从近海走向远海，从浅海走向深海，海上风电场建设的难度远大于陆上风电场，建设成本是陆上风电的 2～3 倍。此外，海上风电建设成本还与海水深度、离岸距离等因素密切相关。

海上风电工程集成技术通过对海上风电工程产业链分析，围绕海上风电工程中涉及的勘察技术、设备/产品（含辅助设备）、安装技术（含施工装备）、调试技术、运行维护 5 大领域，结合近年海上风电发展的趋势和特点，介绍海上风电工程产业链中海洋勘察、钢管桩与导管架、中压变流器、海底电缆弯曲限制器、海上升压站、多桩导管架、海上施工装备、调试、智慧运维 9 项关键技术，构成从海洋勘察、设备部件研制、大型钢结构建造及安装、调试与运行维护等全产业链集成技术，为海上风电工程建设水平提升提供技术支撑。海上风电工程集成技术总体技术框架如图 1-2 所示。

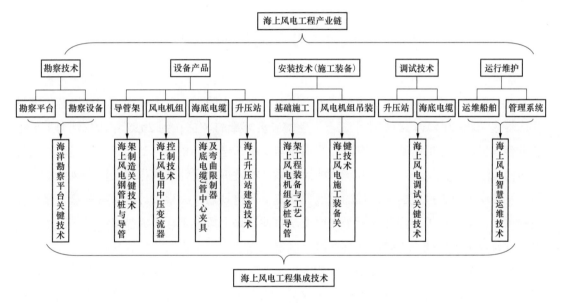

图 1-2　海上风电工程集成技术总体技术框图

在工程勘察领域，重点围绕海洋勘察平台和船只及岩土勘察设备的选择、适应性分析等方向，解决海洋勘察工艺、设备升级改进问题。勘察技术为工程设计、施工安装及运行维护提供基础资料，是工程建设、运行维护方案选择的重要依据。

在设备、产品领域，基于大型钢结构制造、电力电子控制技术、电力金具设计开发等方面的技术现状，围绕风电机组基础钢管桩与导管架制造中压变流器控制技术、海底电缆弯曲限制器制造、海上风电升压站建造等方向，论述涉及核心设备、产品及相关辅助设备研发及加工制造的基础理论、关键技术与工艺，为工程安装、调试、运行维护提供研究对象。

在安装技术领域，重点针对风电机组基础施工、风电机组吊装方面施工装备、施工工艺需求，围绕多桩导管架桩基施工、施工平台性能要求，提供适应未来风电机组大容量、高参数、深远海发展方向的海上风电工程建设施工装备解决方案。

在调试技术领域，针对海上风电与陆上风电的设备布置、系统构成等差异，围绕海底电缆高压试验、继电保护调试等方向，提供个性化海底电缆耐压试验与差动保护校验、继电保护与自动化装置带模拟负荷校验等试验方法。

在运行维护领域，针对海上风电与陆上风电在运维装备管理、设备检修所受的外部气象条件限制等差异，重点围绕海上风电运维船舶管理、运维策略、运维调度管理系统开发等方向，为海上风电个性化管理、智慧运维信息化管理提供解决方案。

海上风电工程集成技术通过工程建设中个性、共性，前期、后期各个环节关键技术的论述，将工程建设链条各项关键技术集成在一起，为向规模化、智慧化和大型化发展的海上风电工程建设提供整体解决方案。

第五节 发 展 前 景

面对能源短缺、环境污染、气候变化等人类共同难题，海上风电将成为我国可再生能源发展的重点领域。根据各省规划，主要沿海省份"十四五"海上风电规划新增装机容量合计可达 7000 万 kW，约是"十三五"新增装机容量的 8 倍；到 2035 年，我国海上风电装机容量将达到 1.3 亿 kW 左右，与我国目前西电东送容量相当，对促进我国能源结构转型和构建清洁低碳、安全高效的现代能源体系，将发挥举足轻重的作用。海上风电的大规模开发带动了海上风电建设市场的发展，从海上风电规划、勘察设计、装备制造、建设安装到调试、运行维护，将迎来一个高速发展时期。海上风电工程集成技术的推广应用可解决工程建设中重要技术难题，对推动海上风电工程技术进步将发挥积极作用。

海洋勘察平台关键技术可适应国内 300m 水深海域海上风电勘察工作，在同等资源配置及海况条件下，可有效提高单孔工作效率。大型金属构件制造工艺可降低大型钢结构制造单位成本，提高超大直径钢管生产效率。中压变流器控制技术、海缆弯曲限制器可推广应用于各类海上风电用中压变流器开发和海底电缆保护。海上升压站建造技术与主流模块式建造技术在工期相差不大的情况下，可有效降低建造场地和配合机械要求。海上风电施工装备提出了适应未来风电机组大型化发展要求的施工装备解决方案。海上风电机组多桩导管架工程装备与工艺可适应多类嵌岩基础施工，对提高施工效率有显著作用。海上风电调试技术提供了海底电缆调试的专项方案，可保证工程调试质量，降低电网运行的安全风险。海上风电智慧运维技术提供的海上风电智慧化管理方法和管控措施，对降低海上风电场运营成本可发挥积极作用。

海上风电工程集成技术密切结合国内海上风电发展趋势，符合海上风电工程建设技术创新的现实需求，对于降低我国海上风电工程建设成本、缩短建设工期方面将发挥重要作用，同时对于后续大规模海上风电工程的开发、建设、运营管理也将提供重要技术支撑。

第二章

海洋勘察平台关键技术

第一节 简 述

随着风电场选址水深与离岸距离不断增加，海况条件较近岸区恶劣，由此带来海上风电场工程的建设难度和投资成本增加，勘察难度不断增大，需要进一步提升海上风电勘察相关关键技术。

不同于陆上风电项目，海上风电建设不仅涉及海域功能的区分、航道、电缆铺设、环境保护，还关系到国防安全等一系列问题。因此，在海上风电场的建设中，海上风电勘察成果直接关系布机范围、电缆路径、桩型选择、工程造价等问题，海上风电勘察被视为项目前期开发的关键性环节，也是海上风电开发建设最重要的输入边界资料。

海上风电机组为高耸构筑物，既要考虑风浪、水流对支撑结构和地基的作用，还要考虑在风电机组动荷载作用下，地基的变形和承载力，因此，风电机组基础受力比较复杂，对勘察成果的准确性要求更高；另外，海上风电机组的基础形式多样且各自具有独特的岩土参数要求，参数的获取及其评价也更加复杂化，岩土工程分析评价对基础形式的选择及整个工程造价具有至关重要的作用，这就对勘察设备的质量提出了更高的要求。

随着国内近岸海上风电开发完成，海上风电逐步向近海深水区开发，海况条件较近岸区恶劣，水深多超过 40m，现有常规海洋勘察工艺和设备已较难适用深水区勘察，但采用专业海洋船舶搭接专业勘探设备可适用于深水区勘察。

一、国内外海洋勘察平台发展现状

（一）国外海洋勘察平台发展现状

国外海洋工程开发建设起步较早，用于海洋岩土勘察的船只设备已较为完善，欧洲各国因岩土技术先进，海洋专业船只和勘察设备成熟，已广泛应用于海洋岩土勘察中。欧美等国家拥有近海勘察三大技术：

（1）船载式定制化专用勘察平台。如德国"METEOR"、美国"JOIDES Resolution"、荷兰"Gusto MSC"、西班牙"SUELO"等。

（2）海床贯入式平台。依靠水下动力设备将原位测试探头贯入至土层中，如 ROSON 海床式静力触探系统。

（3）井下贯入式平台。依靠海洋钻机，以钻孔的孔底为基准将原位测试探头贯入至土层中，如英国 BGS 研制的"Rock Drill－2"、德国"Me Bo"、美国"Williamson & Associates"等。

根据调研，国外海洋工程勘察尤其是欧美发达国家采用的勘察平台主要采用专业勘探船，勘探船的定位方式有锚固定位，也有动力定位（dynamic positioning，DP）。当水深大于 100m 时基本是采用 DP 系统定位。采用的岩土勘察手段主要包括钻探、取样、静力触探等原位测试。

（二）国内海洋勘察平台发展现状

我国海洋工程建设起步较晚，海洋岩土勘察设备最早应用于石油行业，海洋石油装备研制始于 20 世纪 70 年代初期，20 世纪 70 年代建造的钻井平台只能在 300m 水深的范围内进行作业。20 世纪 70 年代末，中国海油建造了专门的综合勘察船"海洋石油 503 船"，上海某海洋调查局也在同年建造了勘 407 船，这两艘船均实现了绳索取芯钻探工艺。进入 21 世纪以后，随着深海石油开发，国内相关公司又相继研究建造了大型深远海综合勘察船"海洋石油 707 船""海洋石油 708 船"。"海洋石油 708 船"可用于 3000m 水深的钻探取样工作，具有 DP2 定位功能，能实现全方位的海上作业功能。"海洋石油 707 船"是我国第一艘自主研发设计的综合勘察船，该船性能处于世界先进水平。广州某海洋调查局于 2017 年研发建造了我国第一艘用于海洋科学考察的大型综合海洋勘察船"海洋地质十号船"，该船配置了我国首套自主研制的举升式海洋钻探系统，通过设计优化及技术创新，钻探能力可拓展一倍。

随着我国海洋工程建设的开发，特别是近年来海上风电的建设得到了飞速发展，沿海、近海的海上工程勘察设备也得到了一定的发展。如中交第三航务工程勘察设计院有限公司（简称中交三航院）研制了适用于滩涂地带勘察作业的水陆两栖勘察平台，解决了潮间带地段勘察难的难题。随着水上勘探平台系统、取样采芯、原位测试、工程监测、软件机制成图及硬件控制等综合技术在近海勘探工程中的广泛应用，使水上勘探技术进入了集成、智能、低成本化时代。如中交三航院在分析研究传统水上勘察方法的基础上，研制了"三钻机混合钻进法""双卷扬升降式钻塔"等技术，提高了传统钻机的作业效率。为了应对在恶劣海况条件下无法作业的难题，中交第四航务工程勘察设计院有限公司（简称中交四航院）研制了具有波浪补偿功能的重力头钻机系统，可在作业中实现 3m 行程的波浪补偿功能，能在 2m 浪以内进行钻探作业。另外，自升式勘察平台在近海海洋勘察中也有广泛的应用。国内常用的自升式勘察平台多为非自航式、适用水深小于 35m 的勘察平台，随着海上风电逐渐向近海深水区开发，2020 年华东勘测设计研究院（简称华勘院）研制了适用水深 55m 的非自航带动力定位系统的"华东院 306"勘察平台，2021 年上海勘测设计研究院有限公司（简称上勘院）研制了适用水深 58m 的非自航带动力定位系统的"三峡 101"勘察平台。目前华勘院对适用水深更深的自升式勘察平台仍在研制中。

二、关键技术

海洋岩土勘察平台设计关键技术如下。

1. 海洋岩土勘察平台、船舶

海洋岩土勘察平台、船只适用的水深、抗风能力、船型参数、船只吨位、动力配备、波浪补偿、定位系统等技术参数，根据水深、离岸距离、风浪等海况条件和作业期分析其适用的海洋岩土勘察平台、船舶，利于海洋岩土勘察提高单孔成孔率，降低海洋岩土勘察费用成本，保证海上勘察项目进度。

2. 海洋岩土勘察钻机设备

国内外海洋岩土勘察各类钻机、静力触探等设备的钻探能力、动力配备、补偿装备、岩土取芯及取样设备，以及静力触探贯入推力系统、贯入深度、采集系统、适用水深、匹配船只等技术参数差异，决定了各类海洋岩土勘察设备的技术特点及应用范围，不同海域海洋岩土勘察钻机、静力触探设备技术应用方案也存在差异。

3. 海洋勘察平台方案

海洋岩土勘察平台、船只搭配不同钻机及静力触探设备，其应用水深、作业工艺、抗波浪能力、钻进速度、成孔效率、采芯取样质量、标贯、静力触探等原位测试可靠度、安全度也存在显著差异，海洋岩土勘察平台、船只与钻机、静力触探设备合理搭配，可充分发挥各自优点，较好地适配于海上风电岩土勘察。推荐专业海洋勘察船只、设备实施海洋岩土勘察作业的组合方案；推荐全孔绳索钻探取芯、全孔静压取样、全孔井下式孔压静力触探（CPTU）和全孔交替式取样及 CPTU，以适应于目前国内数百米水深海域的海上风电勘察工作，覆盖现有各类海上风电岩土勘察工作，同时可在其他海洋工程中推广应用。

第二节 国内海上风电岩土勘察现状分析

一、国内海上风电场岩土特征

目前我国已建成或审批的风电场主要位于山东、江苏、浙江、福建、广东等省周边海域，山东、江苏、浙江的海上风电场的沉积环境一般为第四系海相、陆相沉积以及海、陆交互相沉积地层，沉积条件复杂。海相沉积上部多为厚 20～60m 的粉土、砂土或淤泥质土；海相沉积下部一般为陆相或海、陆交互沉积地层，工程性质较好，一般为可塑-硬塑状黏性土或中密-密实的粉土、砂土层，是风电场风电机组等构筑物的主要桩基持力层。

福建、广东省海上风电场工程规划场地为近海海域，水深一般为15～60m，场地第四系覆盖层上部主要为海相沉积的流塑状态淤泥及淤泥质土、海积松散-中密状态的砂土、粉土，海陆过渡相沉积软塑-可塑状态的黏性土、中密-密实状态的砂土，下部土层工程性能较好，一般为海、陆交互相沉积可塑-硬塑状态的黏性土、密实状态的砂土，残积可塑-硬

13

塑状态的黏性土。各区段场地第四系覆盖层厚度不尽相同，一般大于 30m，大部分地段中等风化等级以上基岩埋藏深度大，大多需要采用桩基础。福建、广东省已规划的风电场中，福建地区、汕头、揭阳、汕尾、惠州、珠海、江门基岩以花岗岩为主，阳江地区以粉砂岩、混合岩为主，部分为花岗岩，湛江地区基岩以玄武岩为主。海相沉积地层同样存在欠固结及液化可能。

二、国内海上风电岩土勘察实施方式

（一）国内海上风电岩土勘察模式

海上风电岩土勘察是通过勘探、原位测试、室内试验、分析等手段为海上风电建设提供必需的、可靠的海底岩土和海洋环境特征，查明海上结构物影响范围内的岩土层分布及其物理力学特征，以分析影响地基稳定的不良地质现象，为风电机组基础设计、海上施工、安装以及不良地质现象的防治措施提供科学依据。目前，国内海上风电岩土勘察主要采用以下两种模式实施开展工作。

（1）以钻探取样为主，辅以海洋孔压静力触探模式进行勘察。每个风电机组根据其基础形式布置 1～2 个技术性钻孔，钻孔内采取标准贯入、重型动力触探进行原位测试，孔内采取土样进行室内试验，海上升压站布置 2 个技术性钻孔。风电场区岩面起伏大时，风电机组位和升压站逐桩实施钻孔。一般情况下，单个技术钻孔视其深度不同（不超 90m）需要耗时 60～75h，钻孔深度 120m 时则需耗时约 96h；单个鉴别孔视其深度不同（不超 90m）需要耗时 48～60h。海洋钻孔主要采用海洋勘察船只或平台实施，海洋孔压静力触探多采取 20t 海床式静力触探实施，小于 20m 深度水域可采取平台+陆上静力触探设备实施。20t 海床式静力触探一般在小于 50m 水深条件下作业，可连续获取岩土层锥尖阻力、侧壁摩阻力和孔隙水压力。但测试深度易受岩土层状态及密实度影响限制，密实的砂土及混有砾石的土、砂层无法穿越，如果场区土层软弱，则测试深度可达 60 多米，该法单孔实施效率高，1 天可完成 1～2 个海床式静力触探孔。平台+陆上静力触探设备在实施静力触探时，借助自升式平台或船只搭接平台实施，作业受海况影响较大，使用水深多在 20m 深度内，单孔完成时间受地层条件限制，一般 2 天完成单个静力触探孔。广东、广西和福建地区主要采用该勘察模式，其他地区视业主技术要求也可采取该模式实施岩土勘察。

（2）以海洋孔压静力触探为主，辅以钻孔取样进行勘察。海上静力触探要求井内交替式静力触探，一般要求测试深度为 70～80m，升压站测试深度为 100～120m。该勘察模式海洋孔压静力触探主要采用专业海洋勘察船只或自升式勘察平台实施，专业海洋勘察船适用于各类水深海洋勘察，自升式勘察平台主要适用水深在 20m 内，最深适用水深为 58m。该勘察模式，主要在华东、山东地区应用，广东部分浅海区也已采用该勘察模式。

（二）国内海上风电岩土勘察船只平台现状

国内海上风电岩土勘察在潮汐带多采用海陆两栖勘察设备和筏式平台搭配传统立轴

钻机实施；在沿海（距岸 20km）区及近海浅水区（距岸 50km，水深小于 40m），多采用液压自升降钻井平台或海洋工程（货）船搭配传统立轴钻机和孔压静力触探（CPTU）实施；近海深水区（距岸大于 50km，水深介于 40～80m 之间）除采用专业海洋勘察船只设备外，多采用改造海洋工程（货）船搭接海洋钻机实施勘察。各类海洋勘察船只或平台+海洋勘察设备特点主要如下。

（1）海陆两栖勘察设备或筏式平台+传统立轴钻机。适用潮间带和 0.8m 内涌浪，作业水深多小于 5m，受潮汐影响，作业效率和安全性较低。

（2）液压自升降钻井平台搭接陆地钻机和 CPTU 设备。适用水深多为 20m 内，部分平台设计适用水深为 35m 和 40m，如华东 2 号、华东 3 号平台和永强 11 号平台，个别适用水深 55m，如海勘 9 号平台、华东 306 平台和三峡 101 平台；钻探平台多为无动力平台，个别带有动力推进系统和 DP-1 动力定位系统，如华东 306 平台和三峡 101 平台。平台搭接吊臂、传统立轴钻机和 CPTU 系统。钻探平台升起时，可不受波浪影响作业，但平台升降及其拖带转运时，受海况影响大（一般浪涌需不超 1.5m），作业效率一般。

（3）海洋工程（货）船+钻机设备。根据船只类型和大小适用于沿海和近海钻孔钻探作业。搭接传统立轴钻机设备时，适用 1.5m 内浪涌，作业效率一般，若对钻机设备及工艺进行改进，作业效率将有较大提高，如中交三航院自创双卷扬钻机设备；中交四航院和江苏水文地质工程地质勘察院采用搭接具有波浪补偿功能海洋钻机设备实施海洋勘察，如采用 HD300、HD500、HD600 和 HD1000 海洋钻机（有效补偿范围为±1.5m）等，能适用 2.0m 内涌浪海况作业，作业效率和质量较传统立轴钻机较高。

（4）海洋专业勘察船只设备。适用于近海各类水深作业，具 DP2 动力定位系统，可快速定位并较好适配风向、涌浪等。船只搭配波浪补偿的钻探及 CPTU 系统（有效补偿范围为±1.5m），可实施井下式 CPTU 和静压高质量取样。船只和设备适用 2.5m 内波浪，作业效率高，为常规采用海洋工程（货）船搭接钻机设备实施海洋勘察的 2 倍效率。国内该类海洋勘察船只和设备资源少，多用于油气等资源勘探和海洋科考，较少用于海上风电勘察，如南海 503、海油 707、海油 708、海油 709 船和海洋地质十号船等。

按 GB 51395《海上风力发电厂勘测标准》要求，国内海上风电机组依据风电机组和升压站基础型式布设勘探孔，采用钻探和 CPTU 相结合实施岩土勘察。根据各项目技术要求，分别采用以钻探取样结合标准贯入试验为主、辅以 CPTU 模式，以 CPTU 为主、辅以钻探取样模式进行勘察。以钻探取样结合标准贯入试验为主、辅以 CPTU 模式实施对勘察船只、平台及设备要求较低，通过租赁海洋工程（货）船或平台搭接钻机设备较易实现，CPTU 可采用海床式和井下交替式，为国内海上风电常规勘察模式；以 CPTU 为主、辅以钻探取样模式对勘察船只、平台及设备要求高，需采用专业海洋勘察船只、平台及设备实施，CPTU 实施采用井下交替式，为国外海上风电勘察主流模式，在我国华东地区和广东部分浅海区业已广泛应用。

第三节　海上勘察平台、船只特征分析

一、主要勘察平台特点及其技术参数分析

海洋勘察平台的演化伴随国内海洋工程从海岸滩涂、近岸浅水逐步至远海开发建设，早期以筏式勘察平台作业，适用海岸滩涂和水深小于 5m 地段，勘探点间转移需小型船只协助，同时受海上浪、潮、涌影响较大，作业效率和质量较难保证。为此，国内相关工程类单位将其改进为海陆两栖勘察平台，平台具有自航能力，提升了作业效率，降低了勘察成本；同时受海上浪、潮、涌影响小，能较大提高勘探质量，但适应于近岸滩涂和水深小于 5m 海域。为更好地适应沿海工程建设，国内相关工程类单位逐步推动液压自升式勘察平台的研制，从适用水深 10～15m，发展为普遍适用水深 20～30m 自升式勘察平台，直至现今适用于水深为 55～58m，并对适用于水深 70m 的自升式勘察平台进行研发；从无动力自升式勘察平台，逐步实现自动力自升式勘察平台。国内工程类海洋勘察平台技术实现了较大的飞跃。

勘探作业前，平台拖航到达钻孔位置后，使桩腿下降至海底，然后进一步提升平台，使之沿桩腿上升到一定高度，可以避开潮、浪、涌对作业的影响，实施水上钻探、原位测试等作业。完成作业后，平台离开孔位，先将平台主体下降至水面，利用水的浮力把桩腿从海底拔出、升起，并移航至下个孔位。

自升式勘探平台，皆为多腿式，其中四腿较多。这种平台对水深适应性强，工作稳定性良好，在我国水上勘探中有一定的应用。但该平台在搭建过程中需较多的辅助设备，成本较高，安全性较弱；由于水底土质软硬不均，桩腿需预压，并随时调整平台处于水平状，故单孔钻进时间较长；平台构件难以满足远距离运输，特别是执行境外工程；平台构件从作业点移动及定位需辅助船只配合，增加了勘探成本。上述众多不利因素影响了自升式勘探平台在水上勘探工程中的广泛应用。

目前国内现有的自升式勘察平台分为箱体式平台和船体式平台。箱体式平台尺寸相对较小，适宜拆装和陆上运输，桩腿相对较短，工作水深相对较浅。船体式平台尺寸较大，平台稳定性整体较好，工作水深相对较深，但只能海上拖航调遣。国内现有的勘察平台适用水深多为 20m 以内，部分勘察平台适用水深为 35、50、55m 和 58m。如永强壹号、华东院 2 号、探海 1 号、凯旋海勘 501、海勘 9、华东院 306、三峡 101 等自升式平台。

（一）箱体式自升勘察平台

箱体式自升勘察平台从结构上分为平台主体、桩腿、升降装置三部分。为方便公路运输，每一部分分解设计为若干独立模块。模块与模块之间通过不同的连接方式拼装组合成一整体，模块均符合公路运输要求。

（1）平台主体部分是平台甲板，甲板面积从几十到几百平方米不等，通过集成在箱体模块上的上下连接件进行顺序连接，组成平台甲板。

（2）桩腿支撑整个勘探平台，根据施工水域地质环境及水深，其长度可以调整。所谓模块化桩腿，就是把整根桩腿分为若干段短节。短节两端装配法兰盘，通过高强螺栓连接，根据施工区域水深灵活调节桩腿长度。模块化的桩腿组合形式既解决了长桩腿的运输问题，又提高了勘探平台的适用性及适用范围。

（二）船体式自升勘察平台

船体式自升勘察平台从结构上分为平台主体、桩腿、升降系统和辅助推进系统四部分。船体式平台尺寸较大，平台稳定性整体较好，无法拆装，仅能海上拖航，工区内可自航。

（1）平台主体部分是平台甲板，甲板面积较大，供勘探作业使用，平台尾部的甲板室布置有人员生活舱室，控制室一般设置在平台的顶层。机舱位于甲板以下，主要包括机电系统、燃油系统、动力系统、压载水系统、消防系统等。

（2）桩腿系统由桩腿和桩靴组成，目前自升式平台的桩腿主要为圆柱腿，腿的两侧配备升降齿轮。桩靴结构一般为矩形，并配备冲桩系统。由于海床地层复杂，拔桩过程存在桩腿埋置深度、土体特性、平台浮力、海况等变化因素，将桩靴从土体中拔出会产生巨大的摩阻力。桩靴内设冲桩水力分配器，分别与靴顶、靴侧、靴底三面喷水口相连，拔桩腿时，高压泵通过水力分配器将水分别压入冲桩支管，使桩靴上部四周淤积土冲散，底部喷冲使靴土之间形成润滑层，从而减低桩靴底部吸附力。

（3）升降系统一般为电动式，升降系统与桩腿齿条和船体导向一起，具有桩腿升降、平台预压载、平台升降、作业支持和风暴支持能力。

（4）推进系统模块由桨毂、叶片、舵叶、驱动系统等组成，固定在平台舷侧。模块上端设有方向舵，下端与舵叶连接，通过电动机与调速开关，以全回转方式控制方向舵，实现平台自航转场。

目前国内主要的船体式自升勘察平台主要为凯旋海勘 501、海勘 9、华东院 306、三峡 101 等自升式平台。对已收集到的主要自升式勘察平台主要技术参数进行对比，如表 2-1 所示。

表 2-1　　　　　　　　　　自升式勘察平台主要技术参数对比表

主要参数	永强壹号	华东院 2 号	探海 1 号	凯旋海勘 501	华东院 306	三峡 101
尺寸（长×宽）（m）	15×15	29×22	36×20	20×20	47×29	48×30
平台类型	箱体式	箱体式	箱体式	船体式	船体式	船体式
桩腿类型	圆柱腿	圆柱腿	圆柱腿	圆柱腿	圆柱腿	圆柱腿
最大适用水深（m）	20	35	35	50	55	58

主要参数	永强壹号	华东院2号	探海1号	凯旋海勘501	华东院306	三峡101
平台定位工况	小于1.2m浪	小于1.2m浪	小于1.2m浪	小于1.5m浪	小于1.5m浪	小于1.5m浪
作业工况	6级风以内	8级风以内	8级风以内	8级风以内	8级风以内	8级风以内
留存工况	8级风以内	10级风以内	10级风以内	12级风以内	12级风以内	12级风以内
是否自带动力	否	否	否	是	是	是
定位系统	手持GPS定位	手持GPS定位	手持GPS定位	手持GPS定位	DP-1	DP-1
搭配钻机	传统立轴钻机	传统立轴钻机	传统立轴钻机	传统立轴钻机	传统立轴钻机	传统立轴钻机

随着海上风电场水深的逐渐增大，海上自升式勘察平台的建造也逐渐向深水区发展，桩腿长度越来越长，适应水深越来越深。目前，船体式、带推进系统的自升式勘察平台是国内海上风电勘察平台的主要发展方向。

（三）自升式勘察平台的优缺点分析

1. 自升式勘察平台的优点

能够在海域实现陆域作业环境，与筏式平台相比能大大提高勘察的作业质量；自升式平台可搭配陆域CPTU，能实现孔内交替式静力触探作业；自升式勘察平台可在较恶劣的海况条件下自存于工程海域，在海况好转时可减少因避风而花费的转场时间，变相地增加了海上勘察的作业窗口期。

2. 自升式勘察平台的缺点

长距离调遣难度大，需要拖航调遣，桩腿越长，拖航速度相对越慢；工区内勘察作业时需配备拖航船，勘察成本相应加大；平台桩腿插拔过程及定位过程中受海况影响较大，一般在海浪大于1.5m时，无法进行插拔平台作业；平台升降过程中，如海底地层复杂或操控不当，腿靴易发生刺穿而引发平台倾覆事故；相隔周期长的两作业窗口期，需长时在海域待命，平台补给存在困难；在台风天气来临时，受拖航速度影响，需预留充足的撤离时间，变相地减少了勘察作业窗口期。

二、勘察船只特点及技术参数分析

国内海洋工程勘察船只的演变，也经历了从普通改装海洋勘察船，逐步向专业海洋勘察船发展。国内海洋工程勘察单位普遍采用租用工程船改装实施海洋勘察，能较好地适应近岸、沿海（水深多小于40m）岩土勘察工作。随着近海深水区海洋工程建设，对船只使用水深、波浪补偿、抗风能力、动力定位和作业效率等的要求提高，专业海洋勘察船得以较大范围的应用。

（一）普通改装勘察船

普通改装勘察船主要由货船或其他船只改装，在舷两侧、船中搭建勘探平台，使之具备勘探作业能力。勘探船的吨位在几百至上千吨不等，勘探船一般采用锚定作业方式，是目前国内应用最多的海上风电勘察平台。

按船型勘探平台分布方式，有端部、舷两侧、船中和双体船平台，定位采用锚泊式。它可以用现成的船只进行改装，搭建勘探平台，因而能以最快的速度投入使用。它既有普通船舶的船型和自航能力，又可漂浮在水面上实施勘探。当一个钻孔完成后可迅速移到另外一个钻孔位置，能适应不同水域、水深、流速平缓的近岸勘探作业。它的特点是比较灵活，移位快，且成本较低，但浮船式勘探平台易受气候影响，水面上遇到较大风、浪、涌时，易导致走锚，稳定性相对较差，给勘探带来困难。

勘探船的技术参数主要为改装船的性能参数，一般普通改装勘察船的作业能力在 6 级及以下，浪高小于 1.5m。

1. 普通改装勘察船的优点

可以用现成的船只进行改装，搭建勘探平台，因而能以最快的速度投入使用。勘察船适应水深范围较大，可根据不同区域海况情况选用不同吨位的船舶。勘察船移动灵活、进出场响应迅速，在恶劣天气来临前可快速撤离，勘察成本相对较低。对于搭载波浪补偿钻探系统的普通勘察船，对于海况的适应能力相对较强，可在 2m 浪高以下作业，取芯及取样质量相比普通立轴式钻机高。

2. 普通改装勘察船的缺点

受恶劣海况影响较大，遇到大风、大浪时易走锚，船只稳定性相对较差，一般在 6 级风以下作业，作业窗口期相对较短。目前国内大多数改装船搭载普通海洋钻机，不具备波浪补偿能力，作业过程中钻机受船只起伏影响，钻探的取芯率、不扰动土样的采取、原位测试的精度等均受到一定程度的影响，造成勘察质量降低。另外，目前国内普通改装勘察船均没有实现孔内交替式静力触探设备的搭载，无法进行高质量的原位测试作业。

（二）专业勘察船

专业勘察船是根据工程作业环境而专门建造的勘察作业船。专业勘察船分为近海专业勘察船及大型综合海洋勘察船。目前国内主要的近海专业勘察船有南海 503 船、勘 407 船、滨海 66 船。这些近海勘探船吨位普遍不大，基本是采用锚固定位，均配置勘探月池、双层作业平台，大部分搭载海洋钻机。国外海洋工程勘察主要采用专业勘探船和升降钻探平台，水深大于 100m 的基本采用 DP 系统定位，主要采用"钻孔取样+海床式静力触探"的勘察方法。

国内现有的综合海洋勘探船主要有海洋地质十号、海洋石油 707、海洋石油 708 等，这些综合海洋勘察船吨位大、续航能力强、装备 DP 系统，配置勘探月池，搭载自动化程度高的专业海洋钻机系统、井下式静力触探系统；此外，配置有双层作业平台、实验室。国内主要专业勘察船技术参数对比如表 2-2 所示。

表 2-2 国内主要专业勘察船技术参数对比表

主要参数	708 船	707 船	503 船	海洋地质十号	勘 407 船	滨海 66 船
建造年份	2011	2015	1979	2017	1979	2019
航区	无限航区	无限航区	近海	无限航区	近海	近海
船型（长×宽×深）（m×m×m）	105×23.4×9.6	80×18×7.6	76×15×4.6	75.8×14×5.2	55×11.6×3.8	46.7×10×3.65
总吨位（t）	7847	4102	1778	2980	930	496
自持力（d）	70	35	28	70	50	60
床位（人）	90	56	60	58	39	39
定位系统	DP-2	DP-2	4 点锚泊	DP-2	4 点锚泊	4 点锚泊
钻机工作水深（m）	3000	600	300	1000	100	300
钻井钻深（m）	600	200	150	400	240	200
CPT 工作水深（m）	2000	600	200	1000		300
取芯方式	绳索取芯	绳索取芯	绳索取芯	绳索取芯	绳索取芯	绳索取芯

大型综合海洋勘察船能力强，可无限航区航行作业，能满足全球海洋工程勘察的需求，但造价昂贵，作业成本高。近海专业勘察船，能满足国内海洋工程勘察的需求，相同作业时间其成本高于普通改装勘察船。

专业勘察船的优点是船的动力系统先进，推进速度快，反应迅速，对海况的适应能力强；勘察船均配备带波浪补偿系统的钻机，在 2m 浪以内均可作业；勘察船均采用绳索取芯，减少了钻杆升降取芯时间，同时勘察船的钻探系统动力强，工作效率高；另外，带 DP 定位系统的勘察船不需要抛锚定位，半个小时内可进行勘探作业，大大节省了单孔的作业时间；除"勘 407"船外，其他专业勘察船均可进行孔内交替式静力触探作业，勘察手段多样，勘察能力强。

专业勘察船的缺点是国内专业勘察船的资源有限，相同作业时间勘察成本高。

三、勘察平台、船只对海况的适应能力分析

（一）勘察平台对海况的适应能力分析

自升式勘察平台已在江苏、浙江海域海上风电勘察中广泛应用，在广东近海浅水区勘察中也有应用。目前国内箱体式自升勘察平台定位海况一般在 1.2m 浪以内，船体式自升勘察平台定位海况一般在 1.5m 浪以内，当浪高超过 1.5m 时，自升式勘察平台桩腿升降会存在很大的安全风险。另外，自升式勘察平台定位一般需要 2~4h，作业完成后拔桩移位一般需要 2~4h，这大大影响了勘察的作业效率。目前国内现有的勘察平台最大作业水深为 58m，随着近岸深水区海上风电的逐步开发，现有的自升式勘察平台还不能完全满足近海深水区海上风电勘察的需求，特别是对于广东海域近海深水区海上风电的勘察，现有的

自升式勘察平台存在明显的短板。考虑南海海况变化大且窗口期短等特征，自升式勘察平台在钻孔定位及平台升降过程中受海况影响大且耗时多，勘察作业效率相对较低。自升式勘察平台作业机动性较差，即往返工区需拖船托航，作业成本相对较高。相隔周期长的两作业窗口期时，平台无法升降离开工区，需长时在海域待命，平台补给存在困难，遇恶劣天气时也给平台的安全带来很大的风险。

若在近海深水区采用自升式勘察平台作业，需要进行以下几方面的改进：

（1）需研制适用水深更深的勘察平台。

（2）由于目前用于风电场勘察的自升式勘察平台均采用圆柱腿，随着桩腿长度变长，圆柱腿的质量加大，会导致平台的重心不稳，也会影响平台的推进航速。建议桩腿长度较长的平台改用桁架腿，在保证桩腿强度的同时减轻桩腿自重，可有效提高平台推进速度和桩腿插拔速度。

（3）需要扩大平台上淡水等物资储存容量，增加平台在海上的自持时间，可有效减少平台的补给次数，增强平台的抗风险能力。

上述有待改进方面，表明了适用于近海深水区作业的自升式勘察平台需要采用更大规模平台尺寸和更高的平台建造技术，也意味着其建造成本和维护成本增加，相应地海洋勘察平台技术水平逐步向现有海洋石油平台等靠拢。

（二）勘察船只对海况的适应性分析

勘察船因其移动灵活，反应迅速，对于海况的适应能力强，是海上风电场勘察的主要装备。

1. 普通改装勘察船

根据普通改装勘察船只特点分析可知，勘探船的吨位在几百至上千吨不等，一般在 6 级风（1.5m 浪）以下作业，对于搭载波浪补偿钻探系统的普通勘察船，可在 2m 浪高以下作业。普通改装勘察船现场作业均采用泊锚定位，一般需要配备抛锚艇，现场定位一般需要 3h 左右，钻孔完成后，起锚需要 1h 左右，大大影响了勘察作业的效率。普通改装勘察船在近海浅水区风电勘察中已广泛应用，但其作业质量较低，作业效率不高。对于近海深水区海上风电的勘察，普通改装勘察船，若没有搭接波浪补偿勘察系统，在近海深水区作业时，因海况恶劣，会导致其作业窗口期极少，作业效率低，勘察质量低，无法满足风电场勘察的需求。对于搭接波浪补偿勘察系统的普通勘察船，因无法实现绳索取芯及搭接孔内交替式静力触探，其作业效率相对较低，作业功能相对欠缺，也无法完全满足近海深水区风电场勘察的需求。

2. 专业勘察船

根据专业勘察船只特点分析可知，专业勘察船均配备带波浪补偿系统的钻机，在 2m 浪以内均可作业；勘察船均采用绳索取芯，减少了钻杆升降取芯时间，同时勘察船的钻探系统动力强，工作效率高；另外，带 DP 定位系统的勘察船不需要抛锚定位，0.5h 内可进行勘探作业，大大节省了单孔的作业时间。故对于专业勘察船，其工作水深大，功能齐全，作业效率高，是近海深水区海上风电场良好的勘察装备，但因其作业成本昂贵，勘察作业经济性较差。

采用专业勘察船，如何降低其勘察成本尤为重要，建议对专业勘察船进一步改进。对于近海深水区风电场，水深一般小于100m，离岸距离小于150n mile，建造小型专业勘察船可适应广东海域近海深水区的勘察作业条件。勘察船可选用近海船，与"海洋十号""海油707""海油708"等无限航区船相比可降低成本；勘察船可选用总吨位500~3000t船舶，降低勘察船的建造及运行成本。视经济情况，勘察船可选择是否配备DP-2定位系统，配备DP-2定位系统的勘察船较常规四点锚泊式勘察船可节约3~5h抛锚定位时间。

（三）自升式勘察平台与专业勘察船性能对比分析

根据目前国内风电场勘察中使用的专业勘察船与自升式勘察平台的勘察情况，从海况适应能力、勘察质量、作业效率及安全等方面对其进行粗略比较，如表2-3所示。

表2-3　　　　　　　　　专业勘察船与自升式平台对比分析表

对比因素	专业勘察船	自升式勘察平台	备注
工作水深	工作水深一般大于100m	目前最大适应水深为58m	专业勘察船优
工作海况	可在2m浪以内定位作业	可在8级风以下作业，但定位时需小于1.5m浪	专业勘察船优
取芯取样	绳索取芯，可取Ⅰ、Ⅱ级样	回转取芯，取芯率较绳索取芯率低，适用单动三重管可取Ⅰ级样，但作业效率低	专业勘察船优
静探、十字板等原位测试	能实现孔内交替式静力触探作业和孔内十字板作业	等同于陆域的静力触探和十字板试验	相当
作业效率	90m深的钻孔可在48h内完成	90m深的钻孔需要60h以上	专业勘察船优
航速及转场	灵活迅速、航速快，可自动转场	需拖航，拖航速度慢	专业勘察船优
作业平台稳定性	作业海况条件下，倾覆率极低	海底地层复杂或操控不当，腿靴易发生刺穿而引发平台倾覆事故	专业勘察船优

从表2-3可以看出，专业勘察船与自升式勘察平台相比具有明显的优势，专业勘察船更能适应近海深水区风电场特别是南海海域近海深水区风电场的勘察作业。

第四节　海洋岩土勘察设备特征分析

一、钻探设备特点及其技术参数分析

海洋钻探设备从陆地常规立轴式钻机在海洋滩涂、近岸和沿海工程中大规模应用起，为更好地适用于不良海况和扩大海上作业窗口，国内相关工程单位研发了波浪补偿动力头钻机，有效提高了作业效率。为进一步提高作业效率，提升机械作业能力，应用绳索取

芯等先进工艺，提高作业质量，近年来海洋工程较多采用石油系统及国外先进的专业海洋钻机。

（一）常规立轴式钻机

常规立轴式钻机是指进行局部改造或不改造，通过固定于勘察平台或勘探船上进行作业的大马力陆地钻机，该类型钻机通常为立轴式钻机，具有一段较长的立轴，用其带动钻具回转，实现给进并引导扶正。目前常规立轴式钻机已形成系列化，如 XY 型和 GXY 型等。

常规立轴式钻机在陆域及近岸浅水区工程勘察领域已经广泛使用，根据地层的不同，可选用金刚石、硬质合金、螺旋等钻头钻进。在实际工程应用中，常规立轴式钻机钻深能力普遍小于 300m，采用钻杆链接回转取芯，岩芯直径为 40~150mm，钻孔倾角为 0°~90°，回转器起拔能力可达 200kN，动力机功率一般介于 20~73.5kW，并配备泥浆泵。

常规立轴式钻机具有造价低、操作简单、维修方便、可靠性高等优点，缺点是钻机不配备波浪补偿（即升降平衡补偿）装置和绳索取芯装置，因此常规立轴式钻机在面对较差海况时无法高效、快速地完成作业。

（二）波浪补偿动力头钻机

波浪补偿动力头钻机目前是国内海洋勘察的主流机型，主要特点是具有液压动力头式回转机构、长行程的给进系统、液压绞车组成的提升系统等，能实现无级调速，机械化程度高，配套器具齐全。该钻机已形成系列化，如 HD 系列。相比常规的陆域钻机，波浪补偿动力头钻机最大的优点是配有波浪补偿装置，能很大程度上提高成孔率和取样质量。

波浪补偿动力头钻机主要由动力站（动力机和液压泵）、液压控制系统（控制台）、动力头、液压卷扬机组、液压泥浆泵、波浪补偿平衡器、钻塔以及液压油管等部件组成。目前我国近岸地区使用较多的波浪补偿动力头钻机主要为 HD300、HD-600 型和 HD-1000 型，HD-1000 为 HD-600 升级版，主要适用于中间开月池的工程船。实际使用中波浪补偿动力头钻机钻深能力普遍大于 300m，动力头给进行程大于 6000mm，升降补充行程介于 ±1~±1.5m，动力机功率大于 70kW。

波浪补偿动力头钻机的优点是钻机功率较大、钻进能力和抗风浪能力较强，钻探效率较高；缺点是不具备绳索取芯能力，取样质量不如专业海洋钻机，作业深度受搭载船或平台控制，适用范围受限。

（三）专业海洋钻机

1. 专业海洋钻机类型及特点

随着近岸深水区风电场址的不断开发，专业海洋钻机越来越多地被应用到勘察作业中。专业海洋钻机钻探系统一般由提升系统、液压系统、补偿系统、管子处理系统、基盘绞车和取样绞车系统、泥浆泵组等组成，各子系统布置在船体甲板上或船体舱内。钻探系统提升系统的上下行走通过液压油缸完成，实现钻探系统有效作业，取消传统钻探系统配套的绞车、游车和天车等设备。钻探系统采用一台综合液压站为提升油缸、基盘绞车、取样绞车、液压顶驱、液压绞车、月池盖、液压猫头、钻杆动力钳、水平动力猫道等液压设备提供动力，实现钻探系统各个功能。

目前国内外的专业海洋钻机大多搭载在专业勘探船上，如国内的海洋地质十号船、南海 503 船、海洋石油 707 船、海洋石油 708 船、勘 407 船、滨海 66 船，以及国外的"HORIZON GEOBAY"等。

目前国内专业海洋钻机基本采用"裸眼"钻井，即采用无隔水管或套管，钻井液采用无循环开放式直排的工艺进行钻探施工，钻井液通过钻杆注入，上返至海床面孔口后直接排入海水中。该作业方法的优点是经济、作业效率高、钻孔成功率高。

与普通具波浪补偿的动力头钻机相比，专业海洋钻机适应水深和勘探深度更大，且具备绳索取芯能力，极大地提高了岩土试样的采取效率和样品质量。

专业海洋钻机的特点有：

（1）钻机系统采用浮动式动力头结构，具备波浪补偿能力，作业质量好。

（2）能根据不同的要求选用绳索取芯或回转取芯。绳索取芯的优点是取芯器与钻具独立分离，钻具随船体升沉时不会影响正常锤击取芯作业；具有较高的保真度和取芯率，样品扰动程度低；钻进过程中不需提钻，大大提高了作业效率。

（3）钻机设有液压拧管机，能实现拧卸钻具的机械化。

（4）钻机系统动力强，工作效率高，大大节省了单孔的作业时间。

2. 专业海洋钻机参数对比分析

专业海洋钻机一般用于海洋科考或海洋油气勘察作业，近年来随着海上风电不断向深海进发，越来越多的专业海洋钻机也被应用于海上风电场的勘察作业。专业海洋钻机钻探装备先进、钻进效率高、适应范围广、自持能力强。目前国内专业勘察船大多根据自身需要及项目条件自建或改造钻机系统，如海洋地质十号以及南海 503 船、海洋石油 707 船和海洋石油 708 船，也有小部分勘察船搭载已有的钻机系统，如勘 407 船的 HGD-600 型、滨海 66 船的 HHYZ-500D 型。

国内目前主要专业勘察船搭配海洋钻机的主要参数如表 2-4 所示。

表 2-4　　　　主要专业勘察船搭配海洋钻机的主要参数对比表

主要参数	海洋石油 708 船	海洋石油 707 船	南海 503 船	海洋地质 十号	勘 407 船	滨海 66 船
钻机型号	自建	自建	自建	自建	HGD-600	HHYZ-500D
钻机工作水深（m）	3000	600	300	1000	100	300
钻井钻深（m）	600	200	150	400	400~600	200
总功率（kW）	1600	800	—	—	—	—

续表

主要参数	海洋石油708船	海洋石油707船	南海503船	海洋地质十号	勘407船	滨海66船
取芯方式	绳索取芯	绳索取芯	绳索取芯	绳索取芯	绳索（锤击）取芯	绳索取芯
井塔高度（m）	34.5	—	—	24	12.5	13.5
波浪补偿行程（m）	±2.25	±1.5	±1.5	±1.5	±1.5	±1.2
泥浆泵（台）	2	2	2	2	2	2
土工实验室	配备	配备	配备	配备	配备	配备

与波浪补偿动力头钻机相比，专业海洋钻机具有勘探深度大、钻进效率高、抗风浪能力强、取样质量好、工作水深不受限等优点；缺点是对搭载的作业船要求高、数量少、成本高，应根据具体的项目情况合理选用。

二、静力触探设备特点及其技术参数

静力触探（CPT）是一种速度快、数据连续、再现性好、操作省力的原位测试方法。通过利用准静力以恒定的贯入速率将一定规格和形状的圆锥探头通过一系列探杆压入土中，同时测记贯入过程中探头所受到的阻力，根据测得的贯入阻力大小来间接判定土的物理力学性质。随着静力触探设备的不断改进和发展，静力触探探头于20世纪70年代末研制成功。从之前的单、双桥静力触探到目前的孔隙水压力静力触探，测试精度不断提高。设备的改进、探头测试精度的提高和越来越多的传感器的研制和开发，将会提供更加可靠的测试数据。

静力触探是国外海洋勘察的重要实施手段，目前在国内海洋勘察中的应用也越来越广泛，其具有操作便捷、作业工期短、数据直观可靠等有点，大体可分为三类，即海床式、井下式和平台式。

（一）海床式静力触探设备

1. 海床式静力触探设备类型及特点

海床式静力触探设备一般由支撑单元、驱动单元、测试单元、数据传输单元和甲板单元组成，设备通过缆绳吊入海底，以自身的框架支撑系统稳定在海床上，再通过电力或者液压驱动探杆，使探头以匀速贯入被测海底土体中。

海床式静力触探根据驱动方式的不同，可分为4种类型：螺旋杆驱动的微型静力触探、摩擦轮驱动静力触探、吸力锚驱动的深海静力触探和基于海底钻机的静力触探。

随着项目水深的不断增加，海床式静力触探系统也由轻型向重型过渡。目前常用的重型海床式静力触探系统大部分为国外引进的设备，如 Manta 系列、ROSON 系列、SEACALF系列等；国内有 PeneVector 系列等。

（1）海床式静力触探的优点。

1）贯入基准为海床面且基准唯一；

2）使用方便，可配合船只或平台进行试验，测试速度快、效率较高、操作简单；

3）可连续作业，触探路径和数据完整性好；

4）成本较低；

5）对施工船舶的吨位、吊放等要求较小；

6）不受涌浪起伏对施工船舶的影响。

（2）缺点是反力有限，遇较硬底层时难以贯穿，试验深度受限；海床面不平整时，基座和探杆容易发生倾斜，影响试验结果。

2. 海床式静力触探设备技术参数分析

目前国内海上风电勘察中常见的重型海床式静力触探设备，如 Manta-200、ROSON-200、SEACALF 以及 PeneVector-III，其性能各有优劣。常用的海床式静力触探参数如表 2-5 所示。

表 2-5　　　　　　　　　　常用的海床式静力触探参数表

主要参数	Manta-200	ROSON-200	SEACALF	PeneVector-III型
适水深度（m）	80/500/1200	1500	600	2000
贯入力（kN）	200（最大250）	>200	200	200
贯入速度（cm/s）	0.5～2.6	2（可调）	2	2（可调）
贯入方式	链式驱动	齿轮驱动	齿轮驱动	齿轮驱动
探头类型（cm²）	10/15	10/15	10/15	10/15
通信方式	实时	实时	实时	实时

总体而言，常用于近岸深水区的海床式静力触探设备最大贯入力普遍为 200kN，个别可增加配重至 250kN，实际贯入深度与地层软硬程度和反力装置有关，目前有记录最大探测深度达 70m。

海床式静力触探相对井下式和平台式具有以下优点。

（1）成本相对较低，一般的作业船均可搭载，无需特定钻井船。

（2）使用方便，可通过尾部 A 型架、侧舷吊机或船中月池进行收放，通过甲板单元进行操作，就能够获取实时数据，节约时间成本。

（3）海床式静力触探能够在空间上保证触探路径的完整性，测试数据完整。

（二）井下式静力触探设备

1. 井下式静力触探设备类型及特点

海洋勘察实践中需获取海床以下某坚硬土层下部软弱土层的静力触探力学参数，而海床式静力触探系统有时无法穿透上部的坚硬土层，以致无法得到下部软弱土层的静力触探力学参数，因此，井下式静力触探系统应运而生。

井下式静力触探是一种钻探和静力触探相结合的系统，特点是探头从钻孔的底部贯入到土中，采用静力触探+钻孔跟进的交替作业方式。静探操作时，钻探系统停止工作，贯入装置下放至钻杆底部并将探头从钻柱底部贯入海底土体（沉积物），而钻探主要是扫除静探已经测试完成的地层以便开始下一次静探操作。井下式静力触探可在任意深度范围内进行试验，从理论上来说，井下式静力触探系统能够达到的深度与可以钻进的深度是一致的，试验结果可提供半连续或连续的锥端阻力、侧摩阻力、孔隙水压力、探头倾斜度等随深度变化的剖面。

井下式静力触探设备主要搭载在专业勘探船上，与专业海洋钻机共用提升、井架等系统装置，钻具通过钻探船的波浪补偿和海底钳进行控制，以保证取样设备和静力触探试验设备在作业时保持稳定不动。

具有代表性的井下式静力触探系统包括 WISON MK 系统、ORCA 系统（又称近岸可伸缩连续钻进系统）以及 WISON-APB 系统，另外国产的 PeneWisor 系统也即将进入投产阶段。

（1）WISON MK 系统。WISON 系统是国外某公司最早研制的绳索式井中静力触探设备，其后多次对其进行升级改进，并研制成 WISON MK 型绳索式井中静力触探系统，工作水深及触探深度总计达 400m。该系统研发时间较早，在欧美地区应用较广，但在国内出现时间较晚，未得到大规模应用。

（2）ORCA 系统。ORCA 系统包括一套钢丝绳（WL）工具和支撑装置（船或平台）。目前常规版的 ORCA 系统设计深度可达 500m，能够与 GEOBORE-S 钻杆或类似型号的钻杆配合使用，同时系统也适应其他型号钻杆（如 BL PQ-API 6 5/8）的要求。

（3）WISON-APB 系统。WISON-APB 系统组成包括 CPT 工具总成、取样工具总成、液压脐带缆、恒张力电缆绞车、孔底自动锁闭装置（BHA）、触摸屏数据采集系统、数字探头、探头测试单元、探头真空饱和单元、水头连接、绞车除气装置、水泵等，系统主要型号包括 WISON-APB Classic 和 WISON-APB-1000，最大工作水深分别可达 600m 和 1200m，贯入力根据实际需要可分为多个等级。

WISON APB 系统已经在英国的北海、澳大利亚、远东、西非、委内瑞拉、巴西、加拿大北极圈、日本和中国的众多的土质类型中应用，土质类型从软到极硬黏土，到密实灰屑岩砂及软岩。为了适合在进行岩土勘察时遇到的众多不同的土质类型和项目设计要求，目前已经研制和开发了一系列拥有不同能力和型号的探头。

（4）PeneWisor 系统。PeneWisor 系统绝大部分采用国产设备和材料，与外国设备相比造价成本大大降低。目前该系统已于 2021 年 3 月完成第二次海试，仍处于建造阶段，尚未投产应用。

2. 井下式静力触探设备技术参数分析

井下式静力触探系统主要搭载在专业勘察船上，为更直观地说明目前国内井下式静力触探系统的发展，以目前国内常见的专业勘察船为代表，重点说明目前在国内应用较多的井下式静力触探系统。

国外的 WISON MK 系统、ORCA 系统、WISON-APB 系统，以及国产的 PeneWisor 系统，不同系统之间技术参数各异。目前国内部分代表性井下式静力触探系统及其搭载勘察船主要参数如表 2-6 所示。

表 2-6　　　　　　　　　部分代表性井下式静力触探系统及其搭载勘察船主要参数表

主要参数	海洋石油 708 船	海洋石油 707 船	南洋 503 船	海洋地质十号	滨海 66 船
孔压静力触探型号	WISON-APB	WISON-APB	WISON-APB	WISON-APB	PeneWisor
适水深度（m）	2000	600	200	1000	600
贯入力（kN）	50/100	50/100	50	50/100	75
贯入速度（cm/s）	2	2	2	2±0.2	2
行程（m）	1/3	1/3	1/3	1/3	1/3
贯入动力	液压驱动	液压驱动	液压驱动	液压驱动	液压驱动
波浪补偿能力（m）	±2.25	±1.5	±1.5	±1.5	±1.2
探头类型（cm²）	10/15	10/15	10/15	10/15	10/15
通信方式	实时	实时	实时	实时	实时

与海床式静力触探系统相比，井下式静力触探系统的优点是①能适应较硬地层，理论作业深度大；②依托船只作业时，作业效率高。其缺点是①作业时为分段作业，后期需对数据处理进行拼接处理；②由于钻探扫孔的扰动，分段作业开始时部分数据失真，数据连续性不如海床式；③对配套船只要求高，施工成本高；④可配套船只数量少。

（三）平台式静力触探设备

1. 平台式静力触探设备类型及特点

平台式静力触探是指贯入设备安装在固定平台上，静探操作时探杆需要首先从平台甲板经过水层后才能贯入海底土体，静探操作的基准可取平台或者海床面，基准确立后即为唯一。

平台式静力触探系统除需要安装在工作平台上以外，其余设备和参数与陆地静力触探系统基本一致，比较知名的国外近海平台式静力触探系统有 SKID 系统、Shark-200 系统等，目前国内不少厂家自主研制了平台式静力触探系统，如 Pene Plater 系统。

平台式静力触探系统适用水深与平台的作业水深密切相关。国内现有的勘察平台适用水深多在 20m 以内，如江苏某勘察院自建的 20m 平台在湛江海域某海上风电场，通过塔架和船只的配合，成功实现静力触探的批量作业。其余适用水深 35、50、55m 和 58m 的勘察平台，如永强壹号、华东院 2 号、探海 1 号、凯旋海勘 501、华东院 306、三峡 101 等，目前搭配陆上静力触探设备，在国内海上风电已有大量成功应用，但其应用也主要集中于近岸浅水区域，在近岸深水区应用较少。

2. 平台式静力触探设备技术参数分析

平台式静力触探系统采用陆域静力触探系统，目前国内海上风电勘察比较常用的系统有 SKID、Pene Plater 等。

（1）SKID。SKID 多用途静力触探系统是一种固定在平台上的操作简单的静力触探系统，其核心是一台双缸液压动力源和 HYSON 200kN 的贯入装置。系统采用数字化 IControl 数据采集系统和 Icone 数字探头。用户使用很小的投资，仍然可以获得稳定而高质量土体勘察数据。该系统采用模块化设计，可以选择 Hatz 静音液压动力系统，也可以选择可编程逻辑控制器（PLC）控制 HYSON 200kN 贯入装置、液压动力源和液压夹。SKID 多用途静力触探系统即可用于陆地工程，也可用于近海工程。

（2）Pene Plater。Pene Plater 能提供最大 200kN 的贯入力，贯入速度为 2.0cm/s（可调），目前该设备正在海试阶段。

平台式静力触探的优点是①贯入系统设备要求不高，技术门槛低；②作业平台稳定性好，静探路径和数据完整性好。其缺点是①适用水深受平台结构控制；②平台移动过程中受天气、海况条件影响大，施工效率低；③施工成本相对较高。

三、海洋勘察设备适应性分析

（一）钻机设备适应性分析

常规立轴式钻机具有操作简便、成本低等优点，被广泛用于潮间带和近岸浅水区等水深较浅、海况条件相对较好的海上风电场址勘察，但近岸深水区场址水深普遍大于 40m，且海况变化快，作业窗口零碎，大于 48h 的作业窗口少，立轴式钻机在设备功率、钻机速度和取样质量方面存在欠缺，无法满足使用要求。

波浪补偿动力头钻机通过配置大功率发动机和波浪补偿装置，提升了钻进与取芯效率，但缺少绳索取芯设备，取芯质量无法有效提高，且作业深度勘察船和平台限制。目前波浪补偿动力头钻机除被应用于滨海潮间带和近海浅水区场址外，也被应用于部分近海深水区场址，但随着吸力筒等新型基础不断被采用，对勘察和取样质量要求更高，波浪补偿动力头钻机难以完全满足要求。在深水区使用时，需注意时刻关注海况变化，尽量将作业安排在海况条件稳定且连续的窗口期。

专业海洋钻机配备大功率发动机、波浪补偿和绳索取芯装置，具有适水深度大、工作效率高、取芯质量好等优点，能在短时间内高质量完成钻探任务，满足深水区海况条件变化快、作业窗口短的工况，适合近岸深水区场址，但专业海洋钻机大多搭载专业勘察船，专业海洋钻机国内数量少，且使用成本较高，暂无法大规模应用。

（二）静力触探设备适应性分析

海床式静力触探因难以穿越较硬土层，故其探测深度有限，普遍不大于70m，遇密实土层时深度更小，因此海床式静力触探在深水区使用时，通常用于吸力筒基础、浮式基础等基础埋深较浅的场址勘察，当使用桩基础时，应根据土层情况、设计桩长等综合判定勘探深度是否满足桩基础的设计要求。

井下式静力触探能适应各种土层，作业深度大，能满足风电场各种基础型式的要求，且作业效率高，工期短，能满足深水区多变的海况和较短的作业窗口。但对配套船只的要求高，建议使用前应落实船只档期，合理安排作业计划。

平台式静力触探受限于平台的作业深度，目前多在20m水深范围内的潮间带和近岸浅水区有应用，对于深水区无应用先例。考虑目前国内平台的最大适水深度仅为58m（三峡101），且平台虽有自动力，但定位和移动受海况影响大，不能满足深水区场址的水深条件和复杂多变的海况条件，因此不建议在深水区采用平台式静力触探进行作业。

四、对比分析

根据目前国内风电场勘察中使用的钻机和静力触探设备的情况，从海况适应能力、作业深度、作业效率和经济性等方面进行粗略比较，如表2-7和表2-8所示。

表2-7　　　　　　　　　　　　不同类型钻机设备对比分析表

对比因素	常规立轴式钻机	波浪补偿动力头钻机	专业海洋钻机	对比结果
最大工作水深	>100m	>200m	3000m	专业海洋钻机优
工作海况	无波浪补偿装置，可在1.2m浪高下作业	具备波浪补偿装置，补偿能力多为±1.5m	具备波浪补偿装，补偿能力多为±1.5m，最大为±2.25m	专业海洋钻机与波浪补偿动力头钻机优
钻井钻深（m）	≤300	≤1000m	150～600m	波浪补偿动力头钻机优
取芯取样	回转取芯，用单动三重管可取Ⅰ级样，但作业效率低	回转取芯，用单动三重管可取Ⅰ级样，但作业效率低	绳索取芯，可取Ⅰ、Ⅱ级样	专业海洋钻机优
作业效率	90m孔深需要60h以上	90m孔深需要48h以上	90m孔深可在42h内完成	专业海洋钻机优
经济性	需要搭配平台使用，成本较高	搭配普通勘探船，成本较低	搭载专业勘探船，成本高	波浪补偿动力头钻机优

表 2-8　　　　　　　　　　　　不同类型静力触探对比分析表

对比因素	海床式	井下式	平台式	对比结果
最大适水深度	1500m	2000m	58m	井下式优
工作海况	无波浪补偿装置，受海况影响明显	具备波浪补偿装置，补偿能力为±1.5m，最大为±2.25m	作业时受影响较小，移动和定位过程中受影响较大	井下式优
贯入力	200～250kN	50～150kN	200kN	海床式优
锥尖阻力	55～70MPa	60～70MPa	60～70MPa	相当
贯入深度	视土层软硬而定	无限制	视土层软硬而定	井下式优
作业质量	连续作业，触探路径和数据完整性好	分段作业，数据连续性相对较差	连续作业，触探路径和数据完整性好	海床式、平台式优
作业效率	40m 孔深用时 8h	80m 和 120m 孔深用时分别为 18h 和 36h	20m 孔深用时 4h，但转移时间长	同样深度海床式优
经济性	搭配常规勘探船，成本较低	搭配专业勘探船，成本高	搭配平台使用，成本较高	海床式优

从表 2-7 和表 2-8 可以看出，专业海洋钻机和井下式静力触探更能适应近海深水区风电场的勘察作业，但由于其需要搭载专业勘察船，勘察成本相对较高。

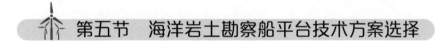

第五节　海洋岩土勘察船平台技术方案选择

一、海洋岩土勘察平台方案选择

考虑国内近海深水区海上风电开发规划和海况变化大且窗口期短等特征，适用国内近海深水区的海洋勘察自升式勘察平台少且费用造价高，运行维护年费用高昂，平台作业机动性较差，即便自动力平台往返工区，仍需拖船托运，相隔周期长的两作业窗口期，需长时在海域待命，平台补给存在困难。

基于上述原因，近海深水区海上风电岩土勘察首选采用专业海洋勘察船搭配海洋勘察设备。综合国内海域特征和海上风电勘察特点，专业海洋勘察船设备建设思路如下：

根据中国船级社（CCS）制定的《钢制海船入级规范》（2021）第 1 篇入级规则附录 1 海船附加标志一览表附表 B、《国内航行海船入级规则》（2018）2.1.4.1 条，以及中华人民共和国海事局颁布的《船舶与海上设施法定检验规则》，船舶航行的区域划分及定义如表 2-9 所示。

表 2-9   船舶航行的区域划分及定义

规则或规范	加注航区	具体定义	附加标志
《钢制海船入级规范》（2021）	近海航区	（1）指距岸不超过 200n mile 的海域	GCS
	沿海航区	（2）指距岸不超过 20n mile 的海域	CS
	遮蔽航区	（3）指沿海航区内的海岸与岛屿、岛屿与岛屿围成的遮蔽条件较好，波浪较小的海域，且该海域内岛屿与岛屿之间、岛屿与海岸之间距离不超过 10n mile，或具有类似条件的海域	SWS
	无限航区	（4）本条（1）～（3）所述航区以外的航区	
	特定航线	指船舶专门从事于两个或几个港口之间的航行	
《国内航行海船入级规则》（2018）	远海航区	指国内航行超出近海航区的海域	
	近海航区	指中国渤海，及东海距岸不超过 200n mile 的海域台湾海峡、南海距岸不超过 120n mile（台湾岛东岸、海南到东海海岸及南海距岸不超过 50n mile）的海域	近海航区
	沿海航区	指台湾岛东岸、台湾海峡东西海岸距岸不超过 10n mile 的海域和除上述海域外距岸不超过 20n mile 的海域，距有避风条件且有施救能力的沿海岛屿不超过 20n mile 的海域	沿海航区
	遮蔽航区	指在沿海航区内，海岸与岛屿、岛屿与岛屿围成的遮蔽条件较好，波浪较小的海域，且该海域内岛屿与岛屿之间、岛屿与海岸之间距离不超过 10n mile，或具有类似条件的海域	遮蔽航区
	特定航线/航区	指船舶专门从事于两个或两个规定的港口之间和/或水域的航行	

已知海洋十号、海油 707 船，海油 708 船和海油 709 船等均为无限制航区船只。国内海上风电为近海工程，海洋勘察船只可选用近海勘察船只。

考虑船只搭配海洋勘察钻机，采用不小于 10t 的海底基盘，并采用 API 钻杆，由于海底基盘尺寸长宽多为 2.8～3.0m，海底基盘通过船只月池升降，致使船只勘察所需月池不小于 3.5m。海洋勘察钻机系统采用 API 钻杆塔架，预留月池周边作业空间，塔架宽度一般不小于 10m，塔架边布置操控室并预留工作通道，因此船体甲板宽度不宜小于 13m。按海洋岩土勘察功能需要，船体甲板设置钻探提升系统、海底基盘堆放及旋转系统区、钻探 API 钻杆堆放区、辅助 API 钻杆起装的折臂抓管机或吊臂、猫道机、钻机控制系统、取样样品和岩芯堆放区等区域，并考虑预留相应设备损坏后维修区域（甲板应能容纳塔架平躺维护），船尾甲板预留其他海洋勘察设备作业区域，如动力取样器取样等，可判断船体甲板长度不应小于 40m，考虑船头区域导航控制台、人员居住区、生活和娱乐区及土工试验区域的设置等，参照现有海洋专业岩土勘察船只的尺寸，船只长度不应小于 60m。鉴于海洋岩土勘察船只甲板功能区划需求及设备维护需求，海洋专业勘察船只甲板面积不宜小于 500m²，对比现有海洋专业勘察船只大小及其吨位分析得出，推荐的船只为宽度不小于 15m、长度不小于 60m。

海洋岩土勘察船只总吨位大小对其抗风能力具有影响，船只越大，其抗风能力越强，《2008 年国际完整稳性规则》规定船舶满足临界气象衡准的最小抗风等级为 10.9 级，而《船舶与海上设施法定检验技术规则：国内航行海船法定检验技术规则》第 4 篇船舶安全第 2 节稳定基本要求规定测算，满足气象衡准的最小抗风等级分布：无限航区船舶为 13.3 级，近海航区船舶为 10.8 级，沿海航区船舶为 8.5 级。一般 500t 级的船舶在 6 级风以上不能作业，大于 8 级风后需回港作业，2000t 以上的船在 6.5 级风以上不能作业，大于 10 级风后需回港作业。

根据上述推荐的船舶大小要求及抗风能力的分析，建议选用总吨位 500～3000t 的海洋专业岩土勘察船，目前国内该类海洋勘察船较少，需根据船舶适用功能进行船体设计。考虑人员配置和节省费用，在满足条件下，经船舶设计及经济性分析，尽量选用总吨位较小的船舶，船上人员根据船舶大小配备，并应满足《中华人民共和国船舶最低安全配员规则》（2018 年 11 月 28 日实施）附录 1。船只依据海洋岩土勘察功能建设，除月池、动力驱动区、生活居住区、油料和生活用水等储备区外，搭建土工试验室，船体甲板主要布设钻探系统并堆放材料，设置操控室、吊臂或机械手臂、快速调平系统等，钻井系统置于甲板中部，保证设备稳定和安全使用。

二、海洋岩土勘察船只定位系统的选择

普通船只采用卫星导航，到站位后采用锚固定位并配合全球星站差分 GPS 调整准确定位。专业海洋勘察船只多采用 DP 定位系统，建造时间较久的少部分船只采用卫星+锚固定位。

DP 定位系统利用计算机软件对采集到的周围的环境因素如水流、风速、风向、海浪等扰动力方向和大小的信号，根据测量位置参照系统（GPS、罗经等）进行汇总计算后不断控制调整船舶或者平台上的各个推力器的大小和方向，从而使得船舶或者平台保持事先设定的位置。在使用过程中可快速自动定位和航向自动保持，较常规勘察船舶可节约 4～6h 抛锚定位时间。DP 定位系统分级主要考虑了设备的冗余度和可靠性，DP 定位系统可划分为 DP-1、DP-2、DP-3 三个等级，DP 定位系统各级的布置最低要求见表 2-10 所示。

表 2-10　　　　　　　　　　DP 定位系统各级的布置最低要求

动力定位系统级别		DP-1	DP-2	DP-3
测量系统	运动参照系统	2	3	3（其中之一在另一控制站）
	垂直面参照系统	1	2	2
	陀螺罗经	1	2	3
	风速风向	1	2	3
	UPS 电源	1	1	2（舱室分开）

续表

动力定位系统级别		DP-1	DP-2	DP-3
动力系统	发电机和原动机	无冗余	无冗余	有冗余，舱室分开
	主配电板	1	1	2（舱室分开）
	功率管理系统	无	有	有
推力系统	推动器布置	无	有	有
控制系统	计算机系统数量	1	2	3（其中之一在另一控制站）
	带自动定向的人工操纵	有	有	有
	各推进器的单独手柄	有	有	有
	备用控制站	无	无	有

DP-1 和 DP-2 定位系统的主要区别是发生单点故障后，DP-2 定位系统在设计海况下，能保持船位和艏向不变，而 DP-1 定位系统可能失位。DP-2 和 DP-3 定位系统的主要区别在于考虑的故障模式的范围不同。DP-3 定位系统包含了所有 DP-2 定位系统的故障模式，还引入对冗余系统和器件进行物理分隔的概念。根据 DP 定位系统的等级不同，所要求的设备配置和分隔也不一样。表 2-10 列出了 DP 定位系统各等级对应的设备布置最低要求。

目前，专业海洋勘察船采用的均为 DP-2 系统，世界上最先进的动力定位系统为 DP-3 定位系统，主要用于海洋石油 981 平台、大连开拓者号钻井船、SEVAN650 圆筒深水钻井平台等油气钻井平台。

越高等级的定位系统其技术越先进，可靠度也越高，但价格也相应越贵，据调查，各级 DP 定位系统价格随其等级成倍增长。

基于现有专业海洋勘察船定位系统及海洋勘察逐步走向深水需求，推荐海洋岩土勘察船只搭配 DP-2 定位系统。

三、海洋岩土勘察设备的选择

海洋岩土勘察设备中立轴式钻机和常规动力头钻机在海域实施钻探和标准贯入试验、重型动力触探试验等原位测试时，均需反复提升钻杆和钻具，单回次耗时长，作业效率低，且易受风、波浪等影响取样质量，难以满足海上风电逐步向近海深水区建设对勘察设备效率和质量的要求。因此，海洋岩土勘察设备推荐采用专业海洋钻机，采用绳索取芯工艺，配备钻机塔架、大功率发动机、大通径顶驱、高压泥浆泵、钻柱波浪补偿系统、管子处理系统、海底基盘及控制系统等设备，搭配井下孔压静力触探（CPTU）和静压取样器，可有效适用于水深度大、2.5m 内波浪海况的作业，除可较大程度提高钻探效率、利用静压或单动双重管高质量取样外，还可通过搭接井下式 CPTU 采集系统，实施全孔或部分交替式

CPTU 作业，保证原位试验的可靠性和准确性。

专业海洋勘察钻井系统涉及的范围较常规的海洋钻井系统有其特殊的要求，其成套范围主要有：

（1）钻井提升系统。其包括井架、工作台（月池盖）、天车、钻井绞车、死绳固定器、钻井钢丝绳、井电系统、天车防碰装置、倒绳机等。

（2）大通径顶部驱动装置。

（3）钻井管子处理系统。其包括 API 钻杆、抓管机、鹰抓机及控制系统等。

（4）钻机电控系统。其包括交流电动机变频控制单元、自动化控制及操作系统和 MCC 系统等。

（5）司钻房一体化仪表控制系统。其包括系统监测大钩悬重（钻压）、泵冲速、立管压力、泥浆池体积、电动机转速、钩速、钻深、机械钻速、钻井扭矩、顶驱转速等。

（6）海洋动态钻井补偿系统。其包括游车补偿装置。

（7）海底基盘及控制系统。其包括海底基盘、遥控钻杆锁紧装置等。

（8）基盘起下装备及恒张力补偿控制系统。其包括基盘绞车和钢丝绳恒张力系统等。

（9）钻井泥浆系统。

（10）钻井用散料的储存及输送系统。

（11）取样设备动态补偿起下装置。其包括取样绞车、取样补偿器等。

（12）其他辅助设备。其包括多台液压站、多台空气压缩机、电视监控系统、气动绞车、液压猫头、手动大钳、气源净化装置和控制系统等。

其中，钻井提升系统主要为钻井、取样设备及顶部驱动提升。顶部驱动装置，冲管、主轴和钻杆内部起放勘察取样工具需从顶驱顶部通过，以满足井口中心下放取样工具的需求，其也包括泥浆循环通道。钻井管子处理系统主要为钻探系统装拆 AP1 钻杆。钻机电控系统和司钻房一体化仪表控制系统主要用于钻探钻机操控，钻井补偿系统主要为钻探提供波浪补偿。海底基盘及其控制系统主要为钻柱提供径向约束、作业井口定位、导向及固定钻具，并为取样和孔压静力触探提供支撑反力等。泥浆系统主要为钻探过程输送泥浆。其他设备主要用于钻探过程辅助。

四、海洋岩土勘察平台技术方案

综合海洋岩土勘察船和勘察设备分析，推荐海洋岩土勘察平台方案为总吨位 500～3000t（具体吨位应经专业设计和经济分析论证确定）的海洋专业岩土勘察船+DP-2 定位系统+专业海洋勘察钻机系统（采用绳索取芯工艺，配备钻机塔架、大功率发动机、大通径顶驱、高压泥浆泵、钻柱波浪补偿系统、管子处理系统、海底基盘及控制系统等设备）并搭配井下 CPTU 和静压取样器，海洋岩土勘察平台技术方案如图 2-1 所示，平台各层布置如图 2-2 所示。

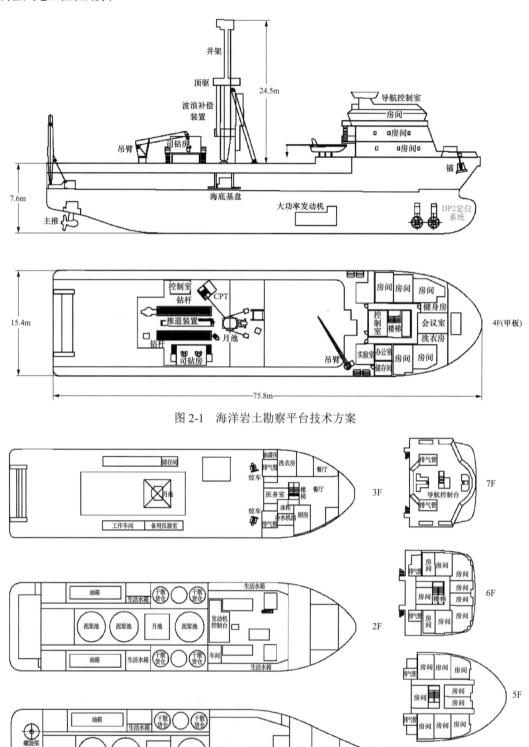

图 2-1 海洋岩土勘察平台技术方案

图 2-2 海洋岩土勘察平台各层布置图

按此搭建海上风电勘察船只设备，可实现海洋岩土勘察机动灵活、快速定位、有效适用水深大（最大适用水深达数百米）、2.5m 内波浪海况高效率作业，可抗 10.8 级风（《船舶与海上设施法定检验技术规则：国内航行海船法定检验技术规则》（2020）第 4 篇船舶安全第 2 节稳定基本要求规定测算），减少回港避风次数。在国内各地区可有效利用海洋 24～48h 的短窗口期作业，实现短窗口期完成单个 80～90m 深的勘探孔。同比国内外海上风电勘察平台，依据推荐的海上风电勘察船只设备建设方案建设海洋岩土勘察平台，将处于国际先进、国内领先水平。

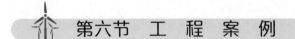

第六节 工 程 案 例

一、场地条件

（一）场地和工作时段选择

为验证拟选定的海洋岩土勘察平台方案的适用水深和海况，拟选定汕头、汕尾等粤东近海深水区海域开展测试工作。考虑广东海域进入冬季后，受东北季风影响，窗口期大大减少，持续时间较短。为验证选定的海洋岩土勘察平台方案的安全性和作业效率，选定 10～11 月冬季时间实施现场测试。

（二）场地地质情况

1. 地形地貌

场地位于汕尾市以东约 35km 的海域，该处海域宽阔，场区内未见岛屿、礁石分布。场区内水深在 35m 左右，水下地形较为平坦，总体上海床自北向南缓缓降低，海床底质为淤泥、砂混淤泥，属海积地貌单元。

2. 地层岩性

根据附近风电场勘探成果及本次钻探情况，试验区 90m 深度范围内主要揭露全新统海相沉积层、全新统海陆过渡相沉积层、晚更新统海陆交互相沉积层。其中全新统海相沉积层主要为淤泥、淤泥质土、砂混淤泥、砂层及砂混黏性土层；全新统海陆过渡相沉积层主要为黏土、粉质黏土、粉土及砂层、砂混黏性土层；晚更新统海陆交互相沉积层主要为黏土、粉质黏土、粉土及砂层、砂混黏性土层。

二、工程方案

（一）钻探方案

选用普通勘察船+常规钻机、普通船+波浪补偿重力头钻机、普通改进勘察船+HD-1000型海洋钻机+井内静力触探系统、专业勘察船+专业海洋勘察钻机系统+井内静力触探系统 4 种平台及设备组合同时进行钻孔取样。

在汕尾以东海域项目场地，各勘察平台同时开展一个孔的钻探取样工作，孔深要求为不小于90m，钻孔编号为ZK01～ZK04。试验钻孔布置如图2-3所示。

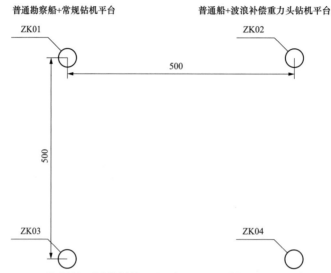

图2-3 试验钻孔布置图（单位：m）

1. 钻探技术要求

（1）进行原状试验取样时采用孔底静压取样或活塞取样技术。

（2）原状样的钻孔套筒的内径不小于70mm。

（3）所有的土层每隔2m取样。

（4）采取的土样妥善保管，及时封蜡，填写并粘贴土样标签；土样采集完成后及时送至实验室，在运输过程中应避免振动。

（5）钻探的岩芯采取率应符合下列规定：

1）在坚硬完整的岩层中，岩芯采取率不应小于90%。

2）在强风化、破碎的岩层中，岩芯采取率不应小于70%。

3）在黏性土地层中，岩芯采取率不应小于90%。

4）砂土类地层中，岩芯采取率不应小于70%。

5）碎石土类不应小于70%。

（6）岩芯处理与保留。将取上的岩芯按先后顺序排列整齐，存放岩芯箱内，填写回次标签，写明回次编号、取样和标贯深度，放在相应的岩芯位置，以便复查核对。终孔后，拍摄彩照并保存。

2. 对比指标

（1）作业效率对比。4种勘察平台从海上钻孔位定位开始计算在相同的作业条件（水深、风浪与近似地层条件）下进行钻孔取样，主要对比单孔完成用时。

（2）钻探质量对比。

1）岩芯采取率对比。根据 4 种勘察平台的取芯情况，对比在黏性土层、砂土层的采取率。

2）取样质量对比。根据 4 种勘察平台的取样，在同一试验室内进行土样的扰动性测试，对比各勘察平台的取样质量。

（二）静力触探方案

1. 工作内容

选用普通改进勘察船+HD-1000 型海洋钻机+井内静力触探系统与专业勘察船+专业海洋勘察钻机系统+井内静力触探系统 2 种平台及设备组合同时进行井下静力触探试验，孔深要求不小于 80m，静力触探点编号为 JT01、JT02。静力触探点布置在钻孔点附近，离钻孔间距约为 5m，布置如图 2-4 所示。

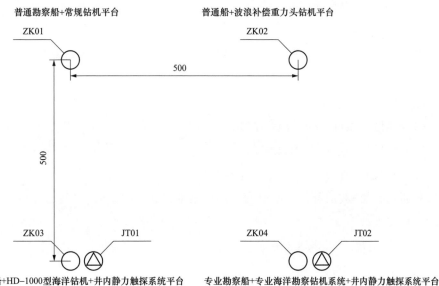

图 2-4　静力触探孔布置图（单位：m）

2. 静力触探技术要求

试验之前，确保所有探头的透水石全部都进行真空饱和。安装透水石之前，将孔压测量计范围内的空隙填满硅油。开始试验前应进行仪器的标定、调试，以及锥尖阻力和孔隙水压力的归零校正。钻探到预定的深度后，将静力触探设备放到 API 钻杆内，设备到达孔底后，软件会显示是否到达预定的位置。调节水压贯入使探杆匀速贯入，触探头在土壤中的推进速度为恒速 20mm/s，贯入仪保持完全垂直进入路径。每次试验获得连续完整的锥端阻力、侧壁摩擦力、孔隙水压力及倾斜度等参数的深度变化曲线，保存测试结果，填写测试记录表。达到终孔条件后，把贯入水压力调到 0，通过脐带缆绞车提升静力触探系统。清孔至贯入深度，循环上述步骤继续贯入，直至 80m 孔深。

当达到以下条件时，静力触探试验可终孔：达到设备极限能力，如反力装置、探杆或探测设备的极限能力;锥尖阻力达到 50MPa;探头倾角突然变化;在遭遇工作人员人身安全和设备损坏的风险的情况下酌情决定。

试验成果:给出端部阻力、侧壁摩阻力、孔隙压力随入土深度/高程变化的图表;供测量的锥阻力数值、侧壁摩阻力和孔隙压力效应影响的修正数值。

3. 试验对比指标

(1)作业效率对比。两种勘察平台从海上静探孔位定位开始计算在相同的作业条件(水深、风浪与近似地层条件)下进行原位试验,主要对比单孔完成用时。

(2)成果质量对比。主要对比采集数据的连续性、稳定性、可靠性。

三、采用的船只和设备

(一)采用的勘察船

1. 普通勘察船+普通钻机平台

普通勘察船+普通钻机平台选用"梅航 6"勘察船,"梅航 6"勘察船的主要技术参数如下:

(1)长/型宽:52.8m/8.8m。

(2)型深:4.1m。

(3)吨位:总重 499t,净重 279t。

(4)主机:额定功率 218kW。

2. 普通勘察船+波浪补偿钻机平台

普通勘察船+波浪补偿钻机平台选用"荟通 258"勘察船,"荟通 258"勘察船的主要技术参数如下:

(1)长/型宽:52.8m/8.8m。

(2)型深:4.05m。

(3)吨位:总重 499t,净重 279t。

(4)主机:额定功率 218kW。

3. 普通改进勘察船+专业海洋勘察设备

本次试验的普通改进勘察船+HD-1000 型海洋钻机+井内静力触探系统平台选用荟通 688 船,荟通 688 船的技术参数如表 2-11 所示。

表 2-11　　　　　　　　　　荟通 688 船的技术参数

总长（m）	54.2	船长（m）	48.6	满载水线长（m）	50.53
船宽（m）	9.20	型深（m）	3.85	空载吃水（m）	1.817
满载吃水（m）	1.960	满载排水量（t）	671.554	空载排水量（t）	615.854
航区	沿海	船体材料	钢质	甲板材料	钢质
主机功率（kW）	218	航速（节）	10	最大钻探水深（m）	80

4. 专业勘察船+专业海洋勘察设备

由于推荐的勘察平台方案"专业勘察船+专业海洋勘察钻机系统+井内静力触探系统"尚未建造，本次试验选用相似功能的专业勘察船进行替代，故选用海洋地质十号船。

海洋地质十号船是集海洋地质、地球物理、水文环境等多功能调查手段为一体的综合地质调查船，排水量约为 3400t，续航力 8000n mile，可以实现在全球无限航区开展海洋地质调查工作。具备 DP-2 定位系统，无需抛锚，搭载了井下式静力触探设备、钻探设备。海洋地质十号船技术参数表如表 2-12 所示。

表 2-12 海洋地质十号船技术参数表

船型尺寸参数（m×m×m）	75.8×15.4×7.6
满载排水量（t）	3490.7
续航力（n mile）	8000
航行能力	B 级冰区加强
自持力（d）	45
主发电机组	1960kW×3 台
360°全回转主推进器	3 台×2100kW
燃油（t）	430
反渗透式制淡系统	3 台×20t/d
最大航速（节）	15
经济航速（节）	12
主甲板面积（m²）	500
动力定位系统	DP-2
最大工作水深（m）	1000
钻井钻深（m）	400
能否开展孔内静力触探试验	能

（二）采用的钻探系统

1. 梅航 6 船搭载的普通海洋钻机

常规普通海洋钻机为 XY-2 型，其参数如表 2-13 所示。

表 2-13 XY-2 型钻机参数表

项目	单位	XY-2 型
钻杆直径	mm	42、50
钻孔深度	m	0～300
动力头输出转速	r/min	70-1241（8 档）、反：55、257
立轴行程	mm	600
最大加压力	kN	54

海上风电工程集成技术

续表

项目	单位	XY-2 型
最大起拔力	kN	72
钻杆夹持方式		液压卡盘
卷扬机提升能力	kN	30
卷扬机提升速度	m/s	0.41、0.73、1.15、1.58
钻孔倾角	(°)	0～90
钻机外形尺寸（$L×B×H$）	mm×mm×mm	2150×1200×1500
钻机重量（不含动力机）	kg	950

2. 梅航 258 船搭载的波浪补偿钻机

HD-600 型重力头钻机自带波浪补偿装置，补偿行程为±1.5m。HD-600 型海洋钻机技术参数见表 2-14 所示。

表 2-14　　　　　　　　　HD-600 型海洋钻机技术参数表

项目	HD600
钻孔深度（水深 50m 时，m）	600
钻孔直径（mm）	91
钻杆直径（mm）	89
钻孔倾角（°）	90
动力头转速（r/min）	103～548
动力头最大扭矩（N·m）	3400
主卷扬最大提升力（kN）	80
主卷扬单绳最大提升速度（m/min）	45
液压泵排量（mL/r）	71+40+28
动力头给进行程（mm）	6000
升沉补偿行程（mm）	±1500
钻塔高度（m）	9.5
泥浆泵最大流量（L/min）	250
泥浆泵最大压力（MPa）	5
动力机型号	4BTAA3.9-130
动力机功率（kW）	97

3. 荟通 688 船搭载的 HD-1000 型海洋钻机

HD-1000 型海洋钻机技术参数如表 2-15 所示。

表 2-15   **HD-1000 型海洋钻机技术参数表**

项目	HD1000
钻孔深度（水深 50m，m）	1000
钻孔直径（mm）	98
钻杆直径（mm）	89
钻孔倾角（°）	90
动力头转速（r/min）	103～548
动力头最大扭矩（N·m）	4000
主卷扬最大提升力（kN）	80
主卷扬单绳最大提升速度（m/min）	45
液压泵排量（mL/r）	71+32+32
动力头给进行程（mm）	7000
升沉补偿行程（mm）	±1500
钻塔高度（m）	11.5
泥浆泵最大流量（L/min）	250
泥浆泵最大压力（MPa）	5
动力机型号	4BTAA3.9-130
动力机功率（kW）	97

4. 海洋地质十号搭配的专业海洋钻机

海洋地质十号搭配的专业海洋钻机主要参数如下：

（1）水深+钻深：≥1100m。

（2）最大地层钻深：400m（具体钻深因地层而异）。

（3）井架有效高度：24.5m。

（4）额定载荷：60t。

（5）最大钻柱质量：400kN。

（6）提升方式：油缸举升。

（7）顶驱输入功率：300kN。

（8）波浪补偿行程：游车补偿±1.5m。

（9）基盘绞车提升能力：300kN。

（10）取样绞车拉力：30kN；速度：0～80m/min。

（11）土工实验室：配备。

（12）取芯方式：绳索取芯。

（13）取样器：柱状取样器。

（三）采用的静力触探系统

1. 荟通 688 船配备的井下式静力触探系统

荟通 688 船采用的是井下深海静力触探近岸可伸缩连续钻进（ORCA）系统，该系统是一种能在钻孔底部进行 CPTU 作业的原位测试系统，拥有每次最大 1.5m 的贯入深度。在整个钻孔中，CPTU 测试能够在任何钻探作业深度进行，可提供半连续或连续的锥端阻力、侧摩阻力、孔隙水压力、探头倾斜度等随深度变化的剖面。井下式 CPTU 相较于海床式 CPTU 具有能适应较硬地层、理论作业深度大、依托船只作业时作业效率高等优点。

井下深海静力触探系统主要包括 ORCA 静力触探贯入系统、水压贯入系统、海底基盘系统、恒张力脐带电缆液压绞车和数据采集系统等。ORCA 井下深海静力触探系统设备及有关参数如表 2-16 所示。

表 2-16　　　　　　　　ORCA 井下深海静力触探系统设备及有关参数

名称	参数	数值及备注
ORCA 井下静力触探贯入系统	推力（kN）	100
	最大工作水压（MPa）	3
	行程（m）	1.5
	材质	不锈钢
	探杆外径（mm）	36
	贯入工具外径（mm）	92
孔压探头	锥尖阻力（MPa）	0～50（±0.1）
	侧摩阻力（MPa）	0～1（±0.01）
	孔隙水压力（MPa）	0～1、2、5（0.5%）
探杆	材质	铬合金覆盖
	钻杆外径（mm）	36
	钻杆内径（mm）	16
其他部件		抗海水腐蚀

2. 海洋地质十号配备的井下式静力触探系统

海洋地质十号采用的是 WISON-APB 井下深海静力触探系统，该系统是一种能在钻孔底部进行 CPTU 作业的原位测试系统，拥有每次最大 3m 的贯入深度。在整个钻孔中，静力触探（CPT）试验能够在任何钻探作业深度进行，可提供半连续或连续的锥端阻力、侧摩阻力、孔隙水压力、探头倾斜度等随深度变化的剖面。井下式 CPTU 相较于井底式 CPTU 具有能适应较硬地层、理论作业深度大、依托船只作业时作业效率高等优点。

井下深海静力触探系统设备及有关参数如表 2-17 所示。

表 2-17 井下深海静力触探系统设备及有关参数

名称	参数	数值及备注
液压缸	推力（kN）	50/100
	液压缸工作推力（MPa）	17.5/35.0
	行程（m）	3.0/1.0
	材质	不锈钢
	液压缸外径（mm）	85
	液压缸内径（mm）	75
孔压探头	锥尖阻力（MPa）	0～100（±0.1）
	侧摩阻力（MPa）	0～750（±0.1）
	孔隙水压力（MPa）	0～1、2、5（0.5%）
探杆	材质	铬合金覆盖
	钻杆外径（mm）	35
	钻杆内径（mm）	16
其他部件		抗海水腐蚀

该次勘察静力触探探头采用的是孔压静力触探探头。

四、成果分析

（一）钻探取样成果分析

1. 钻探取样效率比对分析

根据现场钻孔情况，各勘察平台钻探取样用时统计如表 2-18 所示。

表 2-18 各勘察平台钻探取样用时统计表

作业平台	作业完成孔深（m）	作业用时（h）
普通船+普通钻机平台（梅航 6 船）	90.5	79
普通船+波浪补偿钻机平台（荟通 258 船）	90.3	71
普通改进船+HD-10001 钻机平台（荟通 688 船）	90.0	47
专业船+专业海洋钻探系统平台（海洋地质十号）	90.7	36

根据表 2-18，梅航 6 船与荟通 258 船均采用常规回转取芯，在正常海况条件下完成 90m 钻孔用时较为相近，需要 3 天左右，普通钻机平台易受海况影响，波浪补偿钻机平台适应海况能力较强，故荟通 258 船钻探作业略快；荟通 688 船采用绳索取芯工艺，在正常海况条件下完成 90m 钻孔用时 2 天左右，是普通船作业效率的 1.5 倍；海洋地质十号采用绳索取芯工艺，在正常海况条件下完成 90m 钻孔用时 1.5 天左右，是普通船作业效率的 2 倍，是普通改进勘察船的 1.3 倍。拟选用的专业船+专业海洋钻探系统平台作业效率远优于其

他几种平台，可完全利用冬季窗口期少的时间段作业，大大节省了整个风电场的建设工期。

2. 钻孔岩芯采取率比对分析

根据各勘探平台钻取岩芯情况，对各钻孔岩芯采取率进行了对比分析，粉质黏土和中砂层的采取率分别如图 2-5、图 2-6 所示。

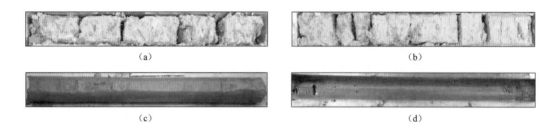

图 2-5 各平台粉质黏土层采取率

（a）梅航 6 船平台粉质黏土采取率约为 90%；（b）荟通 258 船平台粉质黏土采取率约为 95%；

（c）荟通 688 船平台粉质黏土采取率约在 99% 以上；（d）海洋地质十号船平台粉质黏土采取率约在 99% 以上

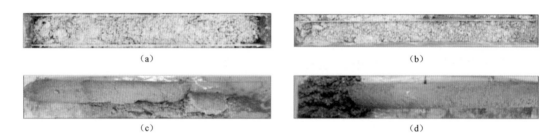

图 2-6 各平台中砂层采取率

（a）梅航 6 船平台中砂的采取率约为 60%；（b）荟通 258 船平台中砂采取率约为 65%；

（c）荟通 688 船平台中砂采取率约在 85% 以上；（d）海洋地质十号船平台在砂采取率约在 90% 以上

梅航 6 船和荟通 258 船均采用回转取芯，对于黏性土的采取率为 90%～95%，对于砂土的采取率为 60%～65%，荟通 258 船略优。荟通 688 船和海洋地质十号勘探船均采用绳索取芯，对于黏性土，其采取率均在 99% 以上，基本做到百分之百取芯，较梅航 6 船和荟通 258 船回转取芯工艺采取率提高 5%～10%；对于砂土，其采取率在 85%～90% 以上，较普通船回转取芯工艺采取率提高了 30% 左右。总体上，绳索取芯工艺的采取率远高于回转取芯工艺的采取率，专业勘察船+专业海洋钻机系统平台的取芯率最优。

3. 钻孔取样质量比对分析

取样质量主要通过室内试验成果进行判别，试验判别主要依据 GB 50021—2001《岩土工程勘察规范》[2009 年版]中体应变 ε_v 的指标和 ISO 19901-8：2014《石油和天然气工业·海上构筑物的特定要求 第 8 部分：海洋土壤调查》进行判别。国内体应变 ε_v 判别标准如表 2-19 所示。

表 2-19　　　　　　　　　　　国内体应变 εv 判别标准

扰动程度	几乎未扰动	少量扰动	中等扰动	很大扰动	严重扰动	资料来源
ε_v	<1%	1%~2%	2%~4%	4%~10%	>10%	上海

ISO 19901-8：2014 对土样的扰动性评定标准如表 2-20 所示。

表 2-20　　　　　　　ISO 19901-8：2014 对土样的扰动性评价标准

OCR	$\Delta e/e_0$			
	非常好-极好	好-一般	差	极差
1~2	<0.04	0.04~0.07	0.07~0.14	0.14

注　Δe 为土样在原始有效应力下预固结后孔隙比的变化，e_0 为制备土样的孔隙率。

在各个钻孔各选取 15 个黏性土样进行扰动性判别，判别结果如表 2-21~表 2-24 所示。

表 2-21　　　　　　　　　　梅航 6 船土样扰动性评判成果

序号	取样样顶深度（m）	定名	初始孔隙比 e_0	GB 50021—2001		ISO 19901-8：2014	
				体积应变 ε_v	扰动性判别	$\Delta e/e_0$	扰动性判别
1	15.0	粉质黏土	0.971	5.17	很大扰动	0.105	差
2	17.6	粉质黏土	1.045	4.35	很大扰动	0.085	差
3	23.5	粉质黏土	1.076	4.21	很大扰动	0.081	差
4	26.0	粉质黏土	1.043	3.50	中等扰动	0.069	一般
5	35.0	黏土	1.089	2.89	中等扰动	0.055	一般
6	37.5	黏土	0.842	4.58	很大扰动	0.100	差
7	40.0	黏土	1.142	6.75	很大扰动	0.127	差
8	46.0	粉质黏土	1.041	3.00	中等扰动	0.059	一般
9	48.5	粉质黏土	1.108	5.35	很大扰动	0.102	差
10	51.0	粉质黏土	0.960	4.25	很大扰动	0.087	差
11	60.0	粉质黏土	0.940	3.89	中等扰动	0.080	差
12	62.5	粉质黏土	1.037	3.24	中等扰动	0.064	一般
13	65.0	粉质黏土	0.837	4.32	很大扰动	0.095	差
14	73.0	黏土	1.178	4.13	很大扰动	0.076	差
15	75.4	黏土	0.845	3.25	中等扰动	0.071	差
综合评价				范围在2.89~6.75之间，平均4.12	样品质量主要属很大扰动，部分中等扰动	范围在0.055~0.127之间，平均0.082	样品质量主要属差，部分属一般

表 2-22 荟通 258 船土样扰动性评判成果

序号	取样样顶深度（m）	定名	初始孔隙比 e_0	GB 50021—2001		ISO 19901-8：2014	
				体积应变 ε_v	扰动性判别	$\Delta e/e_0$	扰动性判别
1	14.0	粉质黏土	1.184	3.25	中等扰动	0.060	好-一般
2	16.5	粉质黏土	1.194	2.45	中等扰动	0.045	好-一般
3	24.3	粉质黏土	1.242	2.68	中等扰动	0.048	好-一般
4	26.8	粉质黏土	1.131	3.89	中等扰动	0.073	差
5	32.0	粉质黏土	0.968	4.68	很大扰动	0.095	差
6	34.5	黏土	0.924	3.12	中等扰动	0.065	好-一般
7	37.2	黏土	1.018	2.33	中等扰动	0.046	好-一般
8	44.0	粉质黏土	0.858	4.35	很大扰动	0.094	差
9	46.8	粉质黏土	0.871	4.12	很大扰动	0.089	差
10	50.0	黏土	0.954	3.11	中等扰动	0.064	好-一般
11	58.0	黏土	0.926	3.27	中等扰动	0.068	好-一般
12	61.0	粉质黏土	0.784	3.89	中等扰动	0.089	差
13	63.0	粉质黏土	0.764	2.33	中等扰动	0.054	好-一般
14	75.0	黏土	1.090	2.11	中等扰动	0.040	好-一般
15	77.6	黏土	1.250	2.29	中等扰动	0.041	好-一般
综合评价				范围在 2.11～4.68 之间，平均 3.19	样品质量主要属中等扰动，部分很大扰动	范围在 0.040～0.094 之间，平均 0.065	样品质量主要属一般，部分属差

表 2-23 荟通 688 船土样扰动性评判成果

序号	取样样顶深度（m）	定名	初始孔隙比 e_0	GB 50021—2001		ISO 19901-8：2014	
				体积应变 ε_v	扰动性判别	$\Delta e/e_0$	扰动性判别
1	16.0	粉质黏土	1.081	1.05	少量扰动	0.020	非常好-极好
2	18.4	粉质黏土	1.272	1.43	少量扰动	0.026	非常好-极好
3	20.0	粉质黏土	1.072	1.10	少量扰动	0.021	非常好-极好
4	28.0	粉质黏土	1.100	2.15	中等扰动	0.041	好-一般
5	30.5	粉质黏土	1.224	2.33	中等扰动	0.042	好-一般
6	36.5	黏土	1.141	1.12	少量扰动	0.021	非常好-极好
7	38.8	黏土	0.976	0.93	几乎未扰动	0.019	非常好-极好
8	41.0	黏土	0.744	0.88	几乎未扰动	0.021	非常好-极好
9	47.0	粉质黏土	0.746	1.34	少量扰动	0.031	非常好-极好
10	50.0	粉质黏土	0.819	1.89	少量扰动	0.042	好-一般
11	60.0	黏土	0.880	1.12	少量扰动	0.024	非常好-极好
12	62.3	黏土	0.786	0.89	几乎未扰动	0.020	非常好-极好

续表

序号	取样样顶深度（m）	定名	初始孔隙比 e_0	GB 50021—2001		ISO 19901-8：2014	
				体积应变 ε_v	扰动性判别	$\Delta e/e_0$	扰动性判别
13	71.0	粉质黏土	0.901	2.45	中等扰动	0.052	好-一般
14	73.5	黏土	1.004	1.78	少量扰动	0.036	非常好-极好
15	76.0	黏土	0.910	1.35	少量扰动	0.028	非常好-极好
综合评价				范围在 0.88～2.45 之间，平均 1.45	样品质量主要属少量扰动，部分几乎未扰动	范围在 0.020～0.052 之间，平均 0.030	样品质量主要属非常好，部分属好

表 2-24 海洋地质十号船土样扰动性评判成果

序号	取样样顶深度（m）	定名	初始孔隙比 e_0	GB 50021—2001		ISO 19901-8：2014	
				体积应变 ε_v	扰动性判别	$\Delta e/e_0$	扰动性判别
1	13.0	粉质黏土	1.080	0.89	几乎未扰动	0.017	非常好-极好
2	15.6m	粉质黏土	1.170	1.22	少量扰动	0.023	非常好-极好
3	17.50	粉质黏土	1.093	0.87	几乎未扰动	0.017	非常好-极好
4	27.0	粉质黏土	1.141	1.23	少量扰动	0.023	非常好-极好
5	30.0	粉质黏土	1.080	0.81	几乎未扰动	0.016	非常好-极好
6	32.5	粉质黏土	0.696	0.57	几乎未扰动	0.014	非常好-极好
7	36.5	黏土	0.630	0.62	几乎未扰动	0.016	非常好-极好
8	39.0	黏土	0.912	0.75	几乎未扰动	0.016	非常好-极好
9	46.0	粉质黏土	0.998	0.71	几乎未扰动	0.014	非常好-极好
10	48.8	粉质黏土	0.882	0.78	几乎未扰动	0.017	非常好-极好
11	51.5	粉质黏土	0.879	0.64	几乎未扰动	0.014	非常好-极好
12	65.0	黏土	0.900	0.67	几乎未扰动	0.014	非常好-极好
13	69.0	粉质黏土	0.836	1.25	少量扰动	0.027	非常好-极好
14	74.0	黏土	0.806	0.65	几乎未扰动	0.015	非常好-极好
15	77.0	黏土	0.761	0.61	几乎未扰动	0.014	非常好-极好
综合评价				范围在 0.57～1.25 之间，平均 0.82	样品质量主要属几乎未扰动，部分少量扰动	范围在 0.014～0.027 之间，平均 0.017	样品质量属非常好～极好

梅航 6 船及荟通 258 船对于软土采用薄壁取土器，对于一般黏性土采用厚壁取土器，取土工艺为锤击取样；荟通 688 船及海洋地质十号船采用薄壁取土器，取土工艺为静压取样。

梅航 6 船取样质量根据 GB 50021—2001 判定主要属很大扰动，部分属中等扰动；根据 ISO 19901-8：2014 判定主要属差，部分属一般。荟通 258 船取样质量根据 GB 50021—2001 判定主要属中等扰动，部分属很大扰动；根据 ISO 19901-8：2014 判定主要属一般，部分属差。荟通 688 船取样质量根据 GB 50021—2001 判定主要属少量扰动，部分属中等扰动和几乎未扰动，根据 ISO 19901-8：2014 标准判定主要属非常好-极好，部分属好--一般。海洋地质十号船取样质量根据 GB 50021—2001 判定主要属几乎未扰动，部分属少量扰动；根据 ISO 19901-8：2014 判定属非常好-极好。根据取样质量对比分析成果，专用船+专业海洋钻机系统+绳索取芯的取样质量最优。

（二）静力触探试验成果分析

1. 静探试验效率比对分析

根据现场工作钻孔情况，各勘察平台静力触探试验用时统计如表 2-25 所示。

表 2-25　　　　　　　　　各勘察平台静力触探试验用时统计表

作业平台	作业完成孔深（m）	作业用时（h）
普通改进船+井下静力触探系统（荟通 688 船）	91.23	32
专业船+井下静力触探系统（海洋地质十号）	92.22	17

根据表 2-25，荟通 688 船配备单次行程 1.5m 的静力触探系统，在正常海况条件下完成 80m 探孔用时 1.3 天左右；海洋地质十号配备单次行程 3.0m 的静力触探系统，在正常海况条件下完成 80m 探孔用时 0.7 天左右，是荟通 688 船作业效率的 1.9 倍左右。拟选用的专业船+井下静力触探系统平台作业效率远优于普通改进船的作业效率。

2. 数据采集质量比对分析

荟通 688 船搭配 ORCA 井下深海静力触探系统，海洋地质十号搭配 WISON-APB 井下深海静力触探系统，两种静力触探系统设备在国际上均处于领先地位。采用两种静力触探系统数据采集的稳定性和可靠性均比较高，区别在于荟通 688 船搭配的静力触探系统单回次行程为 1.5m，海洋地质十号搭配的静力触探系统单回次行程为 3m，两回次之间存在 0.2～0.5m 的无用数据采集区间，故荟通 688 船在静探孔深范围内无用数据区域远高于海洋地质十号船，因此，海洋地质十号船静探数据采集质量高于荟通 688 船。

五、勘察平台工程应用情况对比分析

（1）4 种平台均完成 90m 深的钻孔取样工作，在正常海况条件下，梅航 6 船与荟通 258 船钻探取样用时分别为 79h 和和 71h，荟通 258 船略优；荟通 688 船钻探取样用时 47h，作业效率是普通船的 1.5 倍；海洋地质十号钻探取样用时 36h，作业效率是普通船的 2 倍，是荟通 688 船的 1.3 倍。在相同作业时间下，海洋地质十号单孔成孔率高于其他船舶。

（2）根据 4 种平台岩芯采取情况，梅航 6 船和荟通 258 船对于黏性土的采取率（取芯率）为 90%～95%，对于砂土的采取率（取芯率）为 60%～65%，荟通 258 船略优；荟通 688 船和海洋地质十号船对于黏性土采取率（取芯率）均在 99%以上，较梅航 6 船和荟通 258 船回转取芯工艺采取率提高 5%～10%；对于砂土，采取率（取芯率）为 85%～90%，砂土层中较普通船回转取芯工艺采取率（取芯率）提高了 30%左右。

（3）根据 GB 50021—2001，梅航 6 船取样质量主要属很大扰动，部分属中等扰动；荟通 258 船取样质量主要属中等扰动，部分属很大扰动；荟通 688 船取样质量主要属少量扰动，部分属中等扰动和几乎未扰动；海洋地质十号船取样质量主要属几乎未扰动，部分属少量扰动。

根据 ISO 19901-8：2014，梅航 6 船取样质量主要属差，部分属一般；荟通 258 船取样质量主要属一般，部分属差；荟通 688 船取样质量主要属非常好-极好，部分属好-一般；海洋地质十号船取样质量属非常好-极好。

（4）荟通 688 船，在正常海况条件下完成 80m 静力触探孔用时 1.3 天左右；海洋地质十号（拟推荐平台）在正常海况条件下完成 80m 静力触探孔用时 0.7 天左右，是荟通 688 船作业效率的 1.9 倍左右。

（5）在 80m 孔深范围内，海洋地质十号船静探的无用数据采集长度远低于荟通 688 船静探的无用数据采集长度。

（6）根据测试结果，拟推荐的海洋岩土勘察平台的作业效率、岩芯采取率及取样质量远优于其他几种平台。

第七节　结论与建议

采用的专业海洋勘察船只设备实施海洋岩土勘察作业，可实现全孔绳索钻探取芯、全孔静压取样、全孔井下式孔压静力触探（CPTU）和全孔交替式取样及 CPTU，技术先进，与国外先进海洋勘察方法相匹配，可适应于目前国内 300m 水深海域的海上风电勘察工作，可覆盖现有各类海上风电岩土勘察工作，同时可在其他海洋工程中推广应用。按推荐方案建设海洋岩土勘察平台，可使相应的海洋岩土勘察能力处于国内领先水平，具有较明显的社会影响效益和经济效益。

经多个工程验证，采用推荐的海洋岩土勘察平台，可有效提高海洋岩土勘察工作效率，在同等资源配置及海况条件下，单孔工作效率可提高 50%以上，扣除海况影响其可有效缩短工期，减少了人力、设备资源投入及勘察成本，经济效益显著。

目前，具备推荐海洋岩土勘察平台技术能力的海洋专业勘察船只+海洋勘察设备稀缺，国内仅有中海油服的海洋石油 707 船、海洋石油 708 船和海洋石油 709 船，以及海洋地质十号等少数船只具备该技术能力。随着国家能源结构的调整，未来几十年，国内近海深水区海上风电的开发，将逐步走向深水区域，特别是 80m 以上水深，专业海洋勘察平台和设备仍是海洋岩土勘察的稀缺且紧俏资源，其应用前景广阔。

第三章

海上风电钢管桩与导管架制造关键技术

第一节 简 述

一、技术现状

目前世界范围内建设完成的海上风电场主要集中在近海海域，海水深度一般在 50m 以内，常用的基础形式主要有单桩基础、重力式基础、桩基-混凝土承台基础、三脚架（或多脚架）基础、导管架基础、负压桶式基础、浮式基础等。单桩基础是目前国内外广泛采用的基础形式，普通适用水深在 30m 以内。重力式基础主要采用混凝土和钢筋制作，普通适用于水深小于 10m 的近海海域。桩基-混凝土承台基础由港口工程中的靠船墩和跨海大桥的桥墩基础演变而来，通常适用于水深在 15m 以内的海域。三脚架（或多脚架）基础结构形式和导管架基础比较相似，但是从受力与力的传递角度而言两者有本质区别，一般适用于海水深度在 10~50m 的海域。导管架基础由海洋石油钻井平台发展而来，普通适用于水深在 5~50m 的海域。负压桶基础是传统桩基础和重力式基础的结合，普通适用于水深在 25m 以内的海域。对于海水深度在 50m 以上的深海海域，传统的基础形式经济性和可靠性较差，各类基础形式基于安装海域地质情况、经济性和可靠性进行选择，目前主要采用浮式基础，浮式基础按锚固系统可分为日本的 SPAR 式、美国的张力腿式和荷兰的浮箱式。由于所处环境的特殊性，海上风电风电机组基础的制造工艺较陆上风电要复杂，其中钢管桩、导管架作为海上风电风电机组基础的重要构件，其安全高质量的建造施工对风电机组安装具有重要影响。

根据我国海上风电地质条件，近海浅水区海上风电场多采用单桩基础，单桩直径为 6~8m，所用钢板最厚为 60~80mm，最大桩重超过 1000t；近海深水区多采用多桩导管架形式，导管架基础桩（钢管桩）单管最大直径超过 3~4m，所用钢板最厚超过 55mm，最大桩重达 180~200t，总体质量达 1100~1800t；远海区目前技术方向是吸力筒和浮式基础，所需要金属构件更大，技术难度已经接近海洋船舶制造。海上风电钢结构占海上风电项目投资成本的 20%左右，随着我国海上风电开发不断加速，未来几年，海上风电钢结构市场非常庞大。

海上风电钢管桩和导管架制造工件尺寸超大、工件所用钢材厚度超厚、成品质量都超过 200t 以上。因此，大型海上风电场钢管桩、导管架的制造工作，迫切需要优化制造工艺，以缩短制造工期，降低制造成本。

二、关键技术

1. 海上风电大型构件卷管工艺

针对超大型钢管卷制，双方向的延展性会影响钢管直径、外形尺寸，通过对 DH36、EH36 钢材的延展特性研究，论述大型钢管卷板制管工艺的外形尺寸控制、超厚超大直径钢管卷制工艺。

2. 海上风电大型构件焊接工艺优化

针对超大型钢管卷制成型中超厚板材焊缝多、焊接工作量大等问题，给出多桩钢管桩焊接整体工艺、高效打底焊技术，同时，介绍多台焊机联动控制装置和变直径钢管桩焊接滚轮架。

3. 海上风电导管架建造技术

针对质量超过 1000t、高度超过 50m 和宽度超过 35m 的海上风电导管架，通过对卧式、立式建造技术的优、缺点分析，论述导管架建造技术的选用原则、地面承载压力试验、导管架建造精度控制技术。

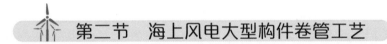

第二节　海上风电大型构件卷管工艺

一、DH36/EH36 钢材的延展特性

对于 DH36 和 EH36 钢材卷板制管，厚度 $S \leq 0.03Dg$（Dg 为制管公称直径），材料的延伸率应小于或等于 2.5%，大于 2.5% 时需采用热处理工艺；否则，在后续热加工中再结晶晶粒长大，会降低钢材机械性能。

在钢板卷板制管过程中由于压力的不同会产生不同的延展性，压力过大会导致成品钢管周长负公差超标，这就要求卷板制管前控制下料余量。制管下料尺寸包括长边和宽边，宽度下料余量控制不当，会导致卷板制管长度超标；长度下料余量控制不当，会导致卷板制管直径超标。卷制后的成品尺寸公差超标后，会造成大量返工，严重影响生产效率。

由于 DH36、EH36 钢材延展性基本一致，对于 50～70mm 厚、卷制直径为 4～5m 的钢管，通过多次不同负余量下料控制后卷管，得到的钢管直径公差如表 3-1 所示。

表 3-1　　　　　　　　　　钢管直径公差统计表

序号	钢板材质	钢板厚度（mm）	钢管直径（mm）	钢板下料余量（mm）	钢管直径公差（mm）	钢管长度公差（mm）
1	DH36	50	4	−7	+4	+2
2	DH36	55	4	−8	+1	+1
3	EH36	60	5	−9	+2	+1
4	EH36	70	5	−10	−1	−0.3

试验证明下料负余量在 7～10mm 时，卷管后直径和长度公差在 ±5mm 以内。

二、大型钢管卷板制管外形尺寸控制

在大型钢管卷板制管过程中，按常规卷管工艺，上料时应以中辊配合钢板输送料架进行端部对齐，以防窜角；但由于钢板重量大，在卷管时容易出现走偏、移位窜角等情况，造成钢管端口平整度严重超标。钢管桩外形尺寸允许偏差如表 3-2 所示。

表 3-2 钢管桩外形尺寸允许偏差

偏差名称	允许偏差	说明
钢管外周长	±0.1%周长，且不大于 10mm	测量外周长
管端椭圆度	±0.1%D，且不大于 4mm	两相互垂直的直径之差
管端平整度	2mm	多管节拼接时，以整根质量要求为准
桩总轴线弯曲矢高	0.1%桩长，且不大于 30mm	
桩体总长度	0～+30mm	

注 D 为钢管直径。

为保证卷管质量，将上辊保持在一定的倾斜度上，先预弯钢板两端头部 200～300mm 长度至要求的弧度，用样板检查大小口端部，合格后再进行连续卷制。同时在板料上画 5～7 条素线，并在卷板机两边增加液压成型压边装置，不断调整液压成型压边装置位置和压力，确保钢管端口平整度，一次卷制成功，大幅提高成品质量。

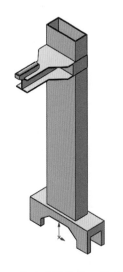

图 3-1 辅助成型吊具三维建模图

三、超厚超大直径钢管卷制变形控制技术

对于 70～80mm 厚、卷制直径 6～8m 的钢管，在加工过程中，钢板自重超过钢板强度所能支撑重量，将导致圆管上部严重下垂变形，无法定型，影响加工质量和效率。在此介绍一种卷板机高度可调的顶支撑辅助成型吊具，该顶支撑辅助成型吊具采用 Q345 材料，30mm 厚，拼制成 700mm× 700mm×30mm 方柱、550mm×600mm×30mm 横梁。辅助成型吊具三维建模如图 3-1 所示，在上顶撑处施加 24 500N 力，进行静力计算分析，整体应力在屈服强度 $2.206×10^8N/m^2$ 以内，静态位移小于 2.9mm，整体静态应变小于 $2.84×10^{-4}$。

根据钢管直径调节辅助成型吊具高度，在卷动时随时调整吊具位置，保证超大型钢管加工过程中不产生变形，如图 3-2 所示。

图 3-2 辅助成型吊具实物图

第三节 焊接工艺优化

一、钢管焊接工艺

海上风电钢管焊接主要有管节纵缝、管节环缝、加强筋环缝、吊耳焊接等，其中管节纵缝、环缝占 85% 以上。以多桩非嵌岩导管架基础灌浆连接段管节为例，进行钢管桩环焊缝和纵焊缝的效率分析计算。工件直径为 3300mm、工件厚度为 60mm，破口形式采用 X 形坡口，焊接方式（单丝）采用埋弧焊（submerged arc welding，SAW），焊丝直径为 5mm，熔敷效率为 0.18kg/min，打底焊焊接速度为 130mm/min，打底焊焊接时间为 79.69min，单条钢管环焊缝效率计算如表 3-3 所示。打底焊焊接速度为 130mm/min，打底焊焊接时间为 24.62min，单条钢管纵焊缝效率计算见表 3-4。

表 3-3　　　　　　　　　　　　单条钢管环焊缝效率统计表

项目	环焊一反面	环焊一正面
焊接速度（mm/min）	500	500
单道焊接时间（min）	20.72	20.72
单道焊熔敷量（kg）	3.73	3.73
焊缝理论熔敷量（kg）	21.49	81.39
损失系数	0.95	0.95
焊缝总熔敷量（kg）	22.62	85.67
焊接总道数	6	23
纯焊接时间（min）	126	476

项目	环焊－反面	环焊－正面
单道辅助时间（min）	4.00	4.00
总辅助时间（min）	24.26	91.87
反面总焊接时间（min）	149.93	567.83
吊装时间（min）	60.00	
清根时间（min）	480.00	
合计（min）	1337.45（22.29h）	

表 3-4　　　　　　　　　　单条钢管纵焊缝效率统计表

项目	环焊－反面	环焊－正面
焊接速度（mm/min）	500	500
单道焊接时间（min）	6.4	6.4
单道焊熔敷量（kg）	1.15	1.15
焊缝理论熔敷量（kg）	6.64	25.14
损失系数	0.95	0.95
焊缝总熔敷量（kg）	6.99	26.46
焊接总道数	6	23
纯焊接时间（min）	39	147
单道辅助时间（min）	4.00	4.00
总辅助时间（min）	24.27	91.89
反面总焊接时间（min）	63.10	238.90
吊装时间（min）	30.00	
清根时间（min）	60.00	
合计（min）	416.62（6.9h）	

从表 3-3、表 3-4 可以看出：在工件厚度、焊接电流电压速度不变的条件下，占用焊接时间较多工序为打底焊焊接时间、清根时间。

针对海上风电钢管桩、导管架焊接工艺中占比时间较多的打底焊、清根工序，在此介绍高效打底焊技术、多台焊机联动控制装置和变直径钢管桩焊接滚轮架，可提高打底焊和清根效率及环焊缝焊接效率。

二、高效打底焊试验

钢管桩、导管架主要焊接接头为对接、T 接和 TKY 形式，主要工件为板的对接和 T 接焊接、管的纵缝和环缝焊接。大部分工件焊接方法均可采用机械埋弧焊或二氧化碳气体保焊。盖面焊的焊接效率高，打底焊的焊接效率低，因为反面需要清根，特别是室外现场焊接条件差，所以经常会造成打底焊焊接质量不合格，影响打底焊效率。在此分别采用了 A、B、C 和 D4 个厂家焊机，使用型号为 71Ni 和 E71 两种药芯焊丝和 LB-52U 焊条进行试验。

LB-52U 焊条属低氢型，焊接管道及一般结构的根部焊道时，可实行单面焊双面成型，省去清理焊根时间，焊接效率得到提高，因此，可在钢管 TKY 接头焊接打底时采用。

不同厂家焊机配合不同厂家焊丝，按工艺评定确定的焊接参数进行钢板对接、T 接的焊接打底施焊，可采用磁吸管内外焊机配合陶瓷内衬垫工艺。对于难以采用内衬垫工艺（管径小于 500mm）的工件可采用 LB-52U 焊条手工焊打底，按单面焊双面成型工艺施焊，并严格执行检验探伤。各种工艺打底焊接效率如表 3-5 所示。

表 3-5 各种工艺打底焊效率表

序号	接头/焊接工艺	焊机	焊材（焊丝/焊条）	打底效率（m/h）
1	对接/手工焊	A	药芯焊丝—E71	1.3～1.7
2	对接/手工焊	B	药芯焊丝—E71	1.3～1.7
3	对接/手工焊	C	药芯焊丝—71Ni	1.3～1.7
4	T 接/手工焊	A	药芯焊丝—E71	2.2～2.5
5	T 接/手工焊	C	药芯焊丝—71Ni	2.2～2.5
6	对接/手工衬垫焊	C	药芯焊丝—71Ni	4.3～4.5
7	对接/磁吸爬行衬垫焊	D	药芯焊丝—71Ni	5.0～5.2
8	TKY 节点/手工焊	C	低氢焊条—LB-52U	6.0～6.3

由表 3-5 可见，采用磁吸爬行焊机与手工焊相比，打底效率更高；采用 LB-52U 低氢焊条手工焊，打底效率较高，但由于低氢焊条价格高，总体经济效益不佳，一般对于难以采用内衬垫工艺（管径小于 500mm）的情况下使用。

磁吸爬行焊机是一种大型钢管对接环缝专用焊接机构，它是通过磁吸爬行机、焊枪摆动器、送丝机构联合作用进行焊接。该焊机降低对焊接工人技术操作水平的要求，解决了高空长时间、高强度工作的安全隐患及一些特殊场合无法使用滚轮架焊接的难题，如图 3-3 所示。

三、多台焊机联动控制装置

图 3-3 磁吸爬行焊机施焊图

以表 3-3、表 3-4 导管架灌浆连接段钢管焊接为例，一条管节环焊缝焊接时间是纵焊缝时间的 6.5 倍，因此，提高环焊缝焊接效率对提高整体焊接效率意义重大。钢管桩、导管架钢管对接环焊缝焊接，多数情况下可采用滚轮架结合半自动埋弧焊接工艺。

目前，多数厂家采用四、五管节组装后，将三、四条环焊缝同时施焊的方法来提高环焊缝的焊接效率，但每台焊机需要 1 个焊工操作，也就是一条焊接线需要 3~4 个焊工。为提高钢管桩对接环焊效率，在此介绍一种多台焊机联动工作控制装置，如图 3-4 所示。它是采用钢管内设置焊接控制线，焊接移动小车刚性连接，同时控制 3 台焊机同步起收弧，实现 3 台焊机同时施焊，焊接操作只需要一人完成。

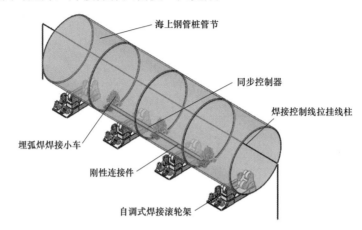

图 3-4　多台焊机联动工作控制装置示意图

四、变直径钢管桩焊接滚轮架

钢管桩一般以 3~4 节小组组对拼接，中间两段小组进行中组拼接，最后接成两段进行大组拼接。总拼装时滚轮架需承重负荷，采用 ANSYS 有限元软件对滚轮架建模，进行相关强度核算，整个模型分为底部托架、滚轮支架及滚轮滚轴 3 部分。整个模型中 3 部分通过轴承连接，将 3 部分作为一个整体进行受力情况、边界条件分析。为方便核算、保证精度，一般核算受力最大、最容易破坏的底部托架。经测算，最大应力发生在滚轴轴肩处，如图 3-5 所示。

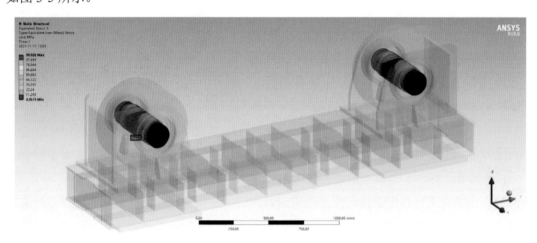

图 3-5　滚轮架底座托架模拟最大应力模拟图

🏗 第四节 海上风电导管架建造技术

导管架基础分为上部的过渡段（包括法兰盘和钢平台）和下部的主体结构（包括导管腿、剪刀斜撑、爬梯、靠船件和灌浆连接段），如图3-6所示。

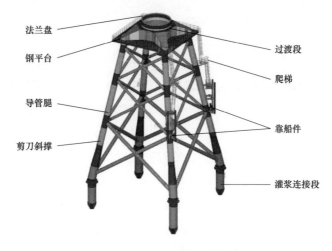

图3-6 导管架模型图

海上风电导管架建造有立式和卧式两种方案，具体根据施工现场条件、技术条件分析确定。

一、导管架立式、卧式建造技术对比分析

（一）立式建造技术

立式建造是将导管架由下到上、分段、分模块垂直建造，立式建造总组实物图如图3-7所示。

1. 立式建造的优点

（1）场地利用率及灵活性高。一般立式建造立片过程无需将单片预制和最后的总装安排在一起，因此，单片可在任意合适的地方预制，预制完成后再使用吊车吊到组装位置进行拼装，这就使得其对场地的利用更灵活，更高效。

（2）吊装次数少。由于立式建造所需的底座数量少，在进行组合时，相较卧式建造，吊装次数少，可以节省吊车资源。

（3）总装便捷。由于分装数目较少，在进行总装

图3-7 立式建造总组实物图

时，需要装配和定位的零部件少，组装的难度降低，相应的大合拢吊装时间减少。同时，组装过程对油漆的损伤较小，总装完成后的补漆工作量大大减少。

（4）装船操作便捷。由于单台导管架占用甲板面积小，可以允许多台导管架同时装船出运，相比工装数量少，装船加固时间也相应减少，大大加快了装船的效率。

（5）插桩吊装方便。立式建造的导管架可以采用直立出运，海上插桩吊装时无需复杂的翻身作业工序，作业过程更加简单。

2. 立式建造的缺点

（1）高空作业量大。对于目前常见的立式导管架，高度均超过 50m，高空作业的工作量大，脚手架的搭建工作也相应提高，同时对门式起重机的吊装高度也提出了更高的要求。

（2）地面或工装底座要求高。由于导管架总质量大，采用立式建造工艺，工装底座的数量少，单个底座承重量大，对底座以及建造地面的均布载荷大，如果底座或地面承载力差，将有坍塌的安全隐患。因此，在选择该建造方法时，必须对工装底座和地面进行全面评估，保证其承载能力满足要求，若无法满足，必须进行加固后才能继续建造。

（3）船舶要求高。对于立式建造的导管架，在进行装船运输时，由于高度较高，受到海上风浪的影响较大，因此，为了保证运输过程的稳定性，底部灌浆段及底座工装需要与甲板面固定，同时对船舶甲板宽度进行加宽，船舶动力提高才能满足运输的要求。

（二）卧式建造技术

卧式建造是将导管架水平放置由低到高、分片体、分模块水平建造，卧式建造总组实物图如图 3-8 所示。

图 3-8　卧式建造总组实物图

1. 卧式建造的优点

（1）门式起重机设备要求低。由于导管架的拼接过程中，导管架是水平放置，建造高度低，因此，组装场地的门式起重机高度要求较低，仅需采用履带式起重机吊装方式即可满足作业要求，设备的要求较低。

（2）建造安全性及难度降低。单片片体均在地面完成焊接和装配，然后再进行整体总装。在分片体建造阶段，不需要立式装配，分片体建造均在地面完成，无需高空作业，作业安全性提高的同时建造难度也大大降低。

（3）船舶要求低。装船运输时，工装宽度较窄，灌浆段可以伸出舷外运输，对船舶宽度要求较低。

2. 卧式建造的缺点

（1）占地面积大。为了便于总装，一般单片的预组装和总装都安排在一个场地进行，横向长度大，占用的组装场地面积大。

（2）专业程度要求高。采用卧式建造容易出现结构件与结构件之间的干涉，在组装过程中需要根据实际作业需求对附件位置进行调整，施工过程对专业化水平要求较高。

（3）总装难度大。由于导管架处于卧式状态，在对顶部大片体进行吊装及总装时，定位难度大，同时对于过渡段需要吊装翻身后总装，侧片体总装次数较多。

（4）海上吊装复杂。海上吊装及插桩时，需要加装海上翻身吊耳和挂钩平台辅助进行吊装翻身，额外增加作业机械设备投入。

（三）立式建造与卧式建造的选用原则

由于立式建造与卧式建造的施工工艺有较大不同，优缺点也具有显著差异，两种建造方式的选择受场地、人员、安全、成本、建造周期等因素的影响，须对这些因素进行综合考量。在确定总体建造方案时，一般可以考虑以下几点原则。

（1）为减少高空作业量，在场地、吊装设备满足的情况下可以采用卧式建造。

（2）对于高度超过30m的导管架，单片的质量大，建造高度高，立片和各类空间附件的组装困难，基于安全和建造难度考量，可优先考虑卧式建造。

（3）整体结构简单且高度低于30m或总装质量在400t以下的导管架，为了更有效地利用场地，可以选用立式建造，采用分段分区分片建造，建造完成后采用龙门式起重机或履带式起重机完成导管架竖立。

二、导管架卧式建造精度控制技术

多桩导管架主体结构主要由多根导管腿、剪刀、斜撑、爬梯、靠船件和灌浆连接段组成。各剪刀斜撑之间、剪刀斜撑与导管腿之间均为相贯连接，焊缝要求为Ⅰ级焊缝，检测要求为100%（UT+MT），受施工条件限制，无法采用双面焊接，因此对管接头的相贯线切口及其坡口加工精度要求很高。

1. 导管架侧片车间（预）拼装精度控制

导管架主柱及撑管制作完成并复测检验合格后，转入车间进行侧片预拼装，侧片拼装精度是否合格将直接决定导管架外场立拼的精度。车间侧片拼装控制重点是保证侧片主柱开挡尺寸、对角线尺寸、整体直线度。精度控制措施如下。

（1）对称划出散装侧片的预拼装地样线；根据地样线布置胎架，并将胎架调平，胎架整体水平度要求为±3mm；预拼装开挡尺寸需加放 10mm 焊接收缩量，尺寸检查无误后，手工切割各个节点处的相贯坡口（切割时务必保证精度），并在对接处做好样冲标记，以便后续立拼安装。

检验内容包括椭圆度、直线度（至少两个方向）、周长、长度、纵缝扭转情况。

（2）预制 TKY 接头，合格后，将侧片撑管转运至总拼工位，重新调整导管腿主管角度和位置，准备进行整体安装侧片的拼装；根据施工图要求划出整体安装侧片拼装地样线；将主柱吊装至拼装胎架，一侧主柱胎架与地面刚性固定，另一侧胎架预留 500mm 调整间隙；分别将横撑、斜撑等吊装到胎架上既定位置，调整合格后将另一侧立柱调整到位；检查侧片上、下两端开挡尺寸，预留焊接收缩量，要求上、下两端开挡差为±3mm。

检验内容包括短节管端部的相对位置、垂直度。

测量方法：两端导管腿主管端面最高点、最低点打样冲，并检查是否对称，KTY 工装提前摆放到设置位置，用两端加厚段各自中心反到最高点做出表皮节点，并以此连线作为基准线。根据基准线采用全站仪测量图 3-9 所示两头短节管端面数点，并模拟圆心，检查短节管圆心的相对位置和垂直度。

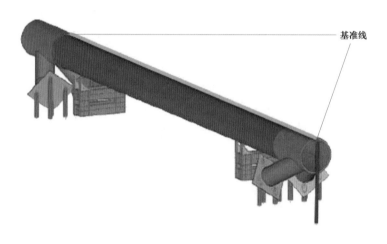

图 3-9　TKY 接头测量示意图

2.　导管架主体外场立拼精度控制

（1）预制侧片，划出导管架立体拼装地样线，地样线划线偏差为±0.5mm；根据地样线布置立体拼装胎架，并调整胎架整体水平，胎架水平度要求为±2mm。使用膨胀螺栓将胎架与地面固定；将整体侧片吊装到胎架既定位置进行定位，调整侧片使侧片主管中心线与地样线相对应，此时侧片落位；使用预制好的挡靠工装将主管固定在胎架上，然后将事先挂好的揽风绳拉紧，并固定在配重块上。

检验内容包括跨距、对角、水平、角度、直线度。对于结构简单的 X、Y、K 形片，可以使用钢尺配合余弦定理控制尺寸，对尺寸较大的侧片，可用全站仪进行测量，同时复查高空安装马鞍口处 180°线位置的准确性及端部尺寸。

测量方法：用全站仪测量如图 3-10 所示 *A*、*B*、*C*、*D*、*O* 各点端面圆心生成虚拟轴线，据此可计算出各点的相对位置、水平、直线度、角度。

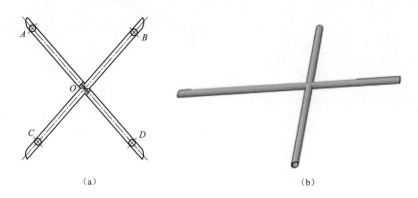

（a）   （b）

图 3-10　侧片体测量位置示意图

（a）侧片体测量平面示意图；（b）侧片体测量三维示意图

（2）预制大片，利用同样的方法对整体大片进行定位，并固定好；测量大片的定位尺寸，两个大片开挡尺寸偏差小于或等于 10mm；两个大片平行度偏差小于或等于 3mm（需取多点测量），两个大片垂直度偏差小于或等于 5mm；两个大片上端面整体平面度偏差小于或等于 3mm。

检验内容包括跨距、对角、水平、角度、直线度，J 形管端部的前后相对位置尺寸。

测量方法：使用全站仪测量如图 3-11（a）所示各侧片管轴线和主管轴线交点 *I*、*J*、*K*、*L*、*M*、*N*、*O*、*P* 坐标（或者主管轴线和侧片管轴线交点 *A*、*B*、*C*、*D*、*E*、*F*、*G*、*H* 坐标）。根据轴线交点坐标测量开挡 *DH*、*AE* 尺寸、侧片管轴线 *LO* 与主管轴线 *AD* 夹角。其他位置开挡、夹角尺寸按此方法依次测量。如图 3-11（b）所示用 J 形管轴线当基准线，测量主管轴线和 J 形管端部的位置坐标；从而确定 J 形管端部的前后相对位置尺寸。

（3）上部导管架组装，散装侧片拼装步骤：安装底部横撑→对称安装两个散装侧片斜撑→安装顶部横撑→安装上口水平斜撑；散装侧片安装完成后，根据焊接工艺规程（welding procedure specification，WPS）对各撑管进行整体对称焊接。

检验内容包括测量各测量点的坐标、跨距、对角、水平、角度、直线度，现场直接比对调整。

测量方法：提前在总装场地建造测量控制点，相邻导管架可以共用，建立如图 3-12 所示坐标系。使用全站仪测量主管各关键点 *A*、*D*、*E*、*H* 坐标。重点控制与过渡段对接口位置、与下部导管架对接口位置，使其相互匹配。组装时测量点必须在预制阶段提前准备好，否则组装时如果片体摆放状态改变，关键测量点将无法测量。

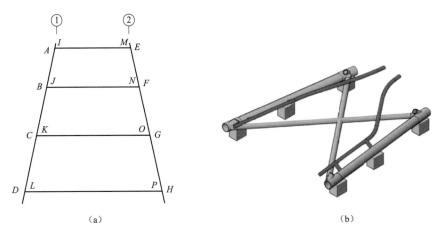

图 3-11　大片体测量位置示意图

（a）大片体测量位置平面示意图；（b）J 形管测量位置三维示意图

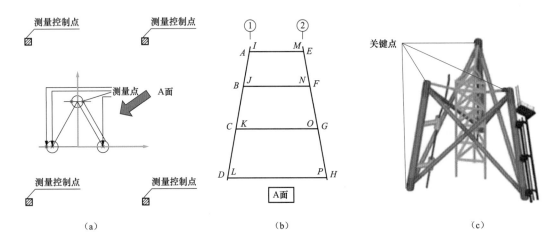

图 3-12　上部导管架立体组装测量位置示意图（以三桩导管架为例）

（a）测量方向示意图；（b）上部导管架立体组装测量位置 A 面示意图；（c）上部导管架立体组装三维示意图

（4）下部导管架组装，下部立体拼装精度焊后要求如下：整体高度小于或等于 6mm，对角线尺寸小于或等于 5mm；撑管主要结构定位尺寸小于或等于 ±2mm；导管架上端面整体平面度小于或等于 3mm；水平撑定位尺寸小于或等于 ±3mm；上下水平撑管安装后整体平面度偏差为 ±3mm；侧片开挡小于或等于 6mm。

检验内容：直接测量各测量点的坐标/跨距、对角、水平、角度、直线度，现场直接比对调整。

测量方法：提前在总装场地建造测量控制点，相邻导管架可以共用，建立如图 3-13 所示坐标系。使用全站仪测量主管关键点 A、B、C、D、E、F、G、H 坐标。测量时重点监测导管腿主管对接口位置 A、E 与上部过渡段对接口位置，使其相互匹配；对接管口测量关键点增加十字板条，在板条上找最优圆心点坐标，在圆心贴反射片。控制点形式不限，稳固即可。组装用测量点必须在预制阶段提前准备好，否则组装时如果片体摆放状态改变，关键测量点将无法测量。

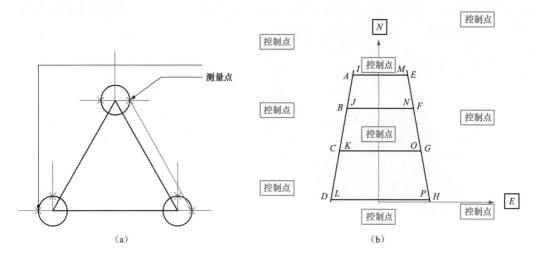

图 3-13　下部导管架立体组装测量位置示意图

（a）下部导管架立体组装测量点位置示意图；（b）下部导管架立体组装测量位置平面示意图

导管架卧式建造立体组装测量位置示意图（以三桩导管架为例）如图 3-14 所示。

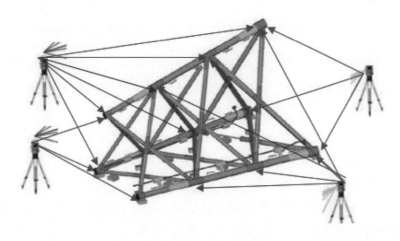

图 3-14　导管架卧式建造立体组装测量位置示意图（以三桩导管架为例）

（5）过渡段组装精控。总组过渡段吊装使用立式吊耳，过渡段水平小于或等于 ±5mm，法兰水平小于或等于 3mm，过渡段端面平面度在 2mm 以内，过渡段端面垂直度在 2mm 以内，外周长建议在 5mm 以内，椭圆度小于 5mm，过渡段与导管腿焊接 2/3 板厚才能松钩。

检验内容包括底板、盖板水平度，立管相对位置、高度、垂直度，筒体相对位置、周长、圆度、椭圆度、高度、平行度、倾斜度、同心度、上口水平度。

测量方法：用水准仪测底板、盖板水平度；底板、盖板提前划线，把立管、筒体的相交位置划线，并提前准备好检验点；用全站仪或盘尺、线坠测量立管的相对位置、高度、垂直度。筒体的测量方法、尺寸控制要点与主体结构导管腿主管一样；筒体上标识 0°、90°、180°、270°，并打样冲（后续对接法兰、内部附件安装时使用）；在立管外侧如图 3-15 所示方向做好测量基准点（总装测量时使用）。筒体上口后续与 TP 法兰对接，水平度要求在 2mm 以内。

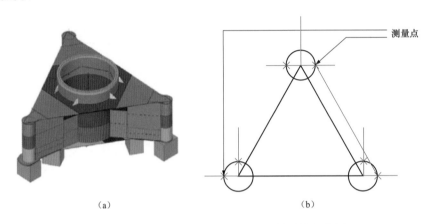

（a）   （b）

图 3-15　过渡段组装测量示意图（以三桩导管架为例）

（a）过渡段三维示意图；（b）过渡段测量位置示意图

第五节　结　论　与　建　议

通过对海上风电钢管桩、导管架所用 DH36/EH36 钢材的延展性特性分析，论述了钢管卷板制管关键技术与制造工艺。同时，针对海上风电导管架立式、卧式建造技术提出了建造方式的选用原则，并介绍了卧式建造精度控制技术。

（1）针对 DH36/EH36 厚壁、大管径钢管制造，论述了钢材延展性特性、大型钢管卷板制管外形尺寸控制、超厚超大直径钢管卷制工艺，实现了加工精度的可靠控制，提高了成形钢管加工制造工效。

（2）针对海上风电大型构件钢管环缝焊接量大，介绍了高效打底焊技术、多台焊机联动控制装置和变直径钢管桩焊接滚轮架技术，提高了打底焊效率、清根效率、环焊缝焊接效率。

（3）针对海上风电导管架卧式建造工艺方案，详细论述了导管架侧片车间（预）拼装精度控制措施及导管架主体外场立拼精度控制措施。

随着我国海上风电加速发展，钢管桩、导管架作为海上风电风电机组基础的重要构件，通过对钢管桩、导管架大型钢结构制造工艺、关键技术的研究分析，可降低海上风电行业大型钢结构制造单位成本，对提高超大直径钢管生产效率具有积极作用。

第四章

海上风电用中压变流器控制技术

第一节 简 述

一、国内外现状

由于陆上风速低及单机功率较小，陆上风电一般采用 690V 低压技术方案，而海上风电需要建造风电基础，建设成本较高，海上风电机组呈现出单机容量越来越大的发展趋势。当前国内主流海上风电机组单机容量均在 4MW 以上，为破解系统功率等级提升所产生的机组损耗增加、开关器件电流等级限制的难题，提高系统电压，利用中压方案成为解决这一问题的重要手段。2020 年 7 月，国内首台 10MW 海上风电机组在福建兴化湾二期海上风电场成功并网发电，该机组采用了 3150V 中压永磁同步发电机及中压集成门极换流晶闸管（integrated gate commutated thyristor，IGCT）变流器方案。采用中压海上风电机组技术方案，功率等级涵盖 5～12MW，完全满足单机容量不断增加的需求。此外，不仅可以减小额定电流、优化提升机组部分主功率回路单元的功率密度、节省机组内部空间、提升安全及运维简便性，同时还有利于扩大风电场的规模效应、减少基础建造和铺设输电电缆成本。由此可见，采用中压技术方案是未来海上风电大势所趋。

中压变流器通常采用两电平或三电平的变流器拓扑结构，由于两电平拓扑结构受功率半导体器件耐压水平和大功率热损失的限制，因此需要将绝缘栅双极型晶体管（insulated gated bipolar transistor，IGBT）串联起来，并设计开关器件的均压电路及控制策略。而多电平拓扑结构因其低开关电压应力和高效开关频率等优点成为解决这一难题的重要手段，就目前应用范围和研究领域来看三电平变流器是最合适的多电平变流器之一。它在单桥臂合闸时，只需同时合闸两个开关，具有谐波低、可靠性高、控制简单等优点，现已广泛应用于大功率海上风电系统中。目前，在中压多电平领域中常用的几种变流器拓扑结构有二极管中点箝位（neutral point clamped，NPC）式、级联 H 桥式、飞跨电容式和有源中点箝位式等。

其中，飞跨电容式拓扑需要附加电容，仅适合高开关频率场合，可靠性低；级联 H 桥式拓扑通用性差；而有源中点箝位式拓扑比传统 NPC 式拓扑结构多了两个全控开关，一方面使系统的硬件成本增加，另一方面由于开关状态更多，控制也比较复杂；而二极管中点箝位式的拓扑主电路和控制相对简单，便于能量的双向流动和功率因数控制，虽然直流环节存在中点电位波动和偏移的问题，但是其变流器结构复杂性适中，并网适应性良好。

目前国内大功率海上风电机组所采用的中压变流器仍由国外电气厂家占据主导地位，国内只有几家公司具备少量商用大功率中压变流器产品。因此，研究大容量的海上风电变流器对替代进口中压变流器产品，推动大功率风力发电机组的国产化进程具有重要的推动作用及工程应用价值。

二、关键技术

海上风电用中压变流器在正常投运时，要考虑适合高电压、大功率的工作特点的控制策略、直流侧的中点电位偏移以及非理想电网工况下对并网的影响等问题。针对大功率海上风电用中压风电变流器控制技术，研究提出了以下关键技术。

1. 中压大功率三电平风电变流器低开关频率调制策略

中压风电变流器的功率大、电压高，为降低开关损耗，需降低功率器件开关频率，但会对并网电流的电能质量造成影响。因此，提出三电平变流器低开关频率下调制策略及低频解耦控制策略，提升低开关频率下并网电能质量及稳定性，使其并网电流电能质量满足相关标准要求。

2. 低开关频率下三电平变流器中点电位平衡控制技术

中点电位平衡问题是影响三电平变流器运行性能的重要问题之一，低开关频率下在低调制度区电流畸变严重，使得传统的中点电位平衡控制效果受到影响。因此，给出一种适合于低开关频率、低调制度区的中点电位控制方法。

3. 不平衡及谐波电网工况下并网控制策略

风电变流器网侧直接与电网相联，如不采取有效的控制方案，电网三相电压不平衡及存在谐波分量，会造成变流器直流母线电压波动、并网电流谐波畸变等负面效应，影响变流器的可靠运行及并网电能质量。因此，介绍不平衡及谐波电网工况下三电平变流器多目标并网控制策略，并兼顾并网电能质量及中点电压平衡。

4. 三电平风力发电实验平台验证

通过在 5MW 中压全功率变流器控制策略仿真验证基础上，搭建三电平风力发电实验平台，研制功率等级 1kW、电压等级为三相交流 220V 的变流器样机，包括三电平风力发电变流器、永磁同步电机对拖平台及永磁同步电机拖动变频器等组成部分，对变流器相关控制策略进行实验验证。

第二节 适应中压大功率工况的低开关频率下调制策略

在中压变流器应用中，由于输出功率较大，为了降低开关损耗，需要设置较低的开关频率，开关频率的降低将导致输出电流谐波较大，会对并网电流的电能质量造成影响。因此需要进行低开关频率下的调制策略研究，使其并网电流电能质量满足相关标准要求。

一、NPC 型变流器工作原理

在中高压系统中由于受到电力电子器件工艺水平发展的限制，一般采用多电平拓扑，其中二极管中点箝位三电平拓扑是由日本学者在 1981 年提出，该拓扑具有控制简单且使用的器件较少的优点。NPC 三电平变流器主电路如图 4-1 所示。每相桥臂由 4 个带反并联二极管的 IGBT 组成，其中与正负母线直接相连的开关管称为外管，剩余的两个开关管称为内管。每相桥臂还有与母线中点相连的二极管，起到箝位到 O 电平作用。图中 e_a、e_b 和 e_c 表示电网三相电压，u_a、u_b 和 u_c 表示变流器输出电压，L_s 表示网侧滤波电感，R_s 表示网侧等效电阻，C_1 和 C_2 表示中间直流电容，U_{dc} 表示中间直流电压。

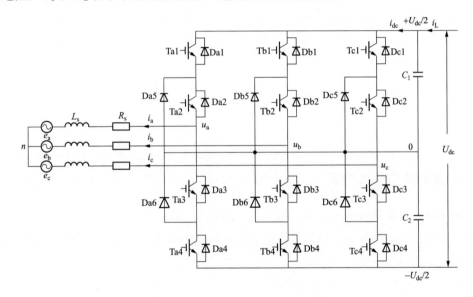

图 4-1　NPC 三电平变流器主电路

每相桥臂中有 4 个开关管，通过控制开关管规律地开通与关断，每相桥臂可以输出 3 种不同的电平，分别为 $+U_{dc}/2$ 或者 P 电平、0 或者 O 电平和 $-U_{dc}/2$ 或者 N 电平。由于三电平变流器三相桥臂工作原理相同，下面以 A 相桥臂的 4 个开关管开通与关断为例，分析电路的工作转态。假设所有器件均为理想器件。

A 相桥臂的 3 种工作状态如图 4-2 所示，假设 I_L 为电流正方向。

（1）P 状态：开关管 T1 和 T2 导通，T3 和 T4 截止。若电流方向为正如实线箭头所示，此时电流从开关管 T1 和 T2 流向电网，若电流方向为负如虚线箭头所示，此时电流从反并联二极管 D1 和 D2 流向中间直流侧。此时输出电平为 $+U_{dc}/2$。

（2）O 状态：开关管 T2 和 T3 导通，T1 和 T4 截止。若电流方向为正，如实线箭头所示，此时电流从箝位二极管 D5 和开关管 T2 流向电网，若电流方向为负如虚线箭头所示，此时电流从开关 T3 和箝位二极管 D6 流向中间直流侧。此时输出电平为 0。

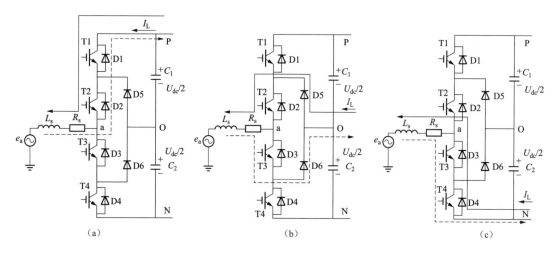

图 4-2　A 相桥臂的 3 种工作状态

（a）P 状态：$U_o=+U_{dc}/2$；（b）O 状态：$U_o=0$；（c）N 状态：$U_o=-U_{dc}/2$

（3）N 状态：开关管 T3 和 T4 导通，T1 和 T2 截止。若电流方向为正如实线箭头所示，此时电流从并联二极管 D3 和 D4 流向电网，若电流方向为负如虚线箭头所示，此时电流从开关管 T3 和 T4 流向中间直流侧。此时输出电平为 $-U_{dc}/2$。

二、调制策略总体方案

中压三电平全功率风电变流器一般为背靠背结构，如图 4-3 所示，由机侧和网侧变流器组成，机侧变流器控制发电机运行，主要依据风电机组主控系统的指令控制发电机的转矩，网侧变流器控制中间直流电压稳定，将电容上能量逆变并入电网。中压风电变流器功率大、电压高，为降低开关损耗，需降低功率器件开关频率，但这会对并网电流的电能质量造成影响。因此需要进行低开关频率下的调制策略研究，使其并网电流电能质量满足相关标准要求。

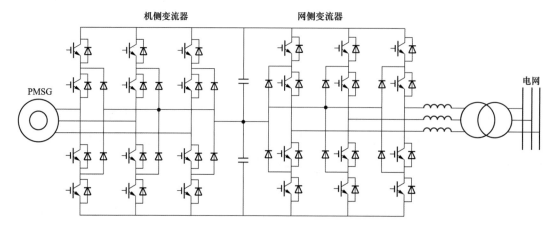

图 4-3　三电平全功率风电变流器拓扑

脉宽调制策略是变流器的关键技术之一，是变流器运行的基础。不同的调制策略对变流器的性能影响不同。对于中压三电平风电变流器，显著问题是其开关器件不同于常规的低压开关器件，开关损耗很大，这限制了开关频率的选择；此外，由于机侧、网侧变流器的控制目标不同，对调制策略的需求也有所不同，需要分别进行优化设计，以达到整体性能指标的最优。

网侧变流器特点是基波频率基本固定，在低开关频率下采用传统调制方法载波比低，波形质量较差。特定谐波消除脉宽调制（selective harmonic elimination PWM，SHEPWM）法直接通过开关时刻优化选择，消除选定的低次谐波，输出波形质量更好，非常适用于对开关频率有限制的高压大功率场合。它的优点：①同样波形质量下，开关次数低，损耗小；②降低了对滤波器的要求，可以减小滤波器体积。缺点是开关角度固定，在线计算困难，控制不够灵活。另外，网侧还提出了一种断续脉宽调制（discontinuous pulse width modulation，DPWM）策略，可以实现开关管在一个基波周期内一定区间里保持恒定电平（即不动作），继而可降低开关管开关损耗，对于大功率变流器来说，在相同的开关损耗下，可有效提高系统的等效开关频率。

机侧变流器特点是基波频率低、变化范围大，用 SHEPWM 不太适合；由于输出基波频率低，虽然开关频率也低，载波比相对来说还是比较高。常见的空间矢量脉宽调制（space vector pulse width modulation，SVPWM）策略具有直流电压利用率高、输出电压谐波含量低的优点，这种调制方法受到了科研单位的广泛关注，并成功地应用于工业控制中。介绍一种与 SVPWM 调制等效的基于三次谐波注入的正弦脉宽调制（sinusoidal pulse width modulation，SPWM）策略，因为基于三次谐波注入 SPWM 与 SVPWM 同样可以对电压在空间上的切割产生了一种标准形式的旋转磁场，进行更加直接的控制，不仅在静态，甚至在暂态期间都能够形成准圆形旋转磁场，使得在开关频率不高的条件下，基于三次谐波注入的 SPWM 控制可以提高变流器对直流电压的利用情况以及发电机随时间而变化的响应速度，使发电机获得更好的性能。

三、低开关频率下网侧变流器调制策略研究

特定谐波消除脉宽调制（SHEPWM）法是一种系统开关频率较低时既能消除低次谐波，又能保证输出电压波形质量的调制方式。SHEPWM 调制法是通过对电压进行傅立叶分析，分解得到不同次谐波的非线性方程，求解非线性方程从而得到优化的开关角，根据所求开关角对开关器件进行控制，消除特定次谐波的一种调制方式。

相比于载波层叠法和 SVPWM 法，SHEPWM 法在低开关频率时可以有效消除想要消除的低次谐波，因此可以减小滤波器的设计难度。该调制可以降低输出谐波含量，提高并网变流器的输出电压质量。此外，由于 SHEPWM 法可以降低等效开关频率，若变流器输出相同质量的电压，低开关频率可以降低器件以及滤波器的损耗，更安全的同时提高了并网变流器的工作效率。

　　若要在低开关频率下使用 SHEPWM 法来消除低次谐波，需要求解出合适的开关角来控制功率器件的开通和关断，因此对非线性方程的求解一直是 SHEPWM 法的研究重点。对于该非线性三角函数的超越方程组，求解的方法有两种，一种是常规的数值解法，需要选取合适的初值和迭代算法；另一种是不需要初值的智能算法。求出开关角后，就可以消去低开关频率时的低次谐波。

　　综上所述，在低开关频率应用背景下，选择可以消除低次谐波的 SHEPWM 法作为网侧变流器的主要调制方法。SHEPWM 法可以实现对特定次低次谐波的消除作用，在中压大功率场合，可以解决三电平并网变流器开关频率较低时，变流器输出低次谐波含量高的问题，从而提高变流器输出电能质量。

　　（一）SHEPWM 法基本原理与非线性方程组建立

　　SHEPWM 法是通过对相电压波形进行分析，从而使线电压不含低次谐波的一种调制方法，通过对 SHEPWM 非线性方程组求解，可以得到功率器件的开通、关断时刻的开关角，从而达到消除低次谐波的目的。

　　在实际应用中，常常选择对称的方法来减少变流器输出电压的谐波，并且可以简化计算，即：

　　（1）输出电压波形奇对称，即在一个 2π 周期内，关于 $wt=\pi$ 前后的半周期奇对称，如图 4-4（a）所示。

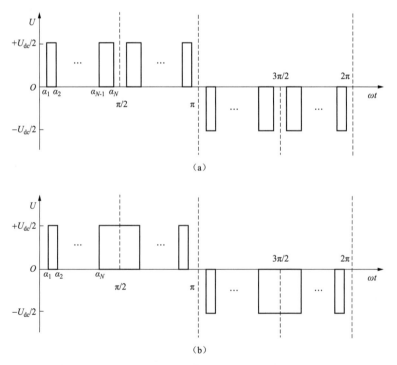

图 4-4　NPC 型三电平变流器 SHEPWM 输出相电压波形

（a）A 类波形；（b）B 类波形

（2）输出电压波型 1/4 周期对称，即在前半个周期内，关于 $wt=\pi/2$ 偶对称；在后半个周期内，关于 $wt=3\pi/2$ 偶对称，如图 4-4（b）所示。

以 NPC 型三电平变流器的 A 相为例，画出 A 相输出电压波形，如图 4-4 所示。B 相和 C 相根据三相系统，各推后 120°、240°即可。

图 4-4 中，由输出相电压的对称关系，SHEPWM 的开关角只计算前 $\pi/2$，即 α_1，…，α_N 为 SHEPWM 的开关角，N 为开关角的个数，当 N 为偶数时，相电压对应为图 4-4（a）的 A 类波形；当 N 为奇数时，相电压对应为图 4-4（b）的 B 类波形。因为 SHEPWM 输出相电压为周期性非正弦函数，根据狄利赫里条件可以将相电压进行傅立叶分析，得式（4-1），即

$$u_{ao}(\omega t) = \sum_{n=1}^{\infty}[a_n \sin(n\omega t) + b_n \cos(n\omega t)] \quad n=1,2,3\cdots \tag{4-1}$$

由前述，输出电压波形奇对称，使得输出偶次谐波消除；输出电压波型 1/4 周期对称，输出余弦项的谐波被消除。则对于式（4-1）有

$$\begin{cases} a_n = \begin{cases} \dfrac{2U_{dc}}{n\pi}\sum_{i=1}^{N}(-1)^{i+1}\cos(n\alpha_i) & n=1,3,5\cdots \\ 0 & n=2,4,6\cdots \end{cases} \\ b_n = 0 & n=1,2,3\cdots \end{cases} \tag{4-2}$$

式中　n——谐波的次数。

不难得知，开关角满足条件：$0°<\alpha_1<\alpha_2\cdots<\alpha_N<90°$。

在三相对称系统中，输出线电压中的 3 的倍数谐波自动抵消，因此按照以上 SHEPWM 的分析，SHEPEM 法只需要考虑消除 5，7，11，13…，即（6k–1），（6k+1）次谐波，k 为自然数。当开关角的个数为 N 时，SHEPWM 可以消除的谐波个数为（N–1）个，例如 $N=6$，则可以消除 5，7，11，13，17 次谐波。

基于以上分析，在 SHEPWM 中，定义调制度 m 为相电压的基波幅值与直流侧电压一半的比值，即

$$m = \frac{\alpha_1}{U_{dc}/2} \tag{4-3}$$

式中　α——开关角，$\alpha_1\sim\alpha_N$。

由式（4-2）和式（4-3）可知，SHEPWM 的消斜方程组为

$$\begin{cases} a_1(\alpha) = m\dfrac{U_{dc}}{2} \\ a_n(\alpha) = 0 \end{cases} \quad n=5,7,11\cdots \tag{4-4}$$

式中：等号左边为基波电压幅值和各次谐波相电压的幅值。

即可列出 SHEPWM 的非线性方程组，以下为一些不同数量的开关角的非线性方程组。

当 $N=2$ 时，SHEPWM 的非线性方程组为

$$\begin{cases} \cos(\alpha_1) - \cos(\alpha_2) - \dfrac{m\pi}{4} = 0 \\ \dfrac{4U_{dc}}{5\pi}[\cos(5\alpha_1) - \cos(5\alpha_2)] = 0 \end{cases} \tag{4-5}$$

当 $N=3$ 时，SHEPWM 的非线性方程组为

$$\begin{cases} \cos(\alpha_1) - \cos(\alpha_2) + \cos(\alpha_3) - \dfrac{m\pi}{4} = 0 \\ \dfrac{4U_{dc}}{5\pi}[\cos(5\alpha_1) - \cos(5\alpha_2) + \cos(5\alpha_3)] = 0 \\ \dfrac{4U_{dc}}{7\pi}[\cos(7\alpha_1) - \cos(7\alpha_2) + \cos(7\alpha_3)] = 0 \end{cases} \tag{4-6}$$

当 $N=4$ 时，SHEPWM 的非线性方程组为

$$\begin{cases} \cos(\alpha_1) - \cos(\alpha_2) + \cos(\alpha_3) - \cos(\alpha_4) - \dfrac{m\pi}{4} = 0 \\ \dfrac{4U_{dc}}{5\pi}[\cos(5\alpha_1) - \cos(5\alpha_2) + \cos(5\alpha_3) - \cos(5\alpha_4)] = 0 \\ \dfrac{4U_{dc}}{7\pi}[\cos(7\alpha_1) - \cos(7\alpha_2) + \cos(7\alpha_3) - \cos(7\alpha_4)] = 0 \\ \dfrac{4U_{dc}}{11\pi}[\cos(11\alpha_1) - \cos(11\alpha_2) + \cos(11\alpha_{31}) - \cos(11\alpha_4)] = 0 \end{cases} \tag{4-7}$$

在应用时，根据不同的开关频率，可以得到相应的开关角的个数 N，根据式（4-4）可以写出类似式（4-5）～式（4-7）的 SHEPWM 的非线性方程，求解对应的非线性方程，就可以求得开关角 α_1，…，α_N，从而完成三电平并网变流器的 SHEPWM。

（二）SHEPWM 策略仿真分析

仿真条件参照实际 5MW 中压三电平风电变流器的设计参数，由于实际的 5MW 中压风力发电机为双绕组输出（两组三相输出绕组中点不连接），因此 5MW 风电变流器实际为两台相同的 2.5MW 中压三电平变流器并联，两台变流器的工况完全相同，两台机侧变流器分别对应风力发电机的两组三相绕组，两台网侧变流器并联接入电网。为方便起见，本章后续仿真模型中，均采用单台 2.5MW 中压三电平变流器进行仿真。仿真模型中，网侧额定线电压为 3000V，机侧额定线电压为 3150V，额定中间直流电压为 5200V，与实际中压变流器设计参数保持一致。

利用 MATLAB/Simulink 仿真软件搭建 NPC 型三电平并网变流器模型，采用 SHEPWM 策略的并网单电流闭环仿真模型。仿真中的调制度和角度都做线性化处理。负载侧接的是电阻负载，做逆变离网工况仿真。网侧变流器主要参数如表 4-1 所示。仿真结果如图 4-5～图 4-10 所示。

表 4-1   网侧变流器主要参数

主要参数	数值	主要参数	数值
系统功率（MW）	2.5	电网额定线电压（V）	3000
中间直流电压（V）	5200	额定电流（A）	481
网侧 LCL 滤波器电感 L_{inv}（mH）	3	网侧 LCL 滤波器电感 L_g（mH）	1.5
网侧 LCL 滤波器电容 C_f（μF）	120	中间直流电容 C（mF）	3.15
开关频率（Hz）	900	电网额定频率（Hz）	50

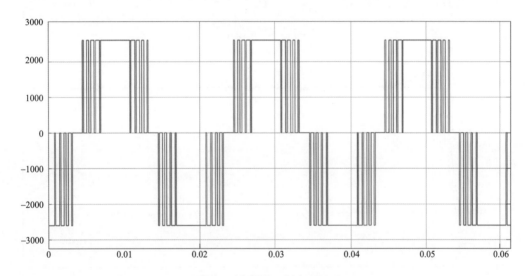

图 4-5　桥臂侧 A 相电压波形

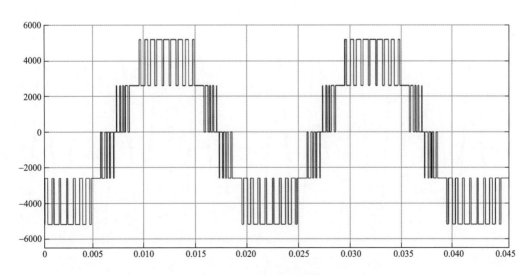

图 4-6　桥臂侧线电压波形

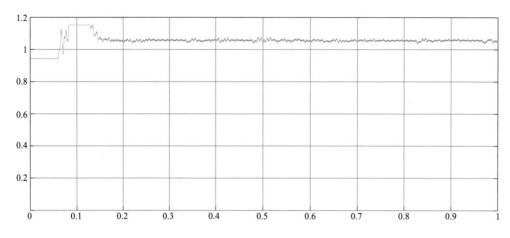

图 4-7 调制度波形图

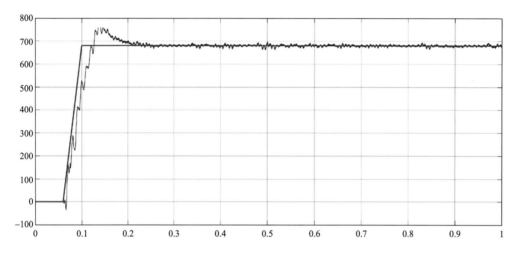

图 4-8 电流指令值和反馈值

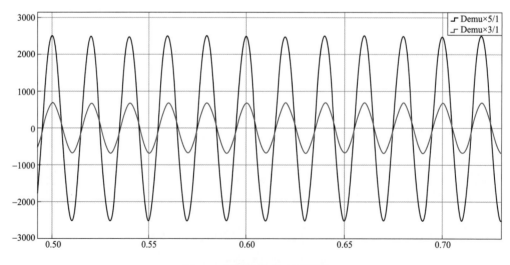

图 4-9 网侧相电压电流波形

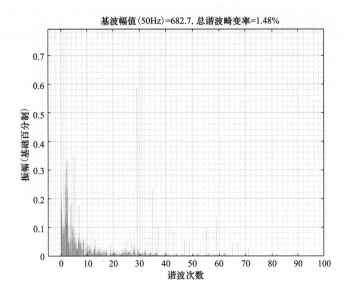

图 4-10　并网电流的快速 FFT 分析

图 4-10 所示为并网电流的快速傅立叶变换（fast Fourier transform，FFT）分析，总谐波畸变率 THD=1.48%，符合并网电流 THD＜5%的要求。

（三）DPWM 策略

DPWM 策略可以实现开关管在一个基波周期内一定区间里保持恒定电平（即不动作），继而可降低开关管开关损耗，对于大功率变流器来说，在相同的开关损耗下，可有效提高系统的等效开关频率，从而有助于提高系统控制性能。下面针对不同种类断续脉宽调制策略特点、开关管开关损耗和导通损耗影响进行论述。

断续脉宽调制与连续调制（continuous pulse width modulation，CPWM）相比，可以实现在一个基波周期内使得开关管保持 1/3 周期不动作。通过在三相正弦电压中加入适当的零序电压改变了调制波形状，使得参考调制电压在基波某段区间内等于载波的正峰值或负峰值，使得开关管在该区间内保持不动作。数学表达式可表示为

$$u_{xz} = u_{xs} + u_z \tag{4-8}$$

式中　u_{xz}——正弦电压；

　　　u——零序电压；

　　　x——a、b 或 c 相。

DPWM 算法中的零序电压的频率均为调制波频率的 3 倍。零序电压一般通式可表示为

$$u_z = -ku_{max} - (1-k)u_{min} + (2k-1) \tag{4-9}$$

式中　k——DPWM 算法的选择系数。

u_{max}= max$\{u_{as}$，u_{bs}，$u_{cs}\}$，u_{min}=min$\{u_{as}$，u_{bs}，$u_{cs}\}$。

例如当 $k=1$ 时，$u_z= -u_{max}+1$，依次可以通过查找规律法找出各自系数 k。

实现三电平断续脉宽调制策略，常用的方法有基于载波脉冲宽度调制（carrier-based pulse width modulation，CBPWM）和空间矢量脉宽调制（space vector pulse width modulation，SVPWM），基于载波脉冲宽度调制工程应用操作简单，不涉及复杂数学运算，空间矢量脉宽调制形象直观易于理解，但数学运算较复杂，本节就三电平断续脉宽调制策略实现方法展开论述。

CBPWM 方法主要基于调制波和载波比较产生开关动作信号，而 SVPWM 方法主要基于电机磁链跟踪的方法，通过计算矢量作用时间产生开关动作信号。通过往 CBPWM 算法中的调制波注入适当的零序电压，可以实现 SVPWM 与 CBPWM 算法等效。连续调制算法下零序电压 u_z 计算公式为

$$u'_x = u_x - \frac{\max(u_x) + \min(u_x)}{2}, x = A, B, C \tag{4-10}$$

$$u''_x = [u'_x + (N-1)U_{dc}/2] \mathrm{mod}(U_{dc}) \tag{4-11}$$

$$u_z = u'_x + \frac{U_{dc}}{2} - \frac{\max(u''_x) + \min(u''_x)}{2} \tag{4-12}$$

式中　$N-1$ ——载波的排数；

　　　mod——取余函数；

　　　U_{dc}——中间直流电压。

CBPWM 算法在工程实践中操作简单，易于实现，不涉及复杂的数学运算，SVPWM 方法具有较高的电压利用率和谐波含量低等优点。对于三电平断续脉宽调制算法而言，欲实现与 SVPWM 方法相等效的 CBPWM 方法，往往需要根据三电平断续脉宽调制算法的特点再结合列举整理归纳方法，找出各自注入到调制波中合适的零序电压 u_z，此外有些三电平断续脉宽调制算法零序电压 u_z 的注入往往需要借助简单的扇区判断。下面介绍基于 SPWM 的 DPWM 载波实现方法。

（四）基于 SPWM 的 DPWM 载波实现

DPWM 矢量合成方法虽然概念清晰且矢量选择的自由度高，但需要进行复杂的扇区判断和几何运算，实现起来比较复杂。为了便于 DPWM 在工程应用中的数字实现，给出 DPWM 基于载波思想的实现方法，该方法无需扇区判断和几何计算、仅需简单逻辑判断即可求出 DPWM 的调制波表达式，有利于提高数字处理芯片的运行效率。

三电平的载波 PWM 是通过两组频率和幅值相同的上下层叠对称分布的载波分别与调制波比较得到 PWM 驱动信号，如图 4-11 所示，其中载波峰值为直流侧半边母线电压（$U_{dc}/2$）的标幺值；$u_x(x=a,b,c)$ 为三相原始调制电压以 $U_{dc}/2$ 为基准的标幺值，u_0 为实现某种控制目标计算所得的零序分量，u_x^* 为修正后的三相调制波，$u_x^* = u_x + u_0$；S_x 为三相桥臂开关状态。

现有 DPWM 的合成思想大多是从 SVPWM 角度出发，舍弃冗余小矢量其中一个开关

状态，将 7 段式开关序列降为 5 段式，从而降低开关切换次数，达到降低开关损耗的目的。然而，从载波 PWM 法的角度理解，DPWM 的本质是通过叠加一定的零序分量，使修正后的调制波 u_x^* 箝位于三电平载波边界值（1、−1）。

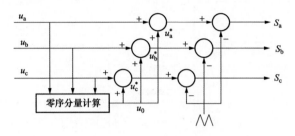

图 4-11　三电平载波 PWM 产生方法

令三相原始调制波 $u_x(x=a,b,c)$ 的表达式为

$$\begin{cases} u_a = M\cos\omega t \\ u_b = M\cos(\omega t - 2\pi/3) \\ u_c = M\cos(\omega t + 2\pi/3) \end{cases} \tag{4-13}$$

定义 u_{xh} 和 u_{xl} 分别为三相原始调制波 u_x 到相应载波上下边界的距离，其表达式分别为

$$u_{xh} = \begin{cases} 1-u_x, & u_x > 0 \\ -u_x, & u_x \leq 0 \end{cases}$$

$$u_{xl} = \begin{cases} u_x, & u_x > 0 \\ 1+u_x, & u_x \leq 0 \end{cases} \tag{4-14}$$

图 4-12 所示为一个载波周期内的三电平载波边界示意图。由图 4-12 可见，当 u_0 取 u_{xh} 或 u_{xl} 时，x 相调制波即被箝位于相应的载波边界，其中 u_{xh} 和 u_{xl} 分别为三相原始调制波 u_x 到相应载波上下边界的距离。此时，该相桥臂输出电平保持不变，即实现了 DPWM 的 PWM 发生。

图 4-13 给出了 CPWM 到 DPWMA 的载波 PWM 示意图。零序分量应选择 u_{xh} 或 u_{xl} 的最小值。通过归纳整理，可推导出 DPWMA 的零序分量表达式为

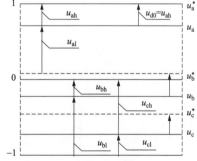

图 4-12　三电平载波边界示意图

$$\left. u_0 \right|_{\text{DPWMA}} = \min[\min(u_{kh}), \min(u_{kl})], k = a,b,c \tag{4-15}$$

式中：当 u_0 取 u_{xh} 时，其符号为正；当 u_0 取 u_{xl} 时，其符号为负。在如图 4-13 所示的情况中，u_{xh} 中最小值为 $u_{ah}(1-u_a)$，u_{xl} 中最小值为 $u_{cl}(1+u_c)$，两者之中 u_{ah} 较小，则其零序分量 $u_0 = 1-u_a$。

（五）DPWM 调制策略仿真分析

在 MATLAB/simulink 仿真平台上搭建了 2.5MW/3000V 三电平变流器并网闭环仿真模

海上风电工程集成技术

型，进行 DPWM 调制的闭环仿真。主电路参数和 SHEPWM 调制时完全相同，开关频率为900Hz。桥臂侧 A 相、桥臂侧线电压波形如图 4-14、图 4-15 所示。

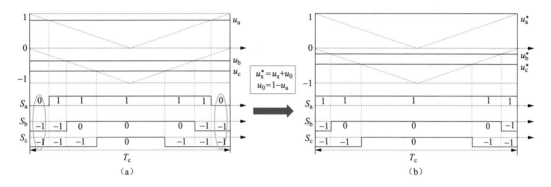

图 4-13　CPWM 到 DPWMA 的载波 PWM 示意图

（a）CPWM；（b）DPWMA

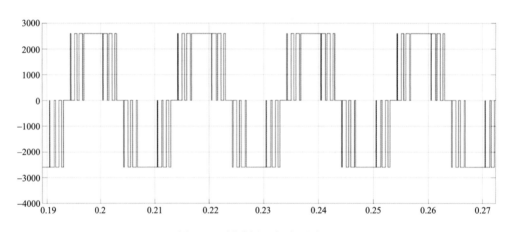

图 4-14　桥臂侧 A 相电压波形

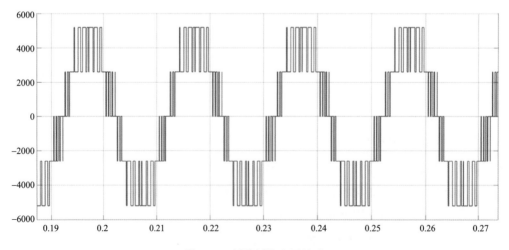

图 4-15　桥臂侧线电压波形

图 4-16、图 4-17 所示为并网 A 相电流波形及 FFT 分析结果。从图 4-17 中看出 *THD*=2.93%，符合并网电流 *THD* 的要求。但是相同工况下，DPWM 调制方式的并网电流 *THD* 值比 SHEPWM 调制要大。

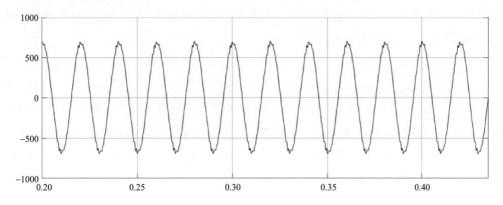

图 4-16 并网 A 相电流波形

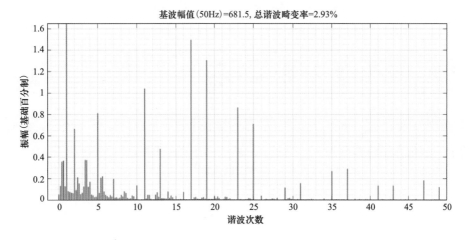

图 4-17 并网 A 相电流 FFT 分析结果

四、低开关频率下机侧变流器调制策略

从脉冲的发生方式来看，三电平调制策略可分为两大类：空间矢量脉宽调制（SVPWM）和载波脉宽调制（CBPWM）。其中，CBPWM 根据载波形式的不同，又可分为同相载波脉宽调制（PD-CBPWM）和反相载波脉宽调制（POD-CBPWW）。有研究表明，CBPWM 和 SVPWM 之间可以实现完全等效。相对而言，CBPWM 由于能够避免复杂的扇区划分和矢量计算，从而更易于数字实现，在工程实践中得到了广泛应用。

SPWM 将正弦调制波 u^* 与两组三角载波进行比较，分别生成对应的开关管脉冲。由于 SPWM 的实现极为简单，因此在工业应用中被广泛采用。传统 SPWM 的直流电压利用率低（最大调制比 *m*=0.866），且在消除共模电压、降低开关损耗、优化 *THD* 和中点平衡控制上都不如 SVPWM。改进的 SPWM 通过在正弦调制波 u^* 中注入合适的零序分量，可以达到 $m=1$，甚至等效实现一些 SVPWM 的控制效果。例如，注入合适的零序分量将中间矢量居中后，可以等效实现传统七段式最近三矢量（nearest three vectors，N3V）SVPWM。同时，通过注入合适的零序分量也可以实现中点电位平衡、降低开关损耗或其他控制目标。

（一）零序注入 SPWM 策略

为了提高直流电压利用率，主要介绍三次谐波注入的 SPWM 调制方式。最为常见的调制策略为 SVPWM 和 SPWM 两种方法，实际上两者在本质上是一致的，都需要保证线电压伏秒积的一致。通过对正弦调制波注入合适的零序电压分量，SPWM 能够等效 SVPWM，并且省去扇区划分与矢量分解步骤，大大降低程序运算量，通常情况下，为了能够得到与 SVPWM 策略一致的中间电压利用率，需将三相调制波电压限制在 $-0.5U_{dc} \sim 0.5U_{dc}$ 范围内，并对其进行居中处理，因此注入零序电压分量的表达式为

$$u_{offset} = \frac{-u_{min} - u_{max}}{2} \qquad (4\text{-}16)$$

式中 　u_{min} 与 u_{max} ——三相调制波中的最小相电压和最大相电压。

注入 u_{offset} 后的三相调制波变为

$$\begin{cases} u_a^* = u_a + u_{offset} \\ u_b^* = u_b + u_{offset} \\ u_c^* = u_c + u_{offset} \end{cases} \qquad (4\text{-}17)$$

不难发现，叠加 u_{offset} 其实是对三相调制波进行了居中处理，新的三相调制波波形如图 4-18 所示，也依大小将其分为 u_{max}^*、u_{mid}^*、u_{min}^*，则有以下关系，即

$$\begin{cases} u_{max}^* = \frac{u_{max} - u_{min}}{2} \\ u_{mid}^* = -\frac{3 \times (u_{max} + u_{min})}{2} \\ u_{min}^* = -\frac{u_{max} - u_{min}}{2} \end{cases} \qquad (4\text{-}18)$$

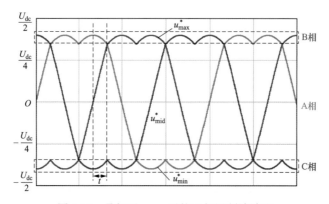

图 4-18　叠加了 u_{offset} 后的三相调制波波形

将叠加了零序分量的调制波与载波比较，即可得到相应的脉冲序列。同相层叠调制方式 PD-SPWM（phase disposition，PD）使用相位相同的正负载波，其开关序列安排更合理，输出电压谐波更少，因此本节分析都以 PD-SPWM 为基础。在三相调制波确定的情况下，其输出的脉冲序列如图 4-19 所示。

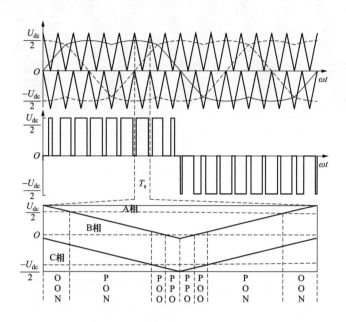

图 4-19　同相层叠方式的脉冲序列

T_s—载波周期时间

（二）零序注入 SPWM 调制策略仿真分析

基于对机侧变流器控制策略的分析，在 MATLAB/simulink 仿真平台上搭建了 2.5MW/3150V 三电平变流器仿真模型，进行仿真分析。主要参数如表 4-2 所示。

表 4-2　　　　　　　　　　　　机侧变流器主要参数

主要参数	数值	主要参数	数值
系统功率（MW）	2.5	中间直流电压（V）	5200
开关频率（Hz）	650	额定电流（A）	458
额定电压（V）	3150	额定频率（Hz）	7.5

表 4-2 中，开关频率为机侧变流器系统的开关频率。发电机相当于一个大电感，因为发电机的电感远大于电阻，在此用阻感负载来模拟发电机进行仿真验证。图 4-20～图 4-23 所示分别为机侧线电压、机侧电流波形及其对应的 FFT 分析。电流峰值是 647.6A，电压峰值是 4443V，系统功率为 2.49MVA。

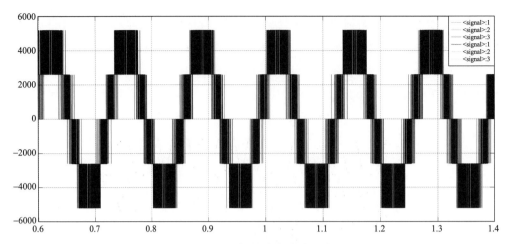

图 4-20　机侧线电压波形

基波幅值(7.5Hz)=4443, 总谐波畸变率=7.46%

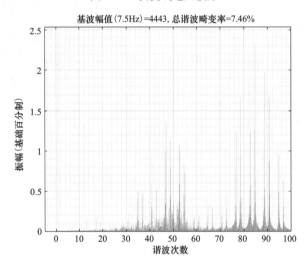

图 4-21　机侧电压波形 FFT 分析

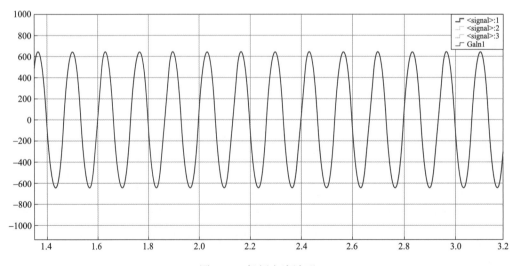

图 4-22　机侧电流波形

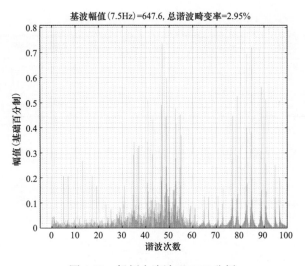
基波幅值(7.5Hz)=647.6, 总谐波畸变率=2.95%

图 4-23　机侧电流波形 FFT 分析

第三节　低开关频率下三电平变流器中点电位平衡控制技术

中点电位平衡问题是指三电平变流器三相输出的 0 电平是通过二极管箝位到直流端的中点得到的，当变流器正常工作时有电流流入或流出中点，造成电容进行充电或放电时分压不均，导致中点电位不停地波动。中点电压平衡控制问题是三电平变流器需要研究解决的重要问题之一，它是三电平变流器的主要技术缺陷。中点电位的不平衡会导致在输出电压中出现低次谐波，造成电压畸变，严重降低电能质量，同时波动电压使开关器件承受的电压不均衡，降低使用寿命。因此，必须采取措施对三电平变流器的中点电位平衡进行控制。

一、中点电压波动的空间电压矢量分析

三电平变流器空间矢量图如图 4-24 所示。为了方便计算，以 α 轴为基准，逆时针方向旋转每 60°作为一个大扇区区域，共有 6 个大扇区，记为Ⅰ、Ⅱ、Ⅲ、Ⅳ、Ⅴ和Ⅵ，如图 4-24（a）所示；每个大扇区再划分为 6 个小扇区，如图 4-24（b）所示。

基于第二节 NPC 三电平变流器工作原理分析可知，每相桥臂可输出 P、O 和 N 三种电平，故三相三电平变流器共有 27 个基本电压矢量，按照电压矢量模长大小可分为 4 类，如表 4-3 所示。

表 4-3　　　　　　　　三电平电压矢量分类

类别	模长	矢量
大矢量	$2U_{dc}/3$	PNN、PPN、NPN、NPP、NNP、PNP
中矢量	$\sqrt{3}U_{dc}/3$	PON、OPN、NPO、NOP、ONP、PNO

85

类别	模长	矢量
小矢量	$U_{dc}/3$	POO、ONN、PPO、OON、OPO、NON OPP、NOO、OOP、NNO、POP、ONO
零矢量	0	PPP、OOO、NNN

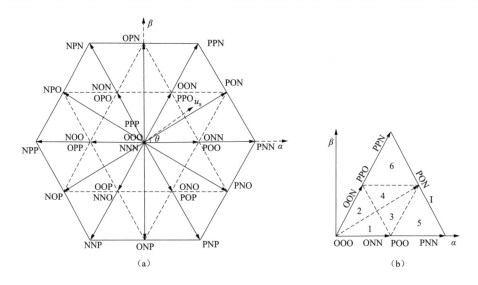

（a）

（b）

图 4-24　三电平变流器矢量空间图

（a）基本电压空间矢量图；（b）大扇区 I

　　每一个输出电压对应一个矢量，得到三电平输出电压矢量图如图 4-24 所示，共有 27 个矢量，包括 3 个重合零矢量，6 个中矢量，6 个大矢量以及 12 个成对的小矢量，列于表 4-3 中。分析每种矢量对应的中点电位变化，首先将中点电流表示为 $i_{np} = i_{dc1} - i_{dc2}$。当中点电流流出中性点（即为正方向）时，此时上半边电容充电，下半边电容放电，即中点电位下降；当中点电流 i_{np} 流入中性点（即与正方向相反）时，此时 $i_{np} < 0$，$i_{dc1} < i_{dc2}$，上半边电容放电，下半边电容充电，即中点电位上升。

　　三电平变换器有 27 个基矢量，每个基矢量对中点电位的影响不同，因此只讨论有功功率从变换器流向负载的情况，以 PPP、POO、ONN、PON、PNN5 个基矢量为例进行讨论。规定中点电流 i_{np} 流出中点为正，$i_{np} > 0$；流入中点为负，$i_{np} < 0$。不同基矢量对应的电路连接如图 4-25 所示。

　　零矢量 PPP 的电路连接图如图 4-25（a）所示，此时，变换器的三相输出均与直流侧的 P 端连接，直流侧中点 O 不与输出端连接，因此变换器中点电位不发生变化，流过中点电流 $i_{np} = 0$。小矢量 POO 和 ONN 的电路连接图如图 4-25（b）、图 4-25（c）所示，小矢量 POO 的 A 相输出与直流侧的 P 端连接，B、C 两相输出与直流侧的 O 端连接，因此变换器中点电位发生变化，流过中点电流 $i_{np} = -i_a$；小矢量 ONN 的 A 相输出与直流侧的 O

端连接，B、C 两相输出与直流侧的 N 端连接，因此变换器中点电位发生变化，流过中点电流 $i_{np} = i_a$。中矢量 PON 的电路连接图如图 4-25（d）所示，此时，变换器的 A 相输出与直流侧的 P 端连接，B 相输出与 O 端连接，C 相输出与 N 端连接，因此变换器中点电位发生变化，流过中点电流 $i_{np} = i_b$。大矢量 PNN 的电路连接图如图 4-25（e）所示，此时，变换器的 A 相输出与直流侧的 P 端连接，B、C 两相输出与直流侧的 N 端连接，直流侧中点 O 不与输出端连接，因此变换器中点电位不发生变化，流过中点电流 $i_{np} = 0$。

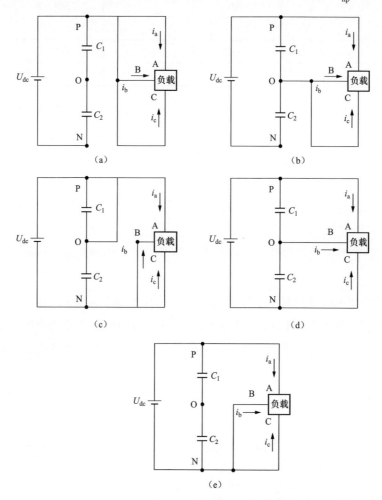

图 4-25 不同基矢量对应的电路连接图

（a）零矢量 PPP；（b）小矢量 POO；（c）小矢量 ONN；（d）中矢量 PON；（e）大矢量 PNN

通过上文分析可知，当变换器有一相输出为零电平时，变换器直流侧中点会有电流流过，造成中点电位的不平衡。当中点电流流出变换器中性点 O 时，中点电位降低，即电容 C_1 的电压升高，电容 C_2 的电压降低；当中点电流流入变换器中性点 O 时，中点电位升高，即电容 C_1 的电压降低，电容 C_2 的电压升高。由此可知，中点电流是影响变换器中点电位的主要原因，零矢量和大矢量的中点电流为零，不影响中点电位，中矢量和小矢量的中点电流不为零，会影响中点电位，表 4-4 所示为小矢量和中矢量对应的中点电流。

表 4-4　　　　　　　　　小矢量和中矢量对应的中点电流

小矢量	中点电流 i_{np}	小矢量	中点电流 i_{np}	中矢量	中点电流 i_{np}
ONN	i_a	POO	$-i_a$	PON	i_b
OPP	i_a	NOO	$-i_a$	OPN	i_a
NON	i_b	OPO	$-i_b$	NPO	i_c
POP	i_b	ONO	$-i_b$	NOP	i_b
NNO	i_c	OOP	$-i_c$	OPN	i_a
PPO	i_c	OON	$-i_c$	PNO	i_c

目前学者对中点平衡控制主要集中在硬件控制和软件控制两个方面。硬件控制方法的基本原理是利用硬件抽取或注入中点电荷来达到平衡的目的，不需要考虑三电平变流器的调制度、负载和功率因素的问题。但由于需要增加额外的功率开关管或驱动电路，改变了原有的电路拓扑结构，导致了整个系统的复杂性和制造成本增加，降低了系统的可靠性，同时还会增加控制难度，所以在大功率设备中通过硬件控制中点电位平衡的方法意义并不大，没有得到广泛的应用。

相比于硬件控制方法，软件控制算法不需要增加额外的硬件设备和控制系统就能控制中点电压平衡，因此能够减小体积，节省成本，是一种较好的选择。根据调制算法的不同可以分为基于 SVPWM 调制算法的中点电位平衡控制和基于载波 PWM 调制算法的中点电位平衡控制算法。载波 PWM 调制算法通常采用注入零序电压的方法来控制中点电位的平衡，但该方法中零序电压计算困难且零序电压注入法无法在所有的调制度和功率因素的情况下消除中点电位的偏移。

在 SVPWM 调制算法作用过程中，小矢量和中矢量的作用会引起中点电位的偏移，由于每个小矢量对应的两个冗余开关状态对中点电位的平衡作用正好相反，而它们对输出电压的贡献又恰好相同。因此，通过适当地调整冗余小矢量在单个调制周期内的作用时间，可以调节中点电位的平衡。

二、网侧低开关频率下中点平衡控制技术

（一）三电平 SHEPWM 方法的中点电位平衡控制技术

根据前述分析，需要判断当前的中点电位偏移情况、三相负载电流的方向以及当前矢量类型才能决定是否需要替换小矢量。定义中点电位偏移量 Δu_{dc} 为下半边电容与上半边电容电压差值：$\Delta u_{dc} = u_{dc2} - u_{dc1}$。

由于小矢量和中矢量都会造成中点电位的波动，所以中点电位的波动不可避免，因此此处采用滞环控制将中点电位偏移量限制在设定的环宽内，当偏移量超过环宽时启用中点

平衡算法。

三电平 SHEPWM 方法与空间电压矢量 PWM（SVPWM）方法实现原理不同，图 4-26 所示为三电平 SHEPWM 中点电压平衡控制的基本原理框图，SHEPWM 是在生成的开关波形基础上重新对三相的开关组合做出调整。图 4-26 中 S_i 为前面所提到的三电平 SPEPWM 生成的各个开关信号，通过对中点电压偏移和中点电流方向的判断，在平衡调节环节中生成新的开关信号 S_o，最终作用到二极管箝位的三电平逆变器中。

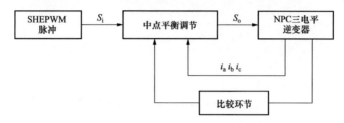

图 4-26　三电平 SHEPWM 中点电压平衡控制的基本原理框图

通过三电平逆变器输出的相电流可以判断出流经直流侧两个电容中点的电流方向，以流出中点为电流正方向。若中点电流 i_{np} 方向为正，说明此时的三相的开关状态是正小矢量或中矢量；若中点电流 i_{np} 方向为负，说明此时的三相开关状态是负小矢量或中矢量；若中点电流 i_{np} 为零，说明此时是大矢量或零矢量在作用。对中点电压的偏移量 $\Delta u_{dc} = u_{dc2} - u_{dc1}$ 进行判断时，为方便控制，采用滞环控制方法。若中点电压偏移量 Δu_{dc} 大于某一控制范围，则说明中点电压高，此时需要对上面的电容 C_1 充电，对下面的电容 C_2 放电；若中点电压偏移量 Δu_{dc} 小于某一个负值，则说明中点电压低，此时需要对上面的电容 C_1 放电，对下面的电容 C_2 充电。由中点电流方向和中点电压的偏移，就可以判断出是否要对三电平变流器进行中点电压平衡的控制。

当 i_{np} 方向为正，并且 Δu_{dc} 大于某一正值时，此时不需要中点平衡调节；

当 i_{np} 方向为负，并且 Δu_{dc} 小于某一负值时，此时不需要中点平衡调节；

当 i_{np} 方向为正，并且 Δu_{dc} 小于某一负值时，此时需要中点平衡调节；

当 i_{np} 方向为负，并且 Δu_{dc} 大于某一正值时，此时需要中点平衡调节。

判断好是否需要进行中点电压平衡控制后，还要考虑此时能否进行调节，由于成对的冗余小矢量对三电平输出的电压效果相同，作用的中点电流方向刚好相反，因此，通过检测三电平逆变器三相状态，就可以确定能否对当前状况进行中点电压的平衡。当检测到三相状态是小矢量，并且判断此时需要进行中点平衡控制时，将三电平 PWM 开关状态改为相应的冗余小矢量的开关状态即可。

（二）三电平 SHEPWM 方法的中点电位平衡仿真分析

应用 Matlab 软件搭建 2.5MW 三电平 NPC 拓扑的 SHEPWM 中点平衡控制并网仿真模型，其中，直流侧电压为 5200V，直流侧两个电容相同 $C_1=C_2=6.3mF$，交流侧接电网。整个系统由二极管箝位的三电平变流器主电路、中点电压平衡控制算法以及 SHEPWM 脉冲发生三个部分构成。

电压偏差 Δu_{dc} 采样时间 80μs，SHEPWM 发脉冲的时间间隔为 20μs，PI 调节步长时间间隔为 100μs，整体模型的仿真步长为 1μs，从 0.06s 开始发 PWM 脉冲。

中点电压平均值波动如图 4-27 所示，0.26s 附近中点电位偏置的局部放大图如图 4-28 所示。

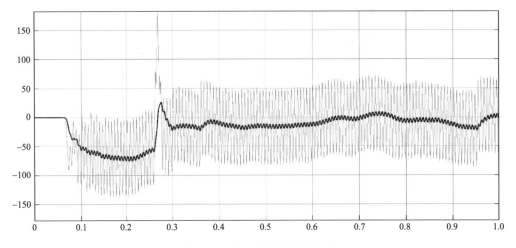

图 4-27　中点电压平均值波动

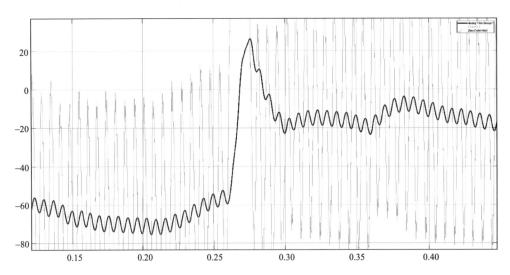

图 4-28　0.26s 附近中点电位偏置的局部放大图

0.26s 时开始进行中点电位的控制，设置的滞环宽度是正负 20V，可见用 0.05s 左右的时间内就可以使平均电压偏差调节到±20V 以内。A 相开关管脉冲如图 4-29 所示，桥臂侧输出电压波形如图 4-30 所示。从 A 相的开关管动作次数可以看出。从原来的正常情况下半个周期动作 9 次，现在因为加入了中点电位的控制，开关管动作次数变多了，最多变成了 11 次，开关频率从 900Hz，最高变成了 1100Hz。

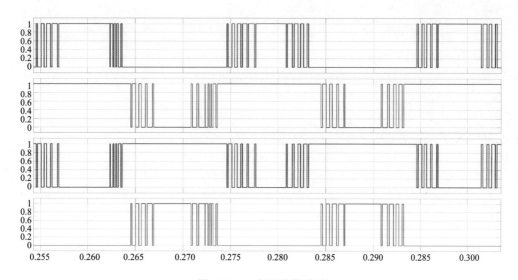

图 4-29　A 相开关管脉冲

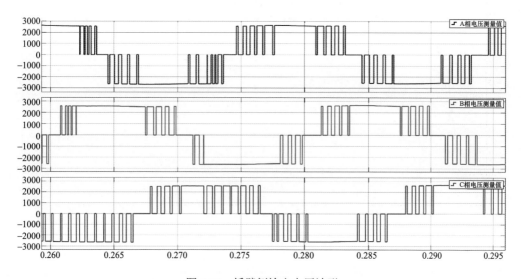

图 4-30　桥臂侧输出电压波形

从图 4-31 中也可以看出，在 0.92s 附近，中点电压偏置超过了–20V，这时候中点电位控制开始起作用，大约 0.05s 时间就可以使平均电压偏差调节到±20V 以内。

因为控制中点电位的波动是对冗余小矢量做了替换，不影响桥臂侧的输出电压大小。0.25s 时间之内 i_d 指令值基本可以控制到稳定，可见加入中点电位控制之后，当中点电压产生偏差时，进行相应的调节后 i_d 基本上还可以和稳态时一样控制到稳定，如图 4-32 所示。

从图 4-33、图 4-34 并网电流 *THD* 可以看出，加入中点电位控制后，因为是对成对的冗余小矢量进行了替换，对并网电流电能质量没有影响。这种小矢量切换法的缺点就是增加了开关频率，即增大了开关损耗，所以通过 SHEPWM 自身来做中点电位控制的效果并不是最优。

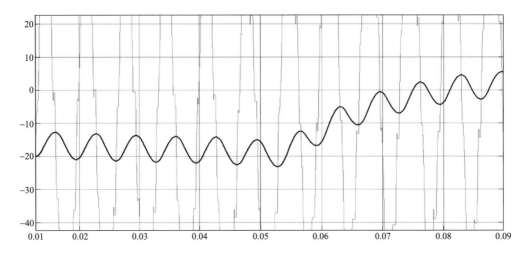

图 4-31　0.92s 附近中点电压偏移图

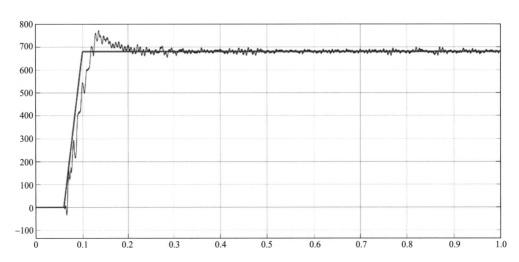

图 4-32　i_d 指令值和实际值

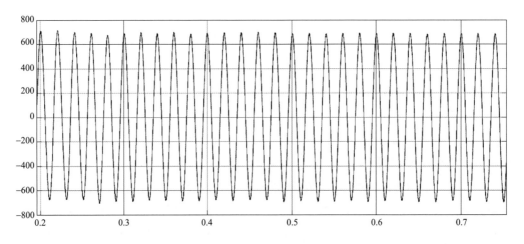

图 4-33　并网电流波形

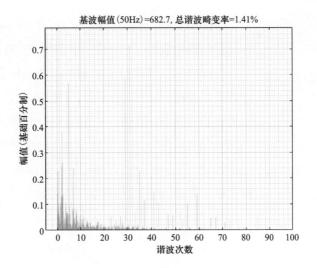

图 4-34 并网电流的 FFT 分析

（三）三电平 DPWM 中点平衡控制技术

为解决采用三电平 DPWM 算法后中点电位平衡问题，介绍两种能有效控制中点电位平衡且调节期间开关管开关频率基本恒定的控制方法。

下面分别介绍了一种基于零序注入的中点电位平衡控制的原理和实现方法，以及另一种基于滞环切换法的中点平衡控制方法。

大扇区下矢量作用时间计算：

当参考电压 u_s 位于大扇区 I 内，如图 4-35 所示，此时可将三电平变流器看成两电平变流器，用大矢量 PNN 和 PPN 以及零矢量 PPP 和 NNN 合成参考电压矢量 u_s，如图 4-36 所示。

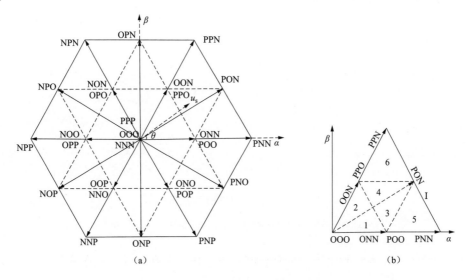

图 4-35 三电平变流器空间矢量图

（a）基本电压空间矢量图；（b）大扇区 I

海上风电工程集成技术

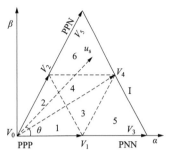

图 4-36 大扇区 I 内矢量示意图

$V_0 \sim V_5$—基本电压矢量

DPWM 算法箝位特点可得，DPWM0 算法分别在调制波正负峰值处前 60°箝位于 P 和 N 电平，如图 4-37（a）所示；DPWM1 算法分别在调制波正负峰值处箝位于 P 和 N 电平，如图 4-37（b）所示；DPWM2 算法分别在调制波正负峰值处后 60°箝位于 P 和 N 电平，如图 4-37（c）所示；DPWM3 算法分别在调制波每 1/4 周期中间有 30°箝位于 P 和 N 电平，如图 4-37（d）所示。图 4-37 中 X=P 或 O 或 N 表示（X=A，B，C）某相在该小扇区箝位于该电平。

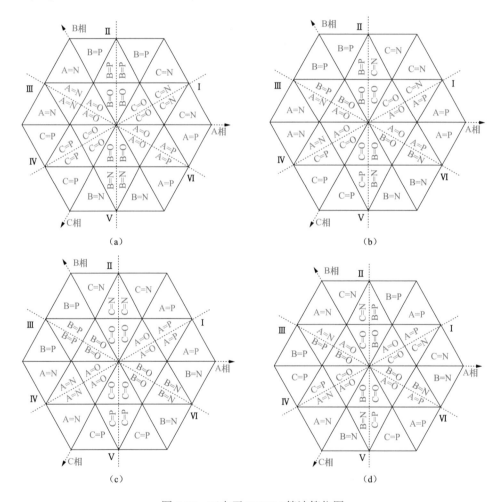

图 4-37 三电平 DPWM 算法箝位图

（a）DPWM0；（b）DPWM1；（c）DPWM2；（d）DPWM3

为发挥三电平基本空间电压矢量具有的冗余性优势，在设计开关序列时一般需要满足以下 4 个条件：

（1）不允许两相同时进行开关动作。

94

（2）前后两个矢量切换时，同一相不能出现 P 和 N 之间的直接切换。

（3）在扇区过渡时，造成的额外开关次数尽量少。

（4）开关序列左右对称分布。

依照图 4-37 中几种 DPWM 算法的箝位要求，可以设计出各个 DPWM 算法在大扇区 I 中每个小扇区内的开关序列，如表 4-5 所示。由于空间矢量图具有镜像对称性，根据对称性可得到其他大扇区内的开关序列，在此不再给出其他大扇区开关序列。

表 4-5   三电平 DPWM 算法开关序列

扇区	DPWM0					DPWM1				
1	OOO	POO	PPO	OON	ONN	ONN	OON	OOO	OON	ONN
2	OOO	POO	PPO	POO	OOO	OOO	POO	PPO	POO	OOO
3	ONN	OON	PON	OON	PON	PON	POO	PPO	POO	PON
4	ONN	OON	PON	OON	ONN	ONN	OON	PON	OON	ONN
5	ONN	PNN	PON	PNN	PNN	PNN	PON	POO	PON	PNN
6	OON	PON	PPN	PON	OON	OON	PON	PPN	PON	OON
扇区	DPWM2					DPWM3				
1	ONN	OON	OOO	OON	ONN	OOO	POO	PPO	POO	OOO
2	ONN	OON	OOO	OON	ONN	OOO	OON	OOO	OON	ONN
3	PON	POO	PPO	POO	PON	ONN	OON	PON	OON	ONN
4	PON	POO	PPO	POO	PON	ONN	POO	PPO	POO	PON
5	PNN	PON	POO	PON	PNN	ONN	PNN	PON	PNN	ONN
6	PON	PPN	PPO	PPN	PON	PON	PPN	PPO	PPN	PON

从表 4-5 中 DPWM1 算法的开关序列可以看出在小扇区 1 中 A 相箝位于 O 电平；小扇区 2 中 C 相箝位于 O 电平；小扇区 3 和 5 中 A 相箝位于 P 电平；小扇区 4 和 6 中 C 相箝位于 N 电平，与图 4-35（b）中的大扇区 I 箝位关系相一致。

参考电压矢量 u_s 在大扇区 I 中、小扇区 6 内如图 4-36 所示。此时从表 4-5 可以看出三电平 DPWM1 与 DPWM3，三电平 DPWM0 与 DPWM2 开关序列对如图 4-38 所示。

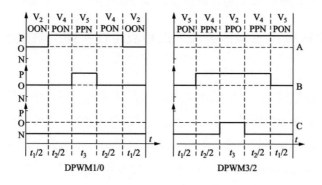

图 4-38   DPWM 算法小扇区 6 内开关序列

从图 4-38 可以看出 DPWM0/1 中的小矢量为 OON，DPWM2/3 中的小矢量为 PPO，两者互为冗余小矢量对。中点电位的调节可以用起相反作用的 DPWM 算法调节至平衡。

基于上述对 4 种三电平 DPWM 算法对中点电位的影响可知，对于 DPWM 调制策略的中点电位平衡控制，可以使用基于三电平 DPWM1 和 DPWM3 的混合调制策略。对于 DPWM2 调制策略的中点电位平衡控制，可以使用基于三电平 DPWM0 和 DPWM2 的混合调制策略，调制策略之间切换使用滞环控制，将中点电位控制在可以接受的范围内，其原理如图 4-39 所示。

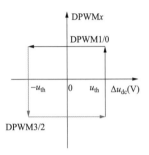

图 4-39 滞环控制原理图

通过检测上下电容的偏差值 $\Delta u_{dc} = u_{dc2} - u_{dc1}$，当偏差值达到阀值下限值，调制策略由 DPWM1 切换至 DPWM3 或 DPWM0 切换至 DPWM2，当偏差值达到阀值上限值，调制策略由 DPWM3 切换至 DPWM1 或 DPWM2 切换至 DPWM0。这样在正常运行和调节中点电位期间都在运行三电平 DPWM 算法，开关管的动作频率基本保持恒定。

（四）DPWM 调制中点平衡仿真分析

为验证基于 SPWM 方法实现三电平 DPWM 算法的正确性，使用 MATLAB 搭建三电平变流器仿真模型，采用 SHEPWM 与 DPWM 动态切换控制策略来调节中点电位。

当电压偏差平均值小于–20V 时，切换到 DPWM1，然后使用滞环思想，电压开始往上调节；当电压偏差平均值超过 0 时，再切换回 SHEPWM，继续运行。当电压偏差平均值超过 20V 时，切换到 DPWM3 使电压偏差减小；直到电压偏差平均值小于 0 时，再切换回 SHEPWM。在中点平衡工况下采用 SHEPWM 调试，当出现了电压偏差后才切换到 DPWM1 或 DPWM3 调制模式进行中点电位调节。

图 4-40、图 4-41 中的蓝色波形，是中点电位的平均值波动波形，绿色的代表这三种状态，纵坐标 0 代表 SHE 这种调制方式，10 代表 DPWM1 调制，30 代表 DPWM3 调制。可见采用 SHEPWM 与 DPWM 动态切换控制策略进行中点电位平衡控制，当中点电压偏差平均值超过阈值范围后，可以调节中点电位偏差至 0V 附近。

三、机侧 SPWM 加三次谐波注入的中点电位平衡控制技术

（一）机侧中点电位平衡控制策略

在三电平变流器结构中，稳定的中点电压是系统输出正确电平、维持稳定运行、提供可靠的交流输出性能的重要保证。中点电压偏差除了制造误差以外主要是由于流过中点的电流对直流母线支撑电容不均衡充放电引起的，根据中点电压偏差产生的原因，介绍中点电压偏差反馈控制方法。将中点电压偏差与给定值 0 作差后，经过 PI 调节器注入到调制波中控制中点电压平衡。具体注入分量的表达式见式（4-18），具控制框图如图 4-42 所示。

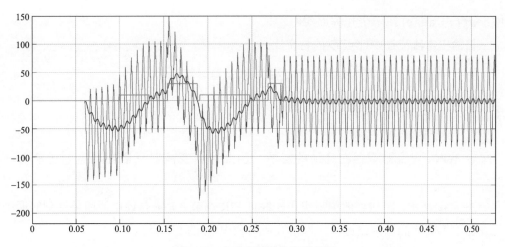

图 4-40 中点电压平均值偏差图

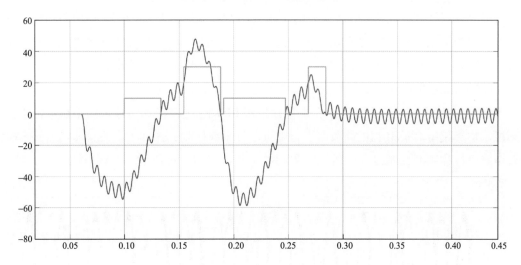

图 4-41 电压调节过程的局部放大图

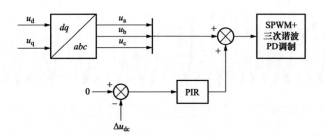

图 4-42 机侧中点电压平衡控制框图

假定直流母线上下支撑电容值相等，开关周期为单位量，则中点平均电流引起的中点电压偏差 Δu_{dc} 为

$$\Delta u_{dc} = u_{dc2} - u_{dc1} = \frac{i_o}{C_s} = \frac{i_a d_{ao} + i_b d_{bo} + i_c d_{co}}{C_s} \tag{4-19}$$

式中：$d_{\mathrm{jo}}(j=\mathrm{a,b,c})$ 在一个开关周期内。

三相输出电流流过中性点 O 的占空比为

$$u_{\mathrm{abc,mid}} = \Delta u_{\mathrm{dc}}\left(K_{\mathrm{P}} + \frac{K_{\mathrm{I}}}{s}\right) \tag{4-20}$$

式中　K_{P}——比例调节系数；

　　　　K_{I}——积分调节系数。

单台 NPC 变流器不存在环流的影响，因此单台变流器只需对中点电压平衡进行控制。

如图 4-42 所示，将检测的中点电压差经过 PIR 调节之后，与经电流闭环得到的调制波进行叠加，得到新的调制波进行三次谐波注入 SPWM 的 PD 调制。

机侧中点电压有平均值偏差，在这里选用 PI 调节器进行调节，但同时中点电压波动的主要成分是三次谐波，对于三次谐波的交流量，PI 调节器无法实现无静差跟踪控制。因此，加入三次的谐振调节器控制，抑制中点电压的三倍频波动。与传统的 PI 调节器相比，采用 PIR 调节器进行中点电位平衡控制，能够使中点电位调节达到更好效果。

（二）机侧 SPWM 加三次谐波注入中点电位平衡控制仿真分析

在 MATLAB/simulink 仿真平台上搭建机侧 SPWM 加三次谐波注入的中点电位平衡闭环控制仿真模型，采用 PIR 调节器进行中点电位平衡控制，图 4-43、图 4-44 是在 1s 时加入中点电位控制的机侧线电压仿真图和 FFT 分析，线电压峰值 U_{m} 是 4444V。

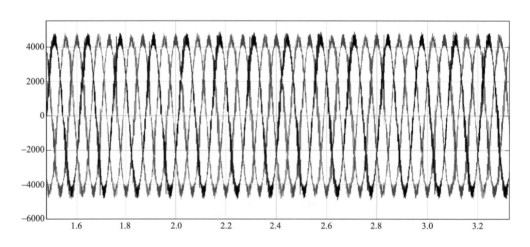

图 4-43　加入中点电位控制后的机侧线电压图

图 4-45、图 4-46 是在 1s 时（系统进入稳态后）加入中点电位控制后的机侧电流仿真图和 FFT 分析，电流峰值 I_{m} 是 779A，系统容量为

$$S = \sqrt{3} \times \frac{U_{\mathrm{m}}}{\sqrt{2}} \times \frac{I_{\mathrm{m}}}{\sqrt{2}} = \sqrt{3} \times \frac{4444}{\sqrt{2}} \times \frac{779}{\sqrt{2}} = 3(\mathrm{MVA}) \tag{4-21}$$

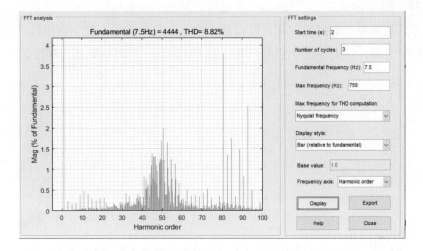

图 4-44　机侧加入中点电位控制后的线电压 FFT 分析

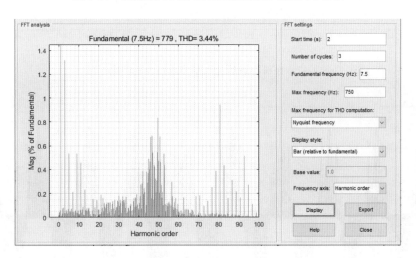

图 4-45　机侧加入中点电位控制后的电流 FFT 分析

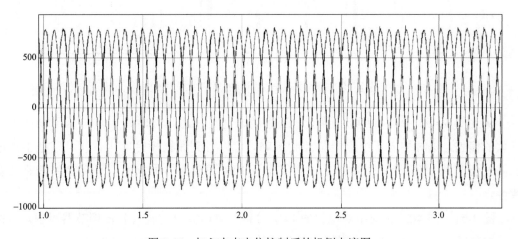

图 4-46　加入中点电位控制后的机侧电流图

图 4-47、图 4-48 是在 1s 时加入中点电位控制的中点电压图，从中可以看出，系统进入稳态工作后加入中点电位的控制，可以减小中点电位的波动，把中点电位波动控制在了−50V 到+46V 之间，这时候的中点电压波动在 0V 附近，控制效果较为理想。

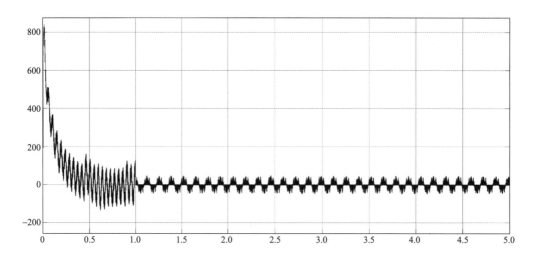

图 4-47　系统稳态后加入中点电位控制的电压图

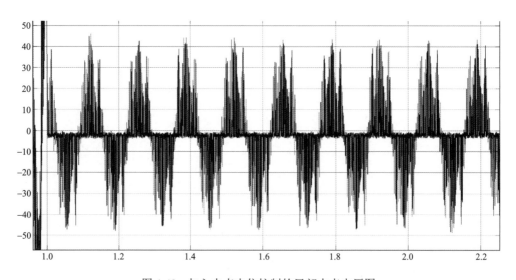

图 4-48　加入中点电位控制的局部中点电压图

从上图 4-49、图 4-50 可以看出，当系统未达到稳态工况时，中点电压平均值出现很大的偏差，这时加入了中点电位控制策略，可以看到在很短时间内，就可以把中点电位偏差调节到 0V 附近，仿真结果说明了基于 PIR 调节器的中点电位平衡控制策略的有效性。

图 4-51、图 4-52 是对中点电位的 FFT 分析，可以看出，引入 PIR 调节器对中点电位进行控制后，由于有了谐振调节器，使得中点电压中的三次谐波明显减少。

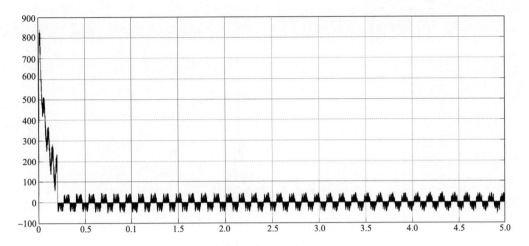

图 4-49　加入中点电位控制的电压图（系统未达到稳态）

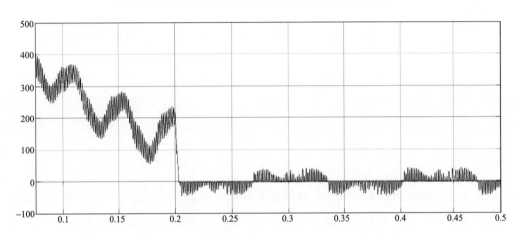

图 4-50　中点电压偏移后加入中点电位控制的局部放大图

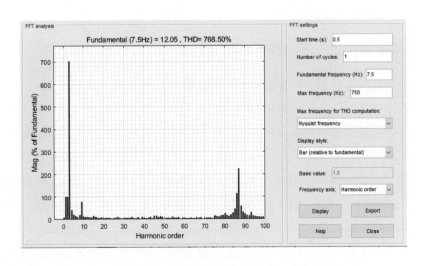

图 4-51　未加入中点电位控制的中点电压 FFT 分析（0.5s）

海上风电工程集成技术

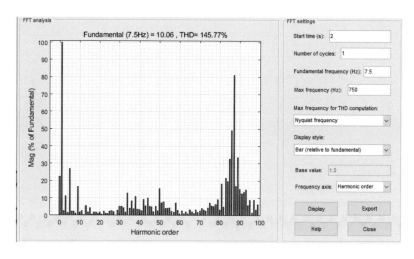

图 4-52　加入中点电位控制的中点电压 FFT 分析（2s）

第四节　不平衡及谐波电网工况下并网控制策略

电力系统中，电网不对称故障、负载的不平衡及输电线路阻抗的不平衡等原因导致电网电压的不平衡现象极为普遍。当风电场所联电网远端发生不对称故障产生的负序分量导致三相电压的不平衡时，由于直驱风力发电机组的并网变流器直接与电网相联，因此在电网不对称故障时并网变流器须承受不平衡电压的冲击，会对其运行特性造成不利影响，降低并网变流器的可靠运行及并网电流的质量。

并网变流器是可再生能源的分布式发电的关键环节之一，众多电力电子器件频繁的开通与关断会产生一系列的谐波分量，进而对电网安全高效运行带来影响。众所周知，除并网变流器自身的调制会产生高频谐波之外，电网背景谐波也会影响并网电流的波形质量。因此，有必要对并网变流器的不平衡及谐波工况下的并网控制进行研究。

一、不平衡电网工况下并网控制策略

不平衡电网电压条件下并网变流器的控制需要重点考虑两方面的要求：①需要有快速的电压正、负序分离方法；②电流调节器需具有良好的跟随性能和快速的动态响应。在三相并网变流器中最常采用锁相环（Phase-locked Loop，PLL）或锁频环（Frequency-locked Loop，FLL）对电网电压的相位、频率、幅值等进行实时检测。当电网电压不平衡时其检测精度较差，介绍一种基于降阶谐振调节器的锁频环（frequency-locked loop based on reduced order resonant，ROR-FLL）技术，其具有响应较快、实现简单等特点，能够快速准确地实现正、负序分离。

电网电压不平衡条件下，将不平衡电流分解到正、负序同步旋转坐标系下分别采用 PI 调节器进行控制，控制系统结构较为复杂。同时，在正序同步旋转坐标系下负序电流表现

102

为二倍频的交流量，基于比例积分谐振（proportion integrator resonant，PI-R）调节器的控制方案中的 PR 控制器中的谐振部分为 2 阶形式，数字实现比较复杂。因此给出一种比例积分-降阶谐振（proportion integrator reduced order resonant，PI-ROR）调节器。此调节器是在传统平衡系统矢量控制中电流 PI 调节器的基础上嵌入了一个降阶广义积分器（reduced order generalized integrator，ROGI），实现对负序电流的控制，易于工程实现且数字化简单。

直驱风电机组通常采用三相三线制的接线方式，并且并网变流器与电网之间接有 DY 形式的变压器，即系统中没有零序通路，因此在以下分析中只考虑系统中的正序分量和负序分量。

在两相静止 $\alpha\beta$ 坐标系下，定义系统不平衡电磁变量 [可以代表电压（E、U）、电流（I）或磁链等] 的空间矢量 $\boldsymbol{F}$ 为

$$\boldsymbol{F}_{\alpha\beta} = \boldsymbol{F}_{\alpha\beta}^{\mathrm{p}} + \boldsymbol{F}_{\alpha\beta}^{\mathrm{n}} \qquad (4\text{-}22)$$

式中：正序矢量 $\boldsymbol{F}_{\alpha\beta}^{\mathrm{p}} = \boldsymbol{F}_{\alpha}^{\mathrm{p}} + \mathrm{j}\boldsymbol{F}_{\beta}^{\mathrm{p}} = \boldsymbol{F}_{\alpha\beta}^{\mathrm{p}}\mathrm{e}^{\mathrm{j}(\omega t+\varphi^{\mathrm{p}})}$，$\boldsymbol{F}_{\alpha\beta}^{\mathrm{p}}$ 是正序矢量幅值，φ^{p} 是正序矢量初始相角；负序矢量 $\boldsymbol{F}_{\alpha\beta}^{\mathrm{n}} = \boldsymbol{F}_{\alpha}^{\mathrm{n}} + \mathrm{j}\boldsymbol{F}_{\beta}^{\mathrm{n}} = \boldsymbol{F}_{\alpha\beta}^{\mathrm{n}}\mathrm{e}^{\mathrm{j}(\omega t+\varphi^{\mathrm{n}})}$，$\boldsymbol{F}_{\alpha\beta}^{\mathrm{n}}$ 是负序矢量幅值，φ^{n} 是负序矢量初始相角，上标 p、n 分别表示正、负序分量。

在不平衡工况下，定义正序同步旋转坐标系以角频率 ω 逆时针旋转，负序同步旋转坐标系以角频率 ω 顺时针旋转，两个同步旋转坐标系的旋转初始相角同为 θ 且符号相反。两相静止 $\alpha\beta$ 坐标系与正、负序同步旋转坐标系之间的空间矢量关系如图 4-53 所示。

由图 4-53 可得两相 $\alpha\beta$ 静止坐标系、正序同步旋转 $dq+$ 坐标系以及负序同步速旋转 $dq-$ 坐标系之间的坐标转换关系为

$$\boldsymbol{F}_{dq+} = \boldsymbol{F}_{\alpha\beta}\mathrm{e}^{-\mathrm{j}\omega t}, \quad \boldsymbol{F}_{dq-} = \boldsymbol{F}_{\alpha\beta}\mathrm{e}^{\mathrm{j}\omega t} \qquad (4\text{-}23)$$

$$\boldsymbol{F}_{\alpha\beta} = \boldsymbol{F}_{dq+}\mathrm{e}^{\mathrm{j}\omega t}, \quad \boldsymbol{F}_{\alpha\beta} = \boldsymbol{F}_{dq-}\mathrm{e}^{-\mathrm{j}\omega t} \qquad (4\text{-}24)$$

$$\boldsymbol{F}_{dq+} = \boldsymbol{F}_{dq-}\mathrm{e}^{-\mathrm{j}2\omega t}, \quad \boldsymbol{F}_{dq-} = \boldsymbol{F}_{dq+}\mathrm{e}^{\mathrm{j}2\omega t} \qquad (4\text{-}25)$$

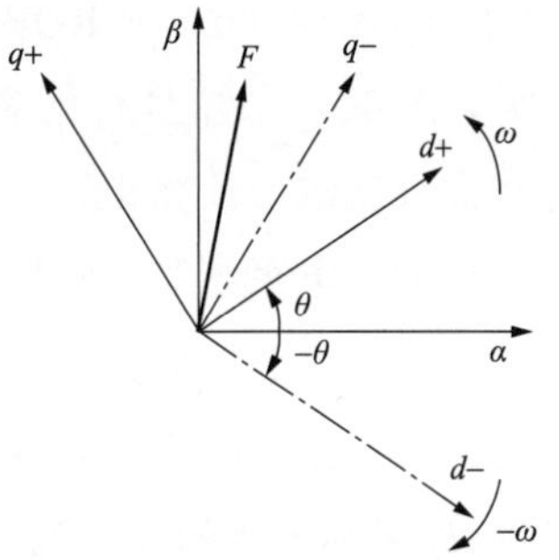

利用上面坐标转换关系进行正、负序同步旋转坐标变换，有

图 4-53　静止与正、负序同步旋转坐标系之间的空间矢量关系

$$\begin{cases} \boldsymbol{F}_{dq+} = \boldsymbol{F}_{dq+}^{\mathrm{p}} + \boldsymbol{F}_{dq+}^{\mathrm{n}} = \boldsymbol{F}_{dq-}^{\mathrm{p}} + \boldsymbol{F}_{dq-}^{\mathrm{n}}\mathrm{e}^{-\mathrm{j}2\omega t} \\ \boldsymbol{F}_{dq-} = \boldsymbol{F}_{dq-}^{\mathrm{p}} + \boldsymbol{F}_{dq-}^{\mathrm{n}} = \boldsymbol{F}_{dq-}^{\mathrm{n}} + \boldsymbol{F}_{dq+}^{\mathrm{p}}\mathrm{e}^{\mathrm{j}2\omega t} \end{cases} \qquad (4\text{-}26)$$

式中：$\boldsymbol{F}_{dq+}^{\mathrm{p}}$ 为空间矢量 $\boldsymbol{F}$ 在正序同步旋转坐标系下的正序分量，为直流量；$\boldsymbol{F}_{dq+}^{\mathrm{n}}$ 为空间矢量 $\boldsymbol{F}$ 在正序同步旋转坐标系下的负序分量，为二倍频的交流量；$\boldsymbol{F}_{dq-}^{\mathrm{n}}$ 为空间矢量 $\boldsymbol{F}$ 在负序同步旋转坐标系下的负序分量，为直流量；$\boldsymbol{F}_{dq-}^{\mathrm{p}}$ 为空间矢量 $\boldsymbol{F}$ 在负序同步旋转坐标系下的正序分量，为二倍频的交流量。

式（4-26）说明，对于不平衡空间矢量 $\boldsymbol{F}$，在正、负序同步旋转坐标系下均由直流分量和 2 倍频交流分量构成。

（一）基于降阶谐振调节器的锁频环技术

降阶谐振（reduced order resonant，ROR）调节器的传递函数为

$$G_R(s) = \frac{1}{s - j\omega} \tag{4-27}$$

由式（4-27）可知，ROR 调节器只有一个极点 $s=j\omega$，图 4-54 所示为频率为 $\pm 50Hz$ 的 ROR 调节器的波德图。

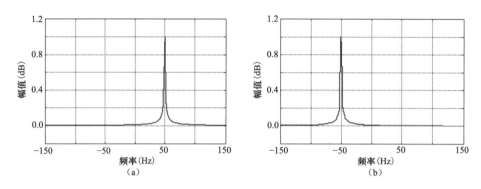

图 4-54　ROR 调节器的波德图

（a）$f=50Hz$；（b）$f=-50Hz$

由图 4-54（a）可知，ROR 调节器在 50Hz 处增益最大，而–50Hz 处已经基本衰减为 0；同理，图 4-54（b）中 ROR 调节器在–50Hz 处增益最大，而 50Hz 处已经基本衰减为 0。可见，ROR 调节器具有频率和极性选择性，可以直接进行正、负序分离，而不需要采用瞬时对称分量法去计算正、负序分量，从而可以简化锁频环的结构。

直驱风电系统的并网变流器系统中不带中线，不考虑零序电压分量。非理想情况下的电网电压可以分解为正序、负序和谐波分量。从两相静止坐标系列两相旋转坐标系变换称作两相静止，两相旋转变换，简称 2s/2r 变换，其中 s 表示静止，r 表示旋转使用坐标变换，可得 dq 坐标系下的电压为

$$\begin{bmatrix} E_d \\ E_q \end{bmatrix} = T_{2s/2r} \begin{bmatrix} E_\alpha \\ E_\beta \end{bmatrix} = \begin{bmatrix} E_d^+ \\ E_q^+ \end{bmatrix} + \begin{bmatrix} E_d^- \\ E_q^- \end{bmatrix} \tag{4-28}$$

$$T_{2s/2r} = \begin{bmatrix} \cos\theta & \sin\theta \\ -\sin\theta & \cos\theta \end{bmatrix}$$

式中　E_d^+、E_q^+ ——电压 E_d 和 E_q 的正序分量；

　　　E_d^-、E_q^- ——电压 E_d 和 E_q 的负序分量。

（二）比例积分–降阶谐振调节器

引入 PI-ROR 调节器的目的就是在正序同步旋转坐标系下对正序直流量与负序二倍频交流量的无静差进行控制，其传递函数为

$$G(s) = K_P + \frac{K_I}{s} + \frac{K_R}{s - j\omega} \tag{4-29}$$

$$R(s) = \frac{1}{s - j\omega} \tag{4-30}$$

式中　K_P、K_I 和 K_R ——PI-ROR 调节器的比例系数、积分系数和谐振系数；

　　　　ω ——谐振角频率。

　　PI-ROR 调节器实质就是在传统 PI 调节器的基础上加入一个 ROGI 环节，实现负序电流的控制，其原理图如图 4-55 所示。式（4-30）为 ROR 调节器的传递函数，ROR 调节器为一阶广义积分器，其有一个谐振角频率 ω。在不平衡电网电压条件下，ω 为–2 倍的电网电压角频率，对于基波频率为 50Hz 的电网，ROR 调节器谐振频率为 100Hz（角频率为 200π rad/s）。

　　图 4-56 为 ROR 调节器的波德图，可以看出，ROR 调节器对 100Hz 周围很窄频带范围对应的幅值增益远高于其他频率处的幅值增益。其实，当给定交流信号的角频率为 ω（即有 $s = j\omega$）时，由式（4-29）可知，此时 $R(s)$ 的幅值为无穷大，即可实现对交流输入信号的无静差调节。在实际电力系统中，电网频率的允许波动范围为 47.5～51.5Hz，因此，需采用准

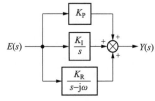

图 4-55　PI-ROR 调节器原理图

降阶谐振调节器增加其高增益频带范围。降阶准谐振（reduced order quasi-resonant，ROQR）调节器的传递函数为

$$R_Q(s) = \frac{\omega_c}{s - j\omega + \omega_c} \tag{4-31}$$

式中　ω_c——截止频率，通常取 5～15rad/s，取 15rad/s。

　　由式（4-30）、式（4-31）可以看出，$R_Q(s)$ 的高增益频带范围比 $R(s)$ 宽。因此，ROQR 调节器对实际电网频率变化具有更强的适应性。

　　PI-ROR 调节器中存在复数 j，为复数域调节器，利用 $\alpha\beta$ 轴变量关系 $x_\alpha = j x_\beta$ 可以实现复数 j，图 4-57 所示为 ROQR 调节器的实现方法。

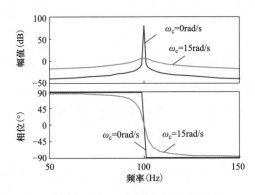

图 4-56　ROR 调节器的波德图

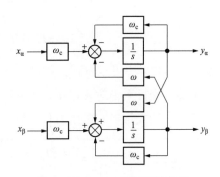

图 4-57　ROQR 调节器的实现

用数字控制器实现该调节器时，通常采用 Tustin 双线性变换将 s 域表达式进行离散化设计，有

$$s = \frac{2}{T_s} \frac{z-1}{z+1} \tag{4-32}$$

式中　T_s——数字控制器的采样周期。

（三）同步旋转坐标系下并网变流器的不平衡控制系统设计

根据并网变流器的拓扑结构，不考虑电网电压的零序分量，可以得到两相静止 $\alpha\beta$ 坐标系下并网变流器的矢量电压方程为

$$U_{\alpha\beta} = RI_{\alpha\beta} + L\frac{dI_{\alpha\beta}}{dt} + E_{\alpha\beta} \tag{4-33}$$

式中　R ——并网变流器中的电阻；

　　　L ——并网变流器中的电感。

并网变流器交流侧输出电压矢量 $U_{\alpha\beta} = U_{\alpha\beta}^p + U_{\alpha\beta}^n = u_\alpha + ju_\beta = (u_\alpha^p + u_\alpha^n) + j(u_\beta^p + u_\beta^n)$；并网变流器交流侧输出电流矢量 $I_{\alpha\beta} = I_{\alpha\beta}^p + I_{\alpha\beta}^n = i_\alpha + ji_\beta = (i_\alpha^p + i_\alpha^n) + j(i_\beta^p + i_\beta^n)$；电网电压矢量 $E_{\alpha\beta} = E_{\alpha\beta}^p + E_{\alpha\beta}^n = e_\alpha + je_\beta = (e_\alpha^p + e_\alpha^n) + j(e_\beta^p + e_\beta^n)$。$e_\alpha$、$u_\alpha$、$i_\alpha$ 分别为电网电压矢量、输出电压矢量、输出电流矢量在 α 轴上的分量；e_β、u_β、i_β 分别为电网电压矢量、输出电压矢量、输出电流矢量在 β 轴上的分量。

因此可得

$$E_{\alpha\beta} = E_{dq+}^p e^{j\omega t} + E_{dq-}^n e^{-j\omega t} \tag{4-34}$$

$$U_{\alpha\beta} = U_{dq+}^p e^{j\omega t} + U_{dq-}^n e^{-j\omega t} \tag{4-35}$$

$$I_{\alpha\beta} = I_{dq+}^p e^{j\omega t} + I_{dq-}^n e^{-j\omega t} \tag{4-36}$$

式中：$E_{dq+}^p = e_{d+}^p + je_{q+}^p$，$E_{dq-}^n = e_{d-}^n + je_{q-}^n$，$U_{dq+}^p = u_{d+}^p + ju_{q+}^p$，$U_{dq-}^n = u_{d-}^n + ju_{q-}^n$，$I_{dq+}^p = i_{d+}^p + ji_{q+}^p$，$I_{dq-}^n = i_{d-}^n + ji_{q-}^n$。

将式（4-34）~式（4-36）中的各电压和电流矢量代入电压矢量方程式（4-33）中，可以得到不平衡电网电压条件下的并网变流器在正、负序同步旋转坐标系下的电压矢量方程为

$$\begin{cases} U_{dq+}^p = RI_{dq+}^p + L\dfrac{dI_{dq+}^p}{dt} + j\omega LI_{dq+}^p + E_{dq+}^p \\[3mm] U_{dq-}^n = RI_{dq-}^n + L\dfrac{dI_{dq-}^n}{dt} + j\omega LI_{dq-}^n + E_{dq-}^n \end{cases} \tag{4-37}$$

从式（4-37）中可以发现，并网变流器在不平衡电网电压供电条件下，可分别在正、负序同步旋转坐标系中对各自正、负序分量实现独立控制。正序同步旋转坐标系中包括正、负序分量在内的矢量形式电压方程，则

$$U_{dq+} = RI_{dq+} + L\frac{dI_{dq+}}{dt} + j\omega LI_{dq+} + E_{dq+} \tag{4-38}$$

式中：电网电压矢量 $E_{dq+} = E_{dq+}^p + E_{dq+}^n = E_{dq+}^p + E_{dq-}^n e^{-j2\omega t}$；并网变流器交流侧输出电压矢量

$U_{dq+}=U_{dq+}^{p}+U_{dq+}^{n}=U_{dq+}^{p}+U_{dq-}^{n}e^{-j2\omega t}$；并网变流器交流侧输出电流矢量 $I_{dq+}=I_{dq+}^{p}+I_{dq+}^{n}=I_{dq+}^{p}+I_{dq-}^{n}e^{-j2\omega t}$。

在不进行正、负序电流分离的条件下，采用 PI-ROR 调节器设计的电流调节器控制方程为

$$U'_{dq+}=\left(K_{p}+\frac{K_{I}}{s}+\frac{K_{R}}{s-j\omega}\right)(I_{dq+}^{*}-I_{dq+}) \tag{4-39}$$

式中　I_{dq+}^{*}——并网电流器输出电流的指令值。

为了实现 dq 轴电流的解耦控制并提高电流控制的响应速度，加入解耦及前馈分量可得输出电压的方程为

$$U_{dq+}=U'_{dq+}+j\omega LI_{dq+}+E_{dq+} \tag{4-40}$$

将式（4-39）分解为正向同步速旋转坐标系中的 $d+$、$q+$ 分量形式，有

$$\begin{cases}U_{d+}=U'_{d+}-j\omega LI_{q+}+E_{d+}\\ U_{q+}=U'_{q+}+j\omega LI_{d+}+E_{q+}\end{cases} \tag{4-41}$$

$$\begin{cases}U'_{d+}=\left(K_{p}+\dfrac{K_{I}}{s}+\dfrac{K_{R}}{s-j\omega}\right)(I_{d+}^{*}-I_{d+})\\[3mm] U'_{q+}=\left(K_{p}+\dfrac{K_{I}}{s}+\dfrac{K_{R}}{s-j\omega}\right)(I_{q+}^{*}-I_{q+})\end{cases} \tag{4-42}$$

电网电压不平衡时，并网变流器交流侧并网电流以发电（逆变）为正方向，则并网瞬时复功率可表示为

$$s=p+jq=\frac{3}{2}EI^{*}=\frac{3}{2}(E_{dq+}^{p}e^{j\omega t}+E_{dq-}^{n}e^{-j\omega t})(I_{dq+}^{p}e^{j\omega t}+I_{dq-}^{n}e^{-j\omega t})^{*} \tag{4-43}$$

式中　I^{*}——I 的共轭复数。

将式（4-43）写成代数形式的瞬时有功及无功功率形式，有

$$\begin{cases}p=P_{0}+P_{c2}\cos(2\omega t)+P_{s2}\sin(2\omega t)\\ q=Q_{0}+Q_{c2}\cos(2\omega t)+Q_{s2}\sin(2\omega t)\end{cases} \tag{4-44}$$

$$\begin{cases}P_{0}=\dfrac{3}{2}(E_{d+}^{p}I_{d+}^{p}+E_{q+}^{p}I_{q+}^{p}+E_{d-}^{n}I_{d-}^{n}+E_{q-}^{n}I_{q-}^{n})\\[2mm] P_{c2}=\dfrac{3}{2}(E_{d-}^{n}I_{d+}^{p}+E_{q-}^{n}I_{q+}^{p}+E_{d+}^{p}I_{d-}^{n}+E_{q+}^{p}I_{q-}^{n})\\[2mm] P_{s2}=\dfrac{3}{2}(E_{q-}^{n}I_{d+}^{p}-E_{d-}^{n}I_{q+}^{p}-E_{q+}^{p}I_{d-}^{n}+E_{d+}^{p}I_{q-}^{n})\\[2mm] Q_{0}=\dfrac{3}{2}(E_{q+}^{p}I_{d+}^{p}-E_{d+}^{p}I_{q+}^{p}+E_{q-}^{n}I_{d-}^{n}-E_{d-}^{n}I_{q-}^{n})\\[2mm] Q_{c2}=\dfrac{3}{2}(E_{q-}^{n}I_{d+}^{p}-E_{d-}^{n}I_{q+}^{p}+E_{q+}^{p}I_{d-}^{n}-E_{d+}^{p}I_{q-}^{n})\\[2mm] Q_{s2}=\dfrac{3}{2}(-E_{d-}^{n}I_{d+}^{p}-E_{q-}^{n}I_{q+}^{p}+E_{d+}^{p}I_{d-}^{n}+E_{q+}^{p}I_{q-}^{n})\end{cases} \tag{4-45}$$

式中 P_0、Q_0 ——p、q 的平均值；

   P_{c2}、P_{s2} ——p 的 2 倍频波动分量幅值；

   Q_{c2}、Q_{s2} ——q 的 2 倍频波动分量幅值。

式（4-44）和式（4-45）表明，当电网电压不平衡时，并网变流器的瞬时有功功率和无功功率中均含有 2 倍频脉动。因此，需要通过合理的不平衡控制策略消除并网有功或者无功功率的二次脉动，使并网变流器可靠地运行。

为了方便计算并网变流器不同控制目标下的电流指令，采用通用电流指令计算方法得到 dq 轴正、负序电流指令值为

$$\begin{cases} I_d^{p*} = \dfrac{2}{3}\left(\dfrac{E_d^p P_0}{\left\| E^p \right\|^2 + k_{pq}\left\| E^n \right\|^2} + \dfrac{E_q^p Q_0}{\left\| E^p \right\|^2 - k_{pq}\left\| E^n \right\|^2} \right) \\[3ex] I_d^{p*} = \dfrac{2}{3}\left(\dfrac{E_d^p P_0}{\left\| E^p \right\|^2 + k_{pq}\left\| E^n \right\|^2} - \dfrac{E_q^p Q_0}{\left\| E^p \right\|^2 - k_{pq}\left\| E^n \right\|^2} \right) \\[3ex] I_d^{n*} = \dfrac{2}{3}\left(\dfrac{k_{pq}E_d^p P_0}{\left\| E^p \right\|^2 + k_{pq}\left\| E^n \right\|^2} - \dfrac{K_{pq}E_q^n Q_0}{\left\| E^p \right\|^2 - k_{pq}\left\| E^n \right\|^2} \right) \\[3ex] I_q^{n*} = \dfrac{2}{3}\left(\dfrac{K_{pq}E_q^n P_0}{\left\| E^p \right\|^2 + k_{pq}\left\| E^n \right\|^2} + \dfrac{K_{pq}E_d^n Q_0}{\left\| E^p \right\|^2 - k_{pq}\left\| E^n \right\|^2} \right) \end{cases} \tag{4-46}$$

式中：$\left\| E^p \right\|^2 = E_d^{p2} + E_q^{p2}$，$\left\| E^n \right\|^2 = E_d^{n2} + E_q^{n2}$，$-1 \leqslant k_{pq} \leqslant 1$。

结合式（4-46）正、负序电流指令计算及由式（4-44）和式（4-45）可以设计出不平衡电网电压条件下并网变流器基于 PI-ROR 调节器的矢量控制系统，如图 4-58 所示。

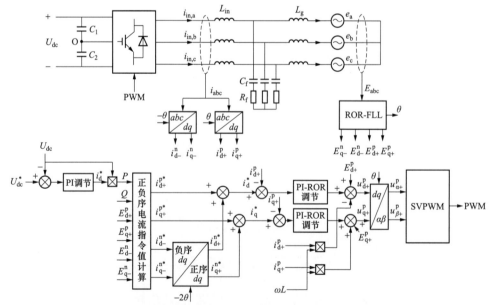

图 4-58   不平衡电网电压工况下并网变流器 PI-ROR 矢量控制系统

由于此控制系统是在正序同步旋转坐标系中实现的，因此需要将负序电流指令变换到正序同步旋转坐标系下（负序表现为二倍频脉动分量）与正序电流指令相加得到电流指令值；而电流反馈值只需按照传统的方法变换到正序同步旋转坐标系下。正序同步速旋转坐标系下的 PI-ROR 电流调节器也不需要进行电流的正、负序分离。因此，采用 PI-ROR 调节器的控制系统可以实现对负序电流的精确控制，而且保证了系统的动态响应。

（四）不平衡电网工况下并网控制策略仿真分析

在不平衡电网电压条件下通过对并网变流器正、负序电流分别进行控制可以实现不同的控制目标，常用的控制目标如下。

（1）恒定的网侧输出有功功率，即消除输出有功功率的 2 倍频脉动。

（2）恒定的网侧输出无功功率，即消除输出无功功率的 2 倍频脉动。

（3）平衡的并网电流，即并网电流不含负序分量。

在 MATLAB 搭建了 2.5MW 逆变并网仿真模型，0.5s 时电网 A 相电压跌落到原来的80%，BC 相保持不变。以下分别对三个控制目标做了仿真验证。

图 4-59 所示为控制目标 I 的有功功率、无功功率波形图，在 0.5s 时候电网电压跌落至原来的 80%，可见经过大概 0.1s 的调节时间，可以控制有功功率稳定。

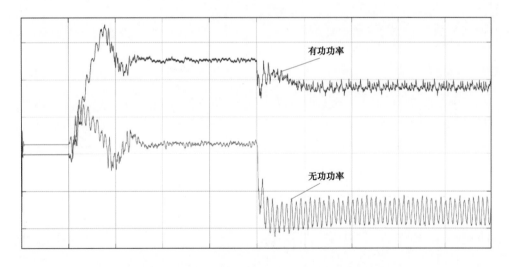

图 4-59 控制目标 I 的有功功率、无功功率波形图

图 4-60 所示为控制目标 II 的有功功率、无功功率波形图，在 0.5s 时候电网电压跌落至原来的 80%，可见经过大概 0.1s 的调节时间，可以控制有功功率稳定。

图 4-61、图 4-63 分别是控制目标 III 的有功功率、无功功率波形图，并网电流波形和并网电流 FFT 分析图，在 0.5s 时候电网电压跌落至原来的 80%，可见经过大概 0.1s 的调节时间，并网电流波形达到稳定，三相电流 THD 最大值为 3.81%，满足小于 5%的要求。

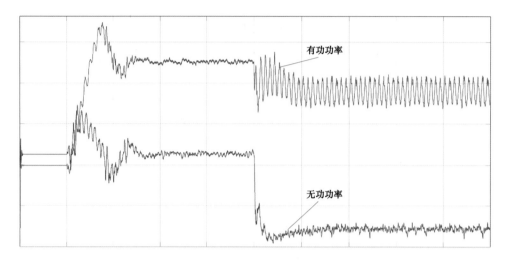

图 4-60　控制目标Ⅱ的有功功率、无功功率波形图

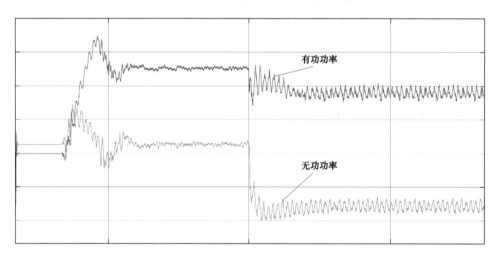

图 4-61　控制目标Ⅲ的有功功率、无功功率波形图

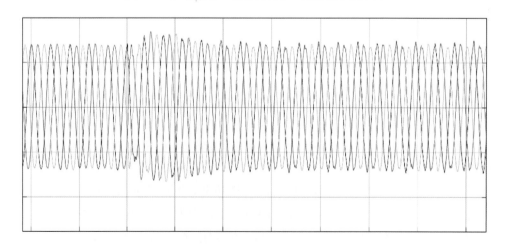

图 4-62　并网电流波形

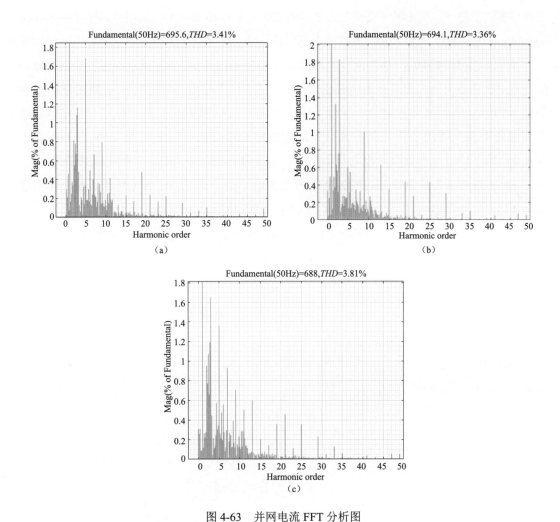

图 4-63　并网电流 FFT 分析图

（a）A 相电流 FFT 分析；（b）B 相电流 FFT 分析；（c）C 相电流 FFT 分析

二、谐波电网工况下并网控制策略研究

电网运行中谐波十分常见，通常滤波器可分为 L 型、LC 型、LCL 型。其中：

（1）L 型结构、控制简单，但是随着功率等级的增加会带来体积、质量增大的问题；

（2）LC 型在 L 型滤波器的基础上，加入滤波电容 C，增加对高频谐波的衰减作用，但由于变压器漏感及线路阻抗的存在，工程上很少有严格意义上的 LC 型滤波器；

（3）LCL 型可以降低电感量，对高频谐波衰减效果更好，能够提高系统动态性能，降低成本，但由于滤波器本身存在谐振频率，控制不好易出现系统振荡问题。

三相电压源型并网变流器交流侧采用 LCL 滤波器可有效地减小滤波器体积和容量，但易引起滤波器谐振问题。采用有源阻尼控制方法可以避免滤波器的谐振问题，在不额外增加传感器的前提下，给出基于带通滤波器的有源阻尼控制策略中的比例积分谐振（proportion integration resonant，PIR）控制器有源阻尼实现方式。

基于 LCL 滤波器的三相并网变流器主电路拓扑如图 4-64（a）所示，可以看出在滤波的过程中选择变流器电流或网侧电流反馈（为方便表达忽略电感寄生电阻）。对比分析 2 种电流反馈方式下系统的稳定性，得出采用变流器电流反馈更利于系统稳定，因此本节采用变流器电流反馈的电流控制方式。变流器侧电流反馈控制方法如图 4-64（b）所示，图 4-64（b）中 $G_c(s)$ 为电流误差调节器，这里采用 PI 控制器，k_{pwm} 为 PWM 比例增益，u_{inv} 和 u_{inv}^* 为增益前后变流器电压，i_1^* 为变流器电流给定值，u_{L1}、u_{L2} 为电感电压值。根据图 4-64（a），变流器电流开环传递函数（为方便表达忽略电感寄生电阻）为

$$G_{i_1}(s) = G_c(s)\frac{k_{pwm}(L_2Cs^2+1)}{L_1L_2Cs^3+(L_1+L_2)s} \tag{4-47}$$

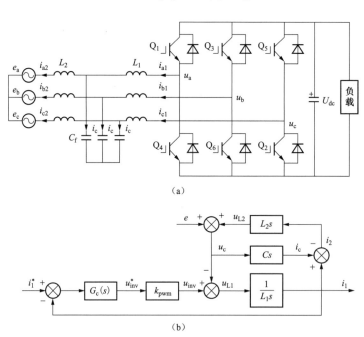

图 4-64　三相并网变流器主电路拓扑与变流器侧电流反馈控制方法

（a）三相并网变流器主电路拓扑；（b）变流器侧电流反馈控制方法

（一）PIR 调节器有源阻尼控制策略

传统双电流环控制是将电流分解到 dq 坐标系下分别进行控制，采用 PI 控制器可以实现对电流的无静差跟踪。然而当系统中含有较大的谐振峰电流时，谐振电流分解到 dq 坐标系下为正弦分量，比例积分控制无法实现对正弦误差的完全跟踪，导致变流器调制波内含有谐振次电压，使得系统不稳定。这里考虑加入谐振环节控制，构成 PIR 控制器，通过参数匹配实现对谐振电流的良好跟踪，进而抑制谐振峰值。考虑理想谐振控制器在谐振频率

处具有无穷大增益，会给系统的稳定性带来不利影响，需要加入截止频率增加其阻尼，得到准谐振下的 PIR 控制器的传递函数为

$$G_C(s) = G_{PIR}(s) = K_P + \frac{K_I}{s} + \frac{2K_R\omega_c s}{s^2 + 2\omega_c s + \omega_0^2} \qquad (4\text{-}48)$$

式中　K_P、K_I、K_R——比例、积分和谐振调节系数。

$\qquad\qquad \omega_0$——谐振角频率；

$\qquad\qquad \omega_c$——截止频率。

将式（4-48）代入式（4-47），得到此时系统开环传递函数为

$$G_{i_1}(s) = \frac{k_{pwm}(L_2Cs^2 + 1)(as^3 + bs^2 + cs + d)}{s^2[L_1L_2Cs^2 + (L_1 + L_2)](s^2 + 2\omega_c s + \omega_0^2)} \qquad (4\text{-}49)$$

式中：　$a = K_P; b = 2K_p\omega_c + K_I + 2K_R\omega_c; c = K_P\omega_0^2 + 2K_I\omega_c; d = K_I\omega_0^2$。

根据式（4-49），希望通过 PIR 参数的调节对开环传递函数配置出谐振次零点，抵消极点带来的无穷大增益，然后通过给定适当截止频率 ω_c，达到系统理想的阻尼系数。取 $K_P = K_R$，谐振调节器的谐振频率取 LCL 谐振点，则式（4-49）可化简为

$$G_{i_1}(s) = \frac{k_{pwm}(L_2Cs^2 + 1)(K_Ps + K_I)}{L_1L_2Cs^2(s^2 + 2\omega_c s + \omega_0^2)} \qquad (4\text{-}50)$$

令式（4-50）的分母多项式为零，由系统的特征方程得出 2 个开环极点为 $s_{1,2} = -\zeta\omega_0 \pm \omega_0\sqrt{\zeta^2 - 1}$，式中阻尼比 $\zeta = \omega_c / \omega_0$。可以根据系统要求的响应时间和超调情况综合考虑阻尼比系数，进而确定谐振环的截止频率。PIR 调节器作用是既对直流基波分量进行比例积分控制，又可对谐振电流引起的正弦误差信号进行响应。传统谐振控制器是对指定次数的谐振具有无穷大增益，当加入较大阻尼系数时，即对误差信号起到带通作用，谐振控制器即是带通滤波器。因此，PIR 控制器相当于在控制环节中加入带通滤波器，将带通所得信号引入调制波，这里需要注意谐振环节与比例积分环节的系数取反，才能起到零极点对消，达到抑制谐振峰作用。比较式（4-49）和式（4-50）可以发现，给定适当的阻尼比可以将两方程完全等效，即此种方法在谐振频率和控制器参数一定的条件下可以等效成前述的电压带通控制作用。

（二）谐波电网工况下并网控制策略仿真分析

仿真条件同前，在 dq 坐标系下采用 PIR 调节器有源阻尼控制策略，1s 时向电网中注入 5 次谐波进行仿真。

图 4-65 所示为电网电压波形图，图 4-66、图 4-67 分别为加入 PIR 调节器有源阻尼控制策略前、后的并网电流波形；图 4-68、图 4-69 分别是加入 PIR 调节器有源阻尼控制策略前、后的并网电流 FFT 分析。可见加入了 PIR 调节器有源阻尼控制策略，可以把并网电流 *THD* 从 7.8% 左右降到 3% 左右，满足了 *THD* 小于 5% 的要求。

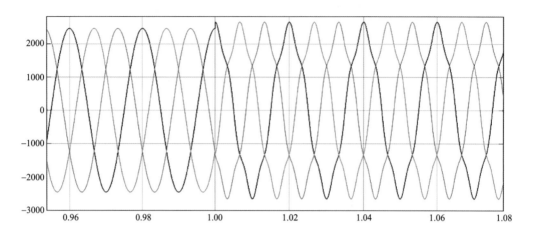

图 4-65　电网电压波形图

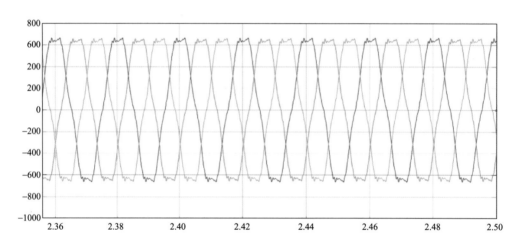

图 4-66　加入 PIR 调节器有源阻尼控制策略之前的并网电流波形

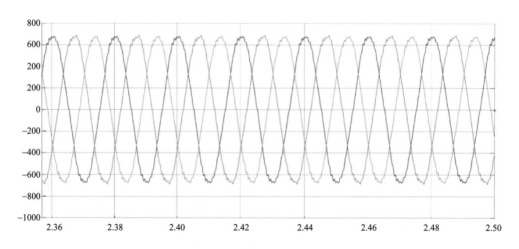

图 4-67　加入 PIR 调节器有源阻尼控制策略之后的并网电流波形

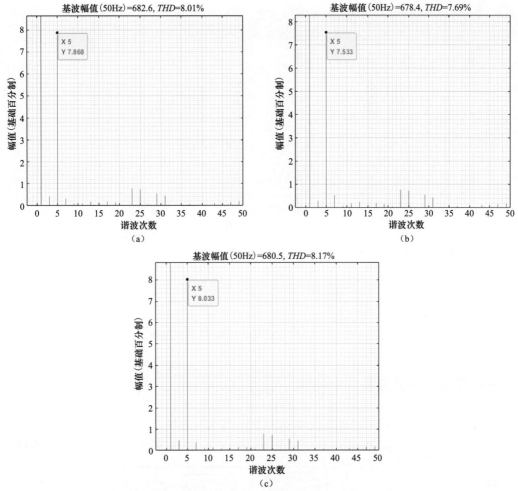

图 4-68　并网电流 FFT 分析（加入 PIR 调节器有源阻尼控制策略之前）
（a）A 相电流 FFT 分析；（b）B 相电流 FFT 分析；（c）C 相电流 FFT 分析

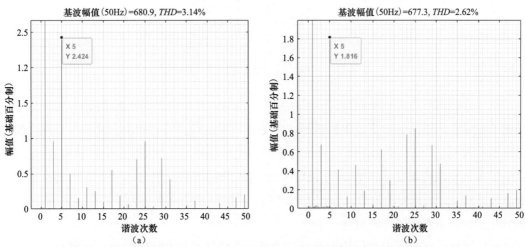

图 4-69　并网电流 FFT 分析（加入 PIR 调节器有源阻尼控制策略之后）（一）
（a）A 相电流 FFT 分析；（b）B 相电流 FFT 分析

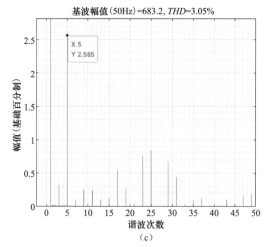

图 4-69　并网电流 FFT 分析（加入 PIR 调节器有源阻尼控制策略之后）（二）

（c）C 相电流 FFT 分析

第五节　三电平风力发电实验平台

一、实验平台原理及技术条件

三电平风力发电实验平台功率等级为 1kW，电压等级为三相交流 220V，包括三电平风力发电变流器、永磁同步电机对拖平台及拖动变频器等组成部分，原理图如图 4-70 所示。

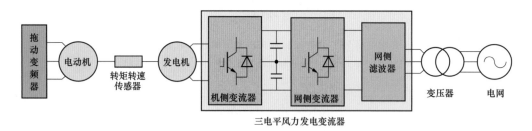

图 4-70　三电平风力发电实验平台原理图

两台永磁同步电机规格相同，额定功率为 1.5kW，额定电压为三相 220V，由一台拖动变频器完成电动机的驱动，发电机模拟实际的风力发电机，其三相输出经三电平风力发电变流器并入电网，两台电机之间有同轴的转矩转速传感器，用于实时显示转矩和转速数据。三电平风力发电变流器额定容量为 1kVA，由背靠背的机侧变流器和网侧变流器，以及网侧滤波器构成，两台变流器直流侧互连；网侧变流器额定输出电压为三相 220V，通过一个 380V/220V 三相变压器并入电网。

实际上拖动变频器也同样接入电网，这是一套能量互馈的实验平台，电网只需提供系统损耗的能量，更加节能；同时拖动变频器是一台能量回馈型四象限变流器，因此图 4-70

上的电动机同样可以工作在发电机工况，此时模拟风力发电机的电机工作于电动机状态，由机侧变流器拖动工作，方便灵活。

平台控制系统采用的数字信号处理（digital signal processing，DSP）、dSPACE，是基于 Matlab/Simulink 仿真系统开发的软硬件工作平台，具有实时性强、可靠性高、扩充性好等优点。利用 dSPACE 的快速控制原型方式建立实时控制系统，能够很方便验证和改进核心控制算法。

二、电机对拖平台器件选型

永磁同步电机根据技术条件要求选取两台电机型号相同的永磁同步电机，额定功率为 1.5kW，额定转速为 1500r/min。拖动变频器根据技术条件要求选取能量回馈型变频器，电网额定电压为 400V，额定输出电流为 10A，额定功率为 4kW，裕量比较大。转矩转速传感器选取的拥有 24 位 AD 采集芯片，采集速度为 40 次/s 或 550 次/s，测量性能符合要求。

三、三电平风力发电变流器设计选型

（一）IGBT 选型

根据技术条件，网侧和机侧变流器可以选择相同的 IGBT 模块，主要技术参数如表 4-6 所示。

表 4-6 　　　　　　　　　　　　IGBT 技 术 参 数

器件	中性点位 600V	
IGBT	最高温度：150℃	电流：33A
Diode	最高温度：175℃	电流：31A

（二）网侧 LCL 滤波器的滤波电容参数设计

采用 LCL 型滤波器，假设三相平衡，则只对单相分析即可，其余两相可以类推，由此得到单相 LCL 滤波器模型。

图 4-71 中，e_x 表示各相网压，u_x 表示逆变器交流侧输出相电压，i_x 为逆变器侧相电流，i_{gx} 为网侧相电流，i_{fx} 为电容支路相电流，x=a，b，c，L_g 为网侧电感，L 为桥臂侧电感，C_f 为滤波电容，电流参考方向如图 4-71 所示。

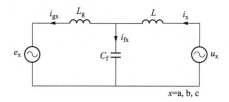

图 4-71　LCL 滤波电路单相等效电路

滤波电容的参数设计（用系统吸收的无功成分最多占有功成分的 10% 计算可得）为

$$C_{\mathrm{f}} \leqslant \frac{10\% P_{\mathrm{n}}}{2\pi f_0 E_{\mathrm{n}}^2} \tag{4-51}$$

式中　P_{n}——逆变器额定功率；

　　　f_0——电网频率；

　　　E_{n}——逆变器交流额定电压。

（三）变流器侧电感和网侧电感参数设计

网侧电感 L_{g} 越大，则滤波效果越好，但是过大的 L_{g} 将产生过于昂贵的电感成本，为了不使滤波器的谐振峰出现在低频或高频段，且满足 $10f_0 < f_{\mathrm{res}} < 1/2f_{\mathrm{sw}}$。网侧漏感 L_{g} 使用小容量，变压器漏感取值为 3.1mH。

对于高频谐波电流来说，网侧电感呈现高阻抗，使得谐波电流大部分流经低阻抗的电容支路，网侧电流谐波只占逆变器侧电流谐波的一部分。若认为网压不含谐波成分，则对于谐波来说，网侧电压源可视为短路，因此可写出网侧电流 $i_{\mathrm{g}}(h)$ 与逆变器侧电流 $i(h)$ 之间的关系式为

$$i_{\mathrm{g}}(h) = i(h) / (1 - \omega^2 L_{\mathrm{g}} C_{\mathrm{f}}) \tag{4-52}$$

若设计方案要求 $|i_{\mathrm{g}}(h)| = a|i(h)|$，$0 < a < 1$，则有

$$1 / \left| 1 - \omega^2 L_{\mathrm{g}} C_{\mathrm{f}} \right| = \alpha \tag{4-53}$$

可见，在选定 C_{f} 之后，代入相应的角频率和比例系数，即可算出网侧电感 L_{g}。由于电流谐波主要集中在开关频率 f_{sw} 附近，因此只需将 $\omega = 2\pi f_{\mathrm{sw}}$ 代入计算，对于开关频率以上的谐波则均可以满足式（4-54），即

$$1 / \left| 1 - \omega^2 L_{\mathrm{g}} C_{\mathrm{f}} \right| < \alpha \tag{4-54}$$

根据工程经验，两个电感要协调配合，网侧和桥臂侧电感通常在 1:2～1:4 之间，因此，根据网侧电感来选择变流器侧电感 L 参数。

（四）中间直流电容设计

对于三电平变流器，中间直流电容的设计不仅仅需要考虑传统两电平变流器需要考虑的因素，还需要考虑中点电流造成的中点电压偏移问题。电容容量设计不足，可能造成 IGBT 的过压损坏，输出电流质量的下降，严重时甚至可能使运行失控。

中间直流电容的设计要求如下：稳态情况下，允许直流电压波动小于 $0.02U_{\mathrm{dc}}$；动态情况下，输出突加 50% 负载时，一个开关周期内，允许波动小于 $0.05U_{\mathrm{dc}}$；纹波电流满足要求。中间直流电流电容电路图如图 4-72 所示。

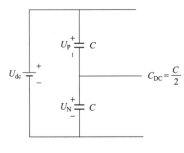

图 4-72　中间直流电容电路图

（1）考虑中间直流电压最高为 410V，电容串联，每个承受一半耐压，取电容电压为 300V。

（2）在动态情况下，变流器突加负载时，中间直流电压要能满足动态响应性能的要求。当变流器突加 50%负载时，在一个开关周期中间直流电压最大波动小于 1%，则由式（4-55）得出电容容值，即

$$\left[\frac{1}{2}C_{dc}\times U_{dc}^2 - \frac{1}{2}C_{dc}\times U_{dc}^2(1-\varepsilon)^2\right] \geqslant 50\% \times P_n \times \frac{1}{f_{sw}} \tag{4-55}$$

式中　C_{dc}——直流电容；

$\quad\quad U_{dc}$——直流电压；

$\quad\quad \varepsilon$——纹波电压百分比；

$\quad\quad P_n$——逆变器额定功率；

$\quad\quad f_{sw}$——开关频率。

（3）在稳态情况下，若允许中间直流电压波动，则

$$C_{DC} \geqslant \frac{I_{rms}}{\Delta u_{dc}\times 2\times \pi \times f_{sw}} \tag{4-56}$$

式中　I_{rms}——流过电容的纹波电流，取 55%的额定电流；

$\quad\quad \Delta u_{dc}$——直流电压纹波波动。

四、试验验证

搭建永磁同步电机对拖平台，包括两台相同的 1.5kW 永磁同步电机，一台为电动机，另一台为发电机。由一台变频器完成电动机的驱动，发电机用于模拟实际的风力发电机，发电机三相输出经三电平风电变流器，通过一台 220V/380V 三相变压器并入电网。

试验平台在指令发生阶跃时，系统经 10ms 就可达到稳定；过载试验中在 110%额定功率下能够正常工作；且中点电位不平衡度为 0.11%，满足中点电位不平衡度小于 2%的技术要求。测试结果表明样机技术指标满足要求。

第六节　结论与建议

针对海上风电用中压风电变流器在高压大功率、低开关频率、非理想电网工况下的控制技术，阐述了适应中压大功率工况的低开关频率下调制策略、低开关频率下三电平变流器中点电位平衡控制技术、不平衡及谐波电网工况下并网控制策略，以及三电平风力发电实验平台，同时研制搭建了一台 220V/1kW 三电平风电变流器样机及实验平台，完成了技术指标测试，测试结果表明样机技术指标满足要求。

（1）适应中压大功率工况的 SHEPWM 和 DPWM 策略，可在低开关频率下实现高效率、高输出电能质量。

（2）SHEPWM 和 DPWM 动态切换控制策略，在维持开关频率基本不变的前提下，实

现了中点电位的快速调节和稳定控制。

（3）基于比例积分降阶谐振调节器及有源阻尼控制的综合协调控制策略，实现了网压异常工况下变流器的可靠运行。

海上风电用中压风电变流器关键控制技术是我国大功率中压风电变流器国产化重要研发领域。在国家能源结构调整的重要转折点上，随着海上风电项目建设加快，运行可靠及输出并网电能质量的中压变流器在促进沿海地区治理大气雾霾、调整能源结构和转变经济发展方式上具有重要意义，同时将有力促进国家能源结构转型升级，为我国实现"碳达峰、碳中和"目标做出积极贡献。

第五章

海底电缆弯曲限制器

第一节 简 述

  海底电缆作为海上电力传输的通道，确保海底电缆在运行过程中的稳定性十分重要。海底电缆在安装过程中会受到破坏，比如弯曲、拉伸、挤压，使表皮发生断裂，在运行中也会承受各种力的作用，产生响应，使得海底电缆发生无规律的往复运动，导致海底电缆顶端与平台连接处疲劳损伤。因此，在海底电缆的外部加装保护装置十分必要，可以加强海底电缆强度，避免海底电缆产生过度弯曲，同时提升海底电缆的散热性能，以降低老化速度。

  海底电缆弯曲限制器是海上风电项目中海底电缆铺设的重要附件，如图 5-1 所示，防止海底电缆过度弯曲及海底岩石等对海底电缆形成冲击，对海底电缆起到保护作用，大大降低海底电缆故障率，提高海上风电运行的稳定性。

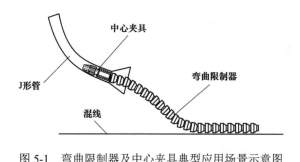

图 5-1　弯曲限制器及中心夹具典型应用场景示意图

一、国内外现状

  国外弯曲限制器的发展已有很多年，技术相对成熟。国外各大海洋油气开发工程公司也都拥有很多弯曲限制器产品的设计与制造经验。其中，BOE（balmoral offshore engineering）公司是最早研发海底电缆弯曲限制器的公司，如今该公司已经积累了非常丰富的海底电缆弯曲限制器设计与制造的经验，其在弯曲限制器方面的研发成果代表了全世界最先进的水平。与此同时，Trelleborg Offshore 公司在浮筒、弯曲限制器等海底电缆附属构件方面的研发水平也非常高。Trelleborg Offshore 公司主要是能够提供海洋工程中针对保护海底电缆线型用附属构件的最优设计方案，其产品也广泛应用于世界范围内的海洋工程领域。First Subsea 公司主要致力于海底电缆连接装备的研发与制造，其在海底电缆及其附属构件安装工程领域的水平十分突出。目前，Trelleborg Offshore 公司与 First Subsea 公司联合生产并安装了世界上最大的弯曲限制器，该弯曲限制器总质量高达 8t，长度达 12m。英国作为海洋风电技术十分发达的国家，也拥有许多在海底电缆弯曲限制器领域发展水平较高的公司。例如 Pipeline Engineering 公司以及 Subsea Energy Solutions 公司都致力于提供海洋风电工程中海底电缆及其弯曲限制器的解决方案。这些公司的产品具备不同的特点，同时拥有较多的发明专利。

国内弯曲限制器的发展相对滞后，以前主要依靠国外进口来满足国内海洋工程需要，随着近几年海上风电产业蓬勃发展，弯曲限制器的需求量急剧增加，为了降低成本，各需求企业在国内寻找替代产品，涌现了一批国内同类产品。

二、关键技术

海底电缆弯曲限制器主要是由不锈钢和弹性聚氨酯等材质制作而成的耐腐蚀、抗弯曲海底电缆保护装置，根据海底电缆外形尺寸及运行中受力情况，开展弯曲限制器力学设计，建立弯曲限制器设计模型；给出弯曲限制器产品加工工艺、热处理工艺。通过 J 形管中心夹具的设计、加工制造、加工变形量的控制，开展产品型式试验配套工装、夹具的开发与试验，通过型式试验研究材料对成品设计参数的影响。

弯曲限制器设计使用寿命一般为 25 年，且常年在恶劣的海况下遭受海浪的冲击、海水的浸泡、遭受海水的腐蚀，强度越来越差，从而在设计使用寿命的后期产生腐蚀、破坏。通过对设计结构的不断验算和模拟海况的反复实验对弯曲限制器的耐久性进行验证。

第二节 弯曲限制器

一、弯曲限制器设计要求

多年来，由于海上石油勘探技术的发展，海底电缆弯曲限制器作为既能动态应用又能静态应用的弯曲限制器，得到了国际上学者的关注。1969 年，Deruntz 应用细长梁理论，首次提出了海底电缆与弯曲限制器组合的设计分析方法，假设海底电缆初始为直线并且是线弹性结构，应用该分析方法得到较实用解析值。Boef and Out 采用上述假设的理论分析方法，首次采用大变形这一条件对海缆弯曲限制器进行了设计，为了验证该方法设计得到的解的准确性，还应用有限元软件对所设计的产品进行了分析。

由于海底电缆弯曲限制器装备应用于风电场海底电缆的保护，领域相对较窄，以及其结构形式相对简单，一直未能引起国内外学者的重视。目前，T.L.O'Regan 等人提出了弯曲限制器的设计方法，并应用有限元分析软件，给出了弯曲限制器的有限元模型。但是，随着弯曲限制器在海洋工程领域的应用越发广泛，针对其设计与制造技术的研究逐渐成为海洋油气工程装备研发领域的重点。因此，有必要对弯曲限制器设计方法与制造技术进行研究。

弯曲限制器功能要求主要包括：

（1）材料采用高性抗冲击的材料，具有优异的抗变形能力、抗腐蚀能力和高耐磨特性，材料抗拉强度不小于 40MPa。

（2）产品磨耗要求：旋转辊筒式体积磨耗不大于 520mm^3，或阿克隆体积磨耗不大于 60mm^3。

（3）材料密度不大于 $1.2×10^3kg/m^3$，要求在水下对海底电缆无附加重量。

（4）针对刚度失效，海底电缆在安装及在位服役过程中的最小弯曲半径不小于海底电缆许用的最小弯曲半径，一般情况下，取海底电缆许用最小弯曲半径的 1.5 倍作为组合结构的极限弯曲半径。因此，弯曲限制器设计时既要保证海底电缆在安装、工作过程中不会因过度弯曲而发生损坏；又要保证弯曲限制器自身在安装和工作过程中不发生损坏。此外，弯曲限制器工作环境还受海洋环境及其他自然环境影响，海洋环境主要包含海水深度、温度、酸碱度、潮汐情况、风流量大小等；其他自然环境主要指空气温度和紫外线照射强度等。在设计弯曲限制器时，应充分考虑其工作环境对弯曲限制器使用寿命的影响，如耐腐蚀性能、抗氧化能力等。

二、弯曲限制器设计

根据弯曲限制器工作环境要求，弯曲保护装置应结构简单，安装方便，操作易行，因此为便于安装及后期的更换维护，将弯曲限制器设计成"哈夫"模式，即采用两个对称的半环结构，从海底电缆两侧配合套住海底电缆。由于弯曲限制器的主要作用是阻止海底电缆因过度弯曲导致失效，在海底电缆工作承受弯曲时，弯曲限制器将和海底电缆共同承受弯曲作用力，类比人类的脊椎结构，互相连接、环环紧扣，支撑起头部和人体躯干。因此将弯曲限制器设计成由若干能锁合的限弯节构成。综上分析，弯曲限制器采用模块化结构，通过模块相互咬合，形成链状，弯曲限制器模块采用对半"哈夫"式结构，通过螺栓对合。

弯曲限制器由若干限弯节锁合构成，每个限弯节由两个半圆筒形的弯曲限制模块组成，在弯曲限制器模块内有一用于海底电缆穿过的通孔，在通孔前端的模块外侧有一连接凸台，在海底电缆通孔后侧的模块内壁上设有一与连接凸盘对应的连接凹槽，并在模块后端形成一个带锥度的倾斜面，其特征为在连接凸台的外端的两侧面设为倾斜面，两侧面的倾斜角 $α$ 为 3°～6°，在内凸扣环的内表面设有一向外倾斜的倾斜面，内表面的倾斜角度与连接凸盘的外端的两侧面的倾斜角度相同。

弯曲限制器的外力与弯曲曲率关系如图 5-2 所示，在海底电缆刚刚开始承受外部载荷时（OA 段），由于载荷较小，弯曲限制器的相邻两个限弯节由于海底电缆发生弯曲变形，发生相对旋转但并未锁合,这时外部载荷由海底电缆自身承受;当外部载荷增大到一定值时,相邻限弯节继续旋转直至锁合,弯曲限制器与海底电缆变成一个刚性结构,外部载荷由刚性结构承受(AB 段),这时海底电缆的弯曲半径等于弯曲限制器的锁合弯曲半径。当外部载荷继续增加时,弯曲限制器对海底电缆的弯曲变形趋势实行强制限制作用,虽然海底电缆的弯曲曲率仍会变大,但由于弯曲限制器的强制限制作用,海底电缆的实际弯曲半径不会超过其极限弯曲半径,此时,外部载荷仍由刚性体共同承受。

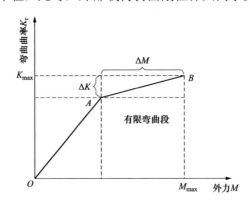

图 5-2 弯曲限制器的外力与弯曲曲率关系图

M_{max}—最大外力载荷;K_{max}—弯曲限制器受到外力时,最大弯曲曲率;ΔK—弯曲限制器在刚性承载过程中,

弯曲曲率的增加值;ΔM—弯曲限制器在刚性承载过程中,外力的增加值

三、弯曲限制器力学指标分析

根据 J 形管的布置情况以及海底电缆最小弯曲半径限制,可得到弯曲限制器锁合半径的上下限,因此弯曲限制器锁合半径应在该区间内取值。弯曲限制器的组合弯曲刚度需要在对桩基附近的海缆进行线型设计的过程中,反复迭代确定。

海底电缆安装和在位过程中的波浪是主要环境载荷之一,波浪具有明显的随机性,因此随机波浪理论更能真实地描述波浪。但在实际研究和工程应用中,多采用确定性波浪理论。通过对各种波浪理论的研究,给出了不同波浪理论的适用范围,如表 5-1 所示。

表 5-1 不同水深适用的波浪理论

区域划分	相对水深 d/L	适用波浪理论
深水区	$d/L \geqslant 0.5$	线性波理论、Stokes 波理论
过渡区	$0.05 \leqslant d/L \leqslant 0.5$	几乎所有波浪理论
浅水区	$d/L < 0.05$	几乎所有波浪理论
极浅水区	$d/L \ll 0.05$	椭圆余弦波理论、孤立波理论

注 表中 d 为水深,L 为波长。

浅水风电的相对水深为 0.125,对应过渡区,按照《海洋工程波浪力学》理论,当 d/L

≥0.1 时，Airy 线性波浪理论适用，因此选用 Airy 线性波浪理论。

在保证海底电缆轴向残余载荷的情况下，弯曲限制器自由段长度取最小值，调整弯曲限制器刚度及锁合半径，迭代计算后，当弯曲限制器的 3 个主要参数取表 5-2 中的值时，在海底电缆残余轴向张力范围内，海底电缆的曲率极值都满足许用要求，由此确定弯曲限制器的弯曲刚度、锁合半径以及自由段长度。

表 5-2 限弯能力指标及对应的海底电缆曲率极值

锁合半径 （m）	弯曲刚度 （kN·m²）	弯曲限制器长度 （m）	海缆曲率极值 （m⁻¹）	海缆许用曲率 （m⁻¹）
4	80	>4.5	0.303	0.308

根据各工况下海底电缆曲率极值点处的弯矩和剪力，由于弯曲限制器弯曲刚度及剪切刚度均远大于海缆，所以可将这两个载荷等效视为弯曲限制器的强度指标。弯曲限制器强度指标见表 5-3。

表 5-3 弯曲限制器强度指标

弯矩（kN·m）	剪力（kN）
7.3	2

根据以上的载荷分析和失效模式的讨论，可以推导出弯曲限制器的设计指标，主要包括以下几个方面。

1. 最小弯曲半径

针对刚度失效，要求应用弯曲限制器后，海底电缆在安装及在位服役过程中的最小弯曲半径 ρ_s 不小于海缆许用的最小弯曲半径 ρ，一般情况下，取海底电缆许用最小弯曲半径的 1.5 倍作为组合结构的极限弯曲半径，即

$$\rho_s = 1.5[\rho] \tag{5-1}$$

2. 强度

在海缆承受最大载荷时，弯曲限制器不能发生强度破坏。为保证弯曲限制器不发生强度破坏，在承受最大弯曲载荷时，弯曲限制器结构中产生的最大应力不应超过材料的许用应力，即

$$\sigma_{max} \leqslant [\sigma] \tag{5-2}$$

对于金属材料，$[\sigma]$ 即为金属材料的强度。弯曲限制器内部众多连接结构不能发生松动、脱落。

3. 寿命

在结构设计以及材料选择过程中，要确保弯曲限制器使用寿命达到设计要求，一般为 25 年。

四、结构设计

1. 整体结构设计

弯曲限制器的锁合半径可根据海缆的许用最小弯曲半径确定。根据式（5-1）和图 5-2 可以得到，弯曲限制器的锁合半径要大于海底电缆许用最小弯曲半径的 1.5 倍。一般情况下，弯曲限制器的锁合半径可按式（5-3）计算，即

$$\rho_r = k[\rho] \tag{5-3}$$

式中　ρ_r——弯曲限制器的锁合半径；

　　　　k——安全系数，k 的值自主设定，一般要求 $k \geqslant 1.5$。

　　　　后期通过刚度校核，来修正假设值 k。

对于弯曲限制器的等效壁厚可以用简化结构进行设计分析，如图 5-3 所示。

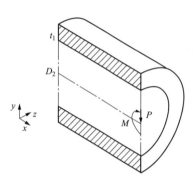

图 5-3　弯曲限制器简化结构模型

将弯曲限制器简化为一个套在海底电缆外面的圆筒状结构。其中，t_1 是弯曲限制器的等效壁厚；D_2 是弯曲限制器的内径，一般与海底电缆的外径相等，但要留有一定的余量。将弯曲限制器材料假设成为各向同性且不存在非线性的材料，根据材料力学公式，则

$$\sigma = E\varepsilon \tag{5-4}$$
$$M = EI\kappa \tag{5-5}$$
$$\kappa = \frac{1}{\rho} \tag{5-6}$$

式中　σ——应力，N/mm²；

　　　　E——弹性模量，MPa；

　　　　ε——应变；

　　　　M——最大弯矩，N·mm；

　　　　I——横截面惯性矩，mm⁴；

　　　　κ——曲率，mm⁻¹；

　　　　ρ——曲率半径，mm。

海缆和弯曲限制器的组合弯曲刚度为

$$EI = EI_{\text{pipe}} + EI_{\text{restrictor}} \tag{5-7}$$

式中　EI_{pipe}——海缆的弯曲刚度；

　　　　$EI_{\text{restrictor}}$——弯曲限制器的弯曲刚度。

在外力作用下，弯曲限制器与海缆组合系统的实际本构方程为

$$\Delta\rho = \frac{\Delta M}{EI_{\text{pipe}} + EI_{\text{restrictor}}} \tag{5-8}$$

$$\Delta M = M_{\max} - M_{A} \tag{5-9}$$

$$\Delta \rho = \rho_{r} - \rho_{s\max} \tag{5-10}$$

$$\rho_{s\max} = [\rho] \tag{5-11}$$

式中　$M_{\max}$——海缆所受到的最大弯矩；

　　　M_{A}——弯曲限制器刚发生锁合时弯曲限制器与海缆组合系统受到的弯矩；

　　　ΔM——海缆弯曲限制器为阻止海缆弯曲所受到的最大弯矩；

　　　$\Delta \rho$——弯曲限制器的弯曲曲率。

弯曲限制器的横截面惯性矩可简化为

$$I_{\text{restrictor}} = \frac{\pi}{64}(D_{\text{restrictor}}^{4} - d_{\text{restrictor}}^{4}) \tag{5-12}$$

$$D_{\text{restrictor}} = D_{2} + 2t_{1} \tag{5-13}$$

$$d_{\text{restrictor}} = D_{2} \tag{5-14}$$

式中　$I_{\text{restrictor}}$——简化的弯曲限制器横截面惯性矩；

　　　$D_{\text{restrictor}}$——简化的弯曲限制器外径；

　　　$d_{\text{restrictor}}$——简化的弯曲限制器内径；

　　　t_{1}——弯曲限制器的等效壁厚。

联立方程式（5-8）～式（5-14），即可求得弯曲限制器的等效壁厚。

2. 弯曲限制器子结构设计

弯曲限制器子结构的结构形式如图 5-4 所示。可将其分为踵状段、圆筒段和外罩段 3 个部分。

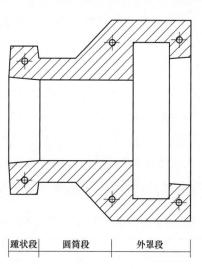

图 5-4　弯曲限制器子结构的结构形式

在弯曲限制器的设计过程中，除了要考虑相邻两节子结构之间的几何适配性，还要考虑子结构的承载能力。弯曲限制器相邻两个子结构在外部荷载的作用下会发生相对旋转直

127

至锁合，其锁合状态如图 5-5 所示。

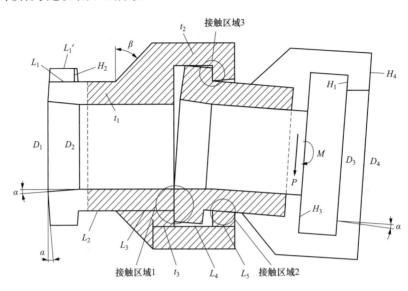

图 5-5　弯曲限制器相邻子结构及设计参数

H_1—槽外单边高度；H_2—凸台单边高度；H_3—槽内单边高度；H_4—端部单边高度；L_1—凸台根部厚度；

L_1'—凸台顶部厚度；L_2—子结构颈根部长度；L_3—过渡区长度；L_4—配合槽宽度；L_5—槽钩厚度；

D_1—孔口直径；D_2—公称内径；D_3—配合槽直径；D_4—子结构外径；t_1—子结构颈根部厚度；

t_2—配合槽厚度；t_3—厚实区长度；α—弯曲角度；β—子结构斜坡外圆角度

　　图 5-5 给出了弯曲限制器子结构的接触区域和需要设计的几何参数。为了保证弯曲限制器的限弯功能，这些参数之间是存在一定几何关系的。首先是要确定几个自主设计变量。弯曲限制器的自主设计变量包括图 5-5 中所示的 α、β、H_2、D_2、T_2 以及 H_1、D_3、L_5 的设计余量 Δ_1、Δ_2、Δ_3 的设计余量。弯曲限制器圆筒段的壁厚根据弯曲限制器总体设计中的等效壁厚 t_1 进行设计。由于弯曲限制器子结构中的圆筒段壁厚是决定弯曲限制器弯曲刚度的最主要指标，所以，一般将弯曲限制器子结构圆筒段的壁厚取为弯曲限制器总体的等效壁厚。这种设计结果虽然偏于保守，但可以保证弯曲限制器的限弯效果和安全运行。通过以上的自主设计变量以及弯曲限制器圆筒段的壁厚，可以根据弯曲限制器各参数之间的几何关系确定其余的设计变量。具体的几何关系可参考表 5-4 中的公式进行计算。

表 5-4　　　　　　　　　弯曲限制器各几何参数之间的几何关系

几何参数	计算公式
α	$\alpha = 2\arctan\dfrac{L_2 + L_3}{2R}$
D_1	$D_1 = D_2 + 2L_1\tan\alpha$
L_1'	$L_1' = L_1 - 2H_2\tan\alpha$

几何参数	计算公式
H_1	$H_1 = \dfrac{H_2}{\cos\alpha} + L_1 \sin\alpha + \Delta_1$
D_3	$D_3 = \dfrac{D_2 + 2t_1}{\cos\alpha} + \Delta_2$
H_3	$H_3 = \dfrac{D_3 - D_2}{2} + H_1$
L_4	$L_4 = \sin\alpha \sqrt{\left(D_2 + t_1 + H_2 + \dfrac{D_1 - D_2}{2}\right)^2 + \left(\dfrac{D_1 - D_2}{2}\dfrac{\cot\alpha}{\cos\alpha}\right)^2} + \dfrac{D_1 - D_2}{2}\cot\alpha - H_2\sin\alpha$
L_5	$L_5 = L_2 + L_1 - L_4 - \Delta_3$
H_4	$H_4 = H_1 + t_2 - L_5 \tan\alpha$
D_4	$D_4 = 2L_5 \tan\alpha + D_3$
t_3	$t_3 = L_2 - \left(\dfrac{D_3 - D_2 + 2H_1}{2} + t_2\right)\sin\beta$

五、材料选择

弯曲限制器可以根据其所用材料以及具体的应用环境分为金属弯曲限制器和聚合物弯曲限制器。对于金属弯曲限制器而言，需要对其进行严格的防腐蚀保护。一般情况下，金属弯曲限制器的每一节都要通过支撑法兰与适配器上的防腐蚀保护系统相连接，同时，还要保证适配器上的防腐系统有足够的防腐蚀能力，以满足弯曲限制器每一节的防腐要求。如果金属弯曲限制器不能够与适配器上的防腐蚀保护系统相连接，则需要在弯曲限制器每一节以及支撑法兰上安装特殊的阳极防腐蚀保护系统。然而，对于聚合物弯曲限制器来说，由于无法将其与防腐蚀系统相连接，其选用的材料应具有足够的防腐蚀能力。对于聚合物弯曲限制器的连接件，一般情况下也是由金属材料制成，因此需要对其进行防腐蚀处理。对于弯曲限制器材料的选择，一般是根据海底电缆在服役过程中其外护套的温度以及弯曲限制器应用处的海水温度而决定。其中，海底电缆外护套的温度是一个重要的参数。如果外护套的温度较高，聚合物弯曲限制器由于长时间暴露在高温环境下，其材料可能会发生降解。对于高温环境下作业的弯曲限制器，一般选择金属材料或者能够抵抗高温的聚合物材料。

由于聚合物弯曲限制器材料的良好性能，其在海洋工程领域的应用要比金属弯曲限制器的应用更为广泛，下面重点介绍聚合物弯曲限制器的设计与制造技术。

聚合物弯曲限制器是由聚氨酯材料制成，这种聚氨材料应该表现出很强的塑性，这种塑性性能可以使弯曲限制器具有很强的承载能力，保证其在外部荷载作用下，变形很小。一般对海底电缆聚合物弯曲限制器所用材料的力学性能要求如表 5-5 所示。与金属弯曲限制器相比，聚合物弯曲限制器不仅不需要进行防腐蚀保护，同时由于聚氨酯材料的密度比金属材

海上风电工程集成技术

料的小得多，使得其总体质量比金属弯曲限制器也小很多。一般情况下，聚合物弯曲限制器所用的聚氨酯材料，在低温环境下其强度较大，相反在高温环境下其强度会有所降低。对于海洋环境而言，海水温度一般要比室温低，因此，聚合物弯曲限制器适用于海洋环境。

表 5-5 聚合物弯曲限制器所用材料的力学性能要求

力学性能	性能要求
抗拉强度	45MPa
弹性模量	1400MPa
断裂伸长率	12%～20%
硬度	邵氏 82D
密度	1200kg/m³

除了以上对聚合物弯曲限制器材料提出的力学性能要求外，还需要确保其具有低吸水率、抗水解、耐降解、耐高温、抗蠕变等性能，弯曲限制器材料在装卸作业过程中能够抵抗一定的外部荷载，所用材料的弹性模量不会随温度的变化而减小。

聚氨酯弹性体按照其成型工艺可分为混炼型聚氨酯弹性体（MPU）、热塑性聚氨酯弹性体（TPU）以及浇注型聚氨酯弹性体（CPU）三大类。MPU 的性能与 TPU 和 CPU 相比较，其硬度调节范围并不是很大。同时，其产量也远远小于 TPU 和 CPU。目前，MPU 在世界范围内聚氨酯弹性体中所占的比例较小，由于加工过程复杂、成本较高、成品的物理化学性能较差等原因，MPU 发展缓慢而逐渐被其他替代品淘汰。TPU 具有高模量、高强度、高伸长率、耐磨、可以回收再利用等优良特性，其制成的最终产品一般不需要进行硫化交联反应，同时，TPU 可以制成纯度要求很高的制品，适合于生产体积小、数量大的制品，但对于大型制品，使用 TPU 作为原料会存在成型困难、模具价格高等不足之处。TPU 还存在制品耐热性和压缩永久变形较差的问题。CPU 和 TPU 一样，都具有高模量、高强度、高伸长率、耐磨、耐老化、可回收等优良特性，有些成品的物理化学性能甚至要更优于 TPU。CPU 的应用领域广泛，比如一些聚氨酯涂料及胶黏剂、PU 革、PU 纤维、PU 泡沫塑料、PU 灌封材料及 PU 水乳胶等，而且其加工方法灵活方便，因此它是发展最为迅速的一种聚氨酯弹性体。如今，CPU 已经在全世界逐渐成为交通运输业、国防工业、重工业以及轻工业中不可缺少的高分子材料。三种聚氨酯弹性体各有所长，表 5-6 总结了上述三种弹性体应用和性能的对比情况。

表 5-6 三类聚氨酯弹性体对比

材料	成型工艺	弹性模量	强度	弹性	模具	成本	应用
MPU	混炼、模压等	低	低	高	复杂	较高	薄膜制品
TPU	压延、挤出、注塑、吹塑等	高	高	高	复杂	高	小型制品
CPU	浇注	高	高	高	简单	低	大型制品

130

由于聚合物弯曲限制器属于大体积产品，在考虑成本、材料性能以及加工难度等因素后，将浇注型聚氨酯弹性体（CPU）作为原材料。表 5-7 所示为常见浇注型聚氨酯材料性能参数。

表 5-7 聚 氨 酯 性 能 参 数

种类	硬度	100%模量（MPa）	300%模量（MPa）	拉伸强度（MPa）	断裂伸长（%）	撕裂强度（Die C，kN/m）	压缩变形（%）	回弹率（%）	阿克隆体积磨耗（mm³）
TDI/聚酯多元醇	80A	4.3	7.9	48.9	900	84	32	41	49
	85A	4.5	8.1	55	665	80	32	40	47
	90A	7.1	12.8	53.3	800	102.7	31	38	40
	95A	11.8	20.2	52.6	650	128.7	31	38	40
TDI/聚四氢呋喃	80A	5	8	23.2	740	58.5	25	62	48
	90A	7.9	13.9	34.5	560	66.5	22	59	55
	95A	12.7	24.5	40.5	540	89.3	22	47	50
	60D	20.7	41.6	49	340	125	34	37	56
TDI/聚碳酸酯多元醇	95A	12	37	42	340	87	28	40	55
TDI/聚己内酯多元醇	80A	4.6	8.6	46.9	720	73.9	17	57	17
	90A	7.8	15.2	45	585	94	19	45	25
	95A	12.4	26.2	41.4	625	119	21	47	28
MDI/聚四氢呋喃	85A	6	12	32	540	85	21	70	40
	90A	7	14	35	500	90	19	64	37
	50D	16	25	40	400	120	21	50	42
TDI/聚醚多元醇	75A	4.45	6.82	13.4	805	40.5	33	56	112
	80A	4.59	7.24	20.4	770	54.3	31	49	107
	90A	8.2	12.6	28	650	59.7	30	46	98
	95A	9.4	15.9	27.6	520	86	39	41	80
MDI/聚四氢呋喃	70A	—	—	15	400	50	28	55	100
	70D	—	—	36	250	165	38	32	120
	65A	—	—	10	410	33	18	80	98
	95A	—	—	25	320	82	22	55	32
MDI/聚碳酸酯多元醇	95A	—	—	54	300	102	38	31	60
HYPERLAST 7850348	66A			4	720				
HYPERLAST 101 系列	60A～95A	1.8～10.3	3.6～17	14.5～30	450～470	—	—	—	45～85
HYPERLAST LU0371	56D	16	27	32	390	—			50
HYPERLAST LU0373	48D	12.5	21.8	30	350	—			50
HYPERLAST 7983170	83D	—	—	50	12				60

续表

种类	硬度	100%模量（MPa）	300%模量（MPa）	拉伸强度（MPa）	断裂伸长（%）	撕裂强度（Die C, kN/m）	压缩变形（%）	回弹率（%）	阿克隆体积磨耗（mm³）
HYPERLAST LU1404	95A	13	—	17	200	—	—	—	110
HYPERLAST LU1048	85A	6.8	—	20	380	—	—	—	—
DIPRANE 80/81	85A	6.8	—	20	380	—	—	—	—

通过对国内和国外现有聚氨酯材料性能参数的比较，采用 HYPERLAST 7983170 聚氨酯材料具备优异的强度性能和抗老化性能，耐磨性强、耐海水腐蚀、耐臭氧、耐紫外线、抗变形。

六、结构仿真分析

由于海底电缆弯曲限制器结构形式相对复杂，所以通过海底电缆弯曲限制器的有限元模型进行分析。由弯曲限制器受力状态的分析可知，弯曲限制器整体是一个一端固定，另一端受到剪力和弯矩作用的设备，其危险截面在其与连接装置相连接的位置。对于弯曲限制器可以对其末端相邻两节的子结构进行有限元建模分析，以此获得其在受力状态下的限弯半径及应力分布状态。

由于海底电缆的刚度相比弯曲限制器整体的等效刚度小得多，所以仅对弯曲限制器的子结构建立几何模型。海缆弯曲限制器是轴对称结构，可以将弯曲限制器简化一半进行建模和分析。

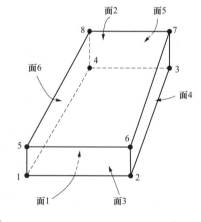

图 5-6　C3D8R 单元的几何形状

1. 弯曲限制器的材料属性和单元选择

弯曲限制器是由聚氨酯弹性体制备而成，这种材料具有各向同性的性质。大多数的聚氨酯弹性体具有很强的非线性性质，但对于制成弯曲限制器所用的弹性体材料，其非线性性质表现得并不明显，因此，可将材料的弹性模量设置为聚氨酯弹性体材料的线性弹性模量，设置材料的泊松比为 0.3。基于上述条件，可将弯曲限制器模型中的单元选择为实体单元"C3D8R"，该单元是三维八节点单元，其中"C"表示实体单元，"3D"表示"三维"，"8"是这个单元所具有的节点数目，"R"指这个单元是"缩减积分单元"。C3D8R 单元的几何形状如图 5-6 所示。

弯曲限制器在受力状态下，其相邻两个子结构之间存在接触和摩擦，因此可将各个接触面之间设置为法向硬接触，切向摩擦系数设为 0.2。

2. 弯曲限制器的约束和加载

对于弯曲限制器有限元模型，其约束主要施加在两个位置：一是在模型的最右侧的端面上施加约束，该约束限制了该面上所有的自由度；二是在弯曲限制器结构的对称面上施加对称约束，该约束限制了弯曲限制器子结构沿 Z 轴方向的位移及其绕 X 轴的转动。

由于在弯曲限制器子结构的有限元模型中，弯矩是其主要的受力模式，所以，可以将模型所受外力转化为等效弯矩。对于在该模型上的加载，是将模型的左侧端面与参考点耦合，再在参考点上施加等效弯矩。

3. 仿真结果分析

将弯曲限制器的设计结果代入有限元模型中，并将直角坐标切换为柱坐标进行计算分析，可以得到弯曲限制器的最大径向位移为 412mm，根据材料力学公式与弯曲限制器的几何关系，可得该组合结构整体的等效弯曲刚度为 2742kN·m^2，该结果要大于设计阶段用弯曲限制器等效壁厚计算出来的弯曲刚度，说明弯曲限制器在锁合之后因外力影响而发生的进一步变形程度很小；其锁合半径的变化量很小，可以满足弯曲限制器的最小弯曲半径要求。

对弯曲限制器有限元模型的应力状态进行分析，弯曲限制器模型在弯矩作用下的最大等效（Mises）应力为 56.91MPa，其发生在弯曲限制器圆筒段与踵状段的拐角处以及外罩段锁扣槽处。将最大 Mises 应力与弯曲限制器所用的聚氨酯弹性体材料的抗拉强度相比，得到其值未超过材料许用应力，说明了针对海底电缆设计的弯曲限制器满足强度要求。

七、弯曲限制器制造工艺

（一）浇注设备

预聚体和扩链剂的混合方式可分为手工和机械两种。在批量较小时，多采用手工、间歇式混合，所用容器根据预聚体数量选择，混合时必须根据预聚体、扩链剂的品种，活性基团含量及温度，考虑反应放热的激烈程度、釜中寿命以及制品所需要的数量等因素，酌情确定预聚体的加入量。这是因为预聚体和扩链剂反应为放热反应，在它们混合时会放出大量的热，加速反应时系统黏度急剧上升，原料数量越多，反应热越激烈，黏度上升越快，物料上升越困难。因此，在使用手工混合数量较大的预聚体和扩链剂时，常会出现混合胶料倒不出来的现象，有时虽然勉强倒入模腔，但因物料局部过热，也会对制品性能及其均一性造成一定影响。

因此，对大量的浇注聚氨酯生产均采用机械连续混合方式，进行预聚体和扩链剂的连续混合、连续浇注操作，典型的机械混合设备是浇注机。

浇注型弹性体制品具有承载能力大，抗撕裂强度高，耐磨、耐油和硬度可调节范围广的特点。根据不同的原材料和工艺条件，设计制造适于聚氨酯弹性体的生产设备。弹性体浇注机可用于甲苯二异氰酸酯（TDI）、二苯基甲烷二异氰酸酯（MDI）等预聚体的胺交联或醇交联体系的浇注型聚氨酯弹性体（CPU）制品生产，与人工浇注相比，浇注机浇注质量稳定，生成效率高。

浇注机中的反应釜主要用于聚酯（聚醚）多元醇脱水和预聚体聚合、脱泡，它是聚氨酯橡胶生成的重要设备之一。反应釜结构一般采用不锈钢内胆，附加热夹套及外包聚氨酯硬泡绝热层的三层结构反应釜，附有搅拌、电加热油循环及控温系统，真空缓冲罐及真空泵系统。反应釜上有进料、出料、观察、测温及真空、安全放空及抽真空等工艺管孔，其容积由要求的产量而定。

（二）模具的设计

模具的加工是制作聚氨酯弹性体另一较重要的部分，直接关系着产品尺寸是否合格。模具是由钢材、铝制作的，为了延长模具的寿命，最好使用渗碳钢，也可用固体聚氨酯、硅橡胶、聚酯或环氧树脂、玻璃纤维增强塑料等来制作模具。用钢材、铝和渗碳钢加工模具，通常在两块平行的模板之间开设若干 0.1mm 的气眼，以利于气泡及时排出。

所有类型的聚氨酯弹性体脱模后均会产生某些收缩现象，其标准收缩率范围是 0.9%～2.0%，特别是对那些精密机械的弹性体，设计模具时应准确地计算出制品的收缩余量。通过对浇注后实物几何尺寸的测量和对比，得出弯曲限制器实际的收缩率，在制作模具时应对此加以考虑。为了有效地消除收缩率给产品尺寸所带来的影响，需要对模具长度方向和直径方向的所有尺寸进行相应的调整。

（三）浇注工艺

聚氨酯弹性体又称聚氨酯橡胶，是一类在分子链中含有较多的氨基甲酸酯特性基团的弹性聚合物材料。它们通常由多异氰酸酯和低聚物多元醇以及多元醇或芳香族儿二胺等制备。聚氨酯弹性体是弹性体中比较特殊的一大类，其原材料品种繁多，配方各种各样，可调范围很大。聚氨酯弹性体硬度范围很宽，低至邵尔 A10 以下的低模量橡胶，高至邵尔 D85 的高抗冲击橡胶弹性材料。聚氨酯弹性体的性能范围很宽，是介于从橡胶到塑料的一类高分子材料。

聚氨酯弹性体用的原料主要有三大类，即低聚物多元醇、多异氰酸酯和扩链剂（交联剂）。除此之外，有时为了提高反应速度，改善加工性能及制品性能，还需加入某些配合剂。

聚氨酯弹性体反应过程包括多元醇与二异氰酸酯反应，制成低分子量的预聚体；经扩链反应，生成高分子量聚合物；然后添加适当的交联剂，生成聚氨酯弹性体。聚氨酯弹性体生产流程如图 5-7 所示。

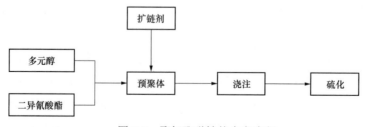

图 5-7　聚氨酯弹性体生产流程

聚酯多元醇简称聚酯，是聚氨酯弹性体最重要的原料之一。它是由二元羧酸和多元醇缩聚而成，最常用的二元羧酸是己二酸，最常用的多元醇有乙二醇、丙二醇、丁二醇、二乙二醇。多异氰酸酯品种也很多，但产量最大的只有两种，即二苯基甲烷二异氰酸酯 MDI 及其聚合物多苯基多亚甲基多异氰酸酯（PAPI）和甲苯二异氰酸酯 TDI。

1. 浇注工艺流程

聚氨酯弹性体的制造一般采用两种工艺路线：二步法（预聚法）和一步法。浇注型弹性体多采用二步法（预聚法），少部分采用一步法（如低模量产物）。

浇注型聚氨酯弹性体 CPU 是聚氨酯弹性体中应用最广、产量最大的一种；进行浇注和灌注成型，可灌成各种复杂模具的制品。制作较大的聚氨酯制品时，单纯用多异氰酸酯和聚合物多元醇一步法反应，要放出大量的热，使制品内部受热老化，同时分解放出低分子物，使制品内部形成泡沫，制品变成废品。因此，大件浇注型聚氨酯制品不能用一步法进行生产。由预聚体预聚法合成聚氨酯浇注胶制品，生产过程中操作平稳，没有过热现象。下面介绍二步法（预聚法）合成工艺。

将聚合物二元醇和二异氰酸酯制成预聚体放在一起；然后添加扩链剂（DMTDA），放在一起充分混合，经真空脱泡后注入模具固化；最后硫化产生聚氨酯弹性体的产品，详见图5-8。

（1）将聚酯在130℃下减压脱水，将脱水的聚酯原料（60℃时）加入盛有配合量 TDI-100 反应容器内，在充分搅拌的情况下合成预聚体。合成反应是放热的，应注意控制反应温度在75～82℃范围内，反应2h即可。

（2）将合成的预聚体置于75℃真空干燥箱内，并且抽真空脱气2h后备用。

（3）将预聚体加热到100℃，并抽真空（真空度为−0.095MPa）脱气泡，称取聚氨酯硫化剂（MOCA）。

（4）用电炉加热到 115℃熔化，模具涂上适宜的脱模剂预热（100℃），脱气后的预聚体和熔化后的 MOCA 混合，混合温度为100℃，并搅拌均匀。

（5）将搅拌均匀后的混合物再次抽真空脱气泡，将搅拌均匀脱完气泡的混合物，快速浇注到已经预热的模具中，当混合物不流动或不粘手（凝胶状）时，合上模具，置于硫化机中进行模压硫化（硫化温度为120～130℃，大而厚的弹性体硫化时间在60min以上，小而薄的弹性体硫化时间在20min）。

（6）后硫化处理，将模压硫化后的制品放在90～95℃（特殊情况下可在100℃）烘箱内继续硫化10h，然后在室温放置7～10天完成熟化，最后制成成品。

2. 浇注过程控制要点

（1）温度控制。合成预聚体时，温度控制在75～82℃之间，高了会使合成的预聚物性能下降，低了会延长聚合时间。与 MOCA 混合时的预聚体温度控制在90～110℃之间，高了会降低产品硬度和强度，低了会增大聚合物的黏度，不利于浇注操作。硫化温度控制在

130℃，高了会使 MOCA 分解，不利于交联反应，同时会增加其他副反应；低了会延长模压成型时间。MOCA 的熔化温度，控制在刚融化为液体即可，不能继续加热，否则液体 MOCA 的颜色变深、分解，影响制品性能。

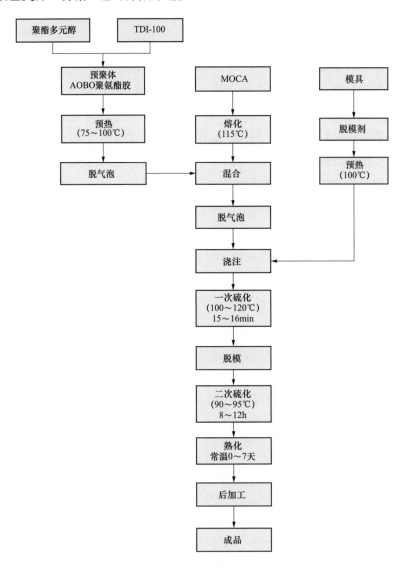

图 5-8　聚氨酯加工的工艺流程图

（2）时间控制。合成反应 2h，间歇式抽真空 2h 即可。然后密封后置于常温下保存，预聚体合成在 75℃下不能超过 4h，更不能在高温 100℃下超过 2h，否则会降低产品的性能。浇注要在 1～2min 内完成，因为预聚体和 MOCA 混合后稳定期很短，一般只有 4～5min，否则混合物凝固就无法进行浇注。模压硫化时间针对产品的形状和大小而定，一般在 15～30min 之间，要保证制品模压成型。遇到大件产品，时间要更长，需要 2～3h。

（3）预聚体的脱气。脱气的好坏是浇注聚氨酯弹性体制造成败的关键。一般需要控制

2 个环节，预聚体合成后在静置时，75℃真空脱气，将预聚体中大部分气体除去；预聚体与 MOCA 混合之前，需要加热到 100~110℃，高温脱气；同时抽真空（−0.095MPa）脱气 10min，而后取出搅拌一下将底部气泡翻到上边，再抽真空脱气 10min，将预聚体中的气体排干净，才能与硫化剂混合浇注产品。

3. 浇注试剂

聚氨酯弹性体制备中所需的扩链剂和交联剂都有一定的要求，特别要求含水量低于 0.1%，若达不到该指标都要进行处理。一般使用的二元胺类扩链剂都是芳香族的，最常用的是 MOCA。在 MOCA 的结构中氨基邻位苯环上的氯原子取代基，使氨基电子云密度增加，降低了氨基与异氰酸酯的反应速率，从而延长了釜中寿命，这对于浇注聚氨酯弹性体制品是极其重要的。加工浇注制品时，通常将 MOCA 的用量控制在理论用量的 90%上下，其目的就是要使加工的制品具有相当的交联密度，以改善制品的压缩永久变形和耐溶胀等性能。

助剂是橡胶工业的重要原料，用量虽小，作用却很大，聚氨酯弹性体从合成到加工应用都离不开助剂。聚氨酯弹性体助剂种类很多，可根据制品的不同要求适量加入。

（1）脱模剂。聚氨酯是强极性高分子材料，它与金属和极性高分子材料的黏结力很强，不用脱模剂，制品很难从模具中脱出，为了让聚氨酯材料与模具之间产生较好的隔膜效果，通常采用的脱模剂有液体石蜡、真空泵油、凡士林等。

（2）着色剂。着色剂有有机染料和无机颜料，有机染料大部分用于热塑性聚氨酯制品中，装饰美化注射件和挤出件。弹性体制品的着色一般有两种方式：第一种方法是将颜料等助剂和低聚物多元醇研磨成色浆母液，然后将适量的色浆母液与低聚物多元醇搅拌混合均匀，再经加热真空脱水后与异氰酸酯组分反应生产制品，如热塑性聚氨酯色粒料和彩色铺装材；第二种方法是将颜料等助剂和低聚物多元醇或增塑剂等研磨成色浆或色膏，经加热真空脱水，封装备用。使用时，将少许色浆加入预聚物中，搅拌均匀后再与扩链交联剂反应浇注成制品。第二种方法主要用于 MOCA 硫化体系，色浆中颜料含量占 10%~30%，制品中色浆的添加量一般在 0.1%以下。

第三节　J形管中心夹具

一、J形管中心夹具设计要求

国内外企业海底电缆保护的种类繁多，材料的采用也不尽相同，但不同的材料都应满足整体结构的力学强度、防腐蚀性能、抗疲劳性能，在满足性能的同时还应保证对环境无害。根据风电机组基础、海底地质条件、施工技术等衍生出 3 种主流形式：第一种是 J 形喇叭口形式，带有密封圈的中心夹具后段衔接弯曲限制器，适用于多桩和导管架基础；第二种是无转弯形式的 I 形喇叭口，该喇叭口导管长度可根据风电机组基础决定，主要应用在导管架、多桩、浮式基础，这种结构的海底电缆保护主要由 I 形固定装置、加强筋、弯曲限制器组成；第三种主要由加强筋、固定装置、弯曲限制器组成，该结构适用于单桩基础。

对照 J 形管中心夹具实际使用工况要求，J 形管中心夹具设计应满足以下要求：

（1）海底电缆弯曲保护系统应配置与 J 形管配合的附属装置，便于海底电缆进入风电机组基础 J 形管，同时保证在运行期内 J 形管内壁与海底电缆不能发生摩擦。若采用金属材质，应不低于 316L 型不锈钢的耐腐蚀级别；若采用非金属材质，其性能不得低于海底电缆弯曲保护装置性能指标。

（2）如果海底电缆弯曲保护系统与 J 形管配合的附属装置采用紧固夹具，其与电缆间的抗拉脱力不得小于 35kN。

（3）允许采用模块式海底电缆保护装置，但要求模块间连接需采用高性能、耐腐蚀、抗疲劳性能的材料，其强度不低于 316L 型不锈钢的强度。

（4）所有连接、紧固等永久留存的辅助装置，其产品使用寿命也不得低于 25 年。

二、J 形管中心夹具的结构设计

中心夹具是实现海底电缆在 J 形管内中心定位，防止海底电缆在外力的作用下管内海底电缆的摆动，从而减少与管壁长期摩擦碰撞造成的疲劳损伤。夹具内表面衬弹性高分子垫以提高夹具与海底电缆的摩擦系数和紧合度，建议两者的抗拉脱力不小于 35kN。经实验测试，海底电缆保护系统所受的最大应力点位于 J 形管的中心夹具处，在海上风电场水深 9.8～27.8m、浪高 4.1～15.1m、浪的持续时间 7.0～14.2s 以及洋流速度在 1.14～1.60m/s 条件下，对海底电缆保护系统的最大剪切应力为 15.61kN，轴向最大应力为 11.58kN，最大弯曲应力为 12.35kN。由于聚氨酯材料长时间受应力的蠕变效应，使得许应抗拉强度取名义的 45%，因此，中心夹具的抗脱拉强度应大于 35kN。J 形管中心夹具主要功能是抱紧海底电缆、不滑移，为了保证夹具在受到 35kN 的拉力时仍能抱紧海底电缆、不滑移，J 形管中心夹具采用非整圆的外形结构设计形式，这样夹具体就能与海底电缆充分过盈配合，从而能够保证设计要求的夹紧力。J 形管中心夹具夹紧原理是采用两片哈夫式半圆形的无缝管通过螺栓锁紧海底电缆，在锁紧时中心夹具的最小内径要小于海底电缆外径，从而能有效地防止夹具体与海底电缆之间发生滑移的现象。J 形管中心夹具结构可参考图 5-9。其外形类似针筒，也是采用哈夫连接结构。主要分为导向头、密封装置、过渡段和夹具体。

J 形管中心夹具整体采用哈夫式结构，这样既能用对卡的形式抱紧电缆，也能让 J 形管中心夹具便于安装和拆卸维修；锥形头部结构设计，便于进入 J 形管尾部的喇叭口；海底电缆弯曲保护装备应配置与 J 形管配合的附属装置，便于海底电缆进入风电机组基础 J 形管，同时保证在运行期内 J 形管内壁与海底电缆不能发生摩擦。如采用金属材质，应不低于 316L 型不锈钢的耐腐蚀级别；若采用非金属材质，其性能不得低于海底电缆弯曲保护装置性能指标。

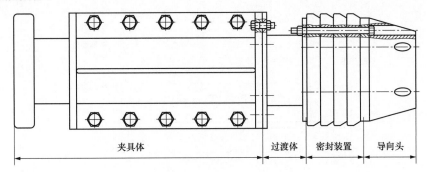

图 5-9 J 管中心夹具结构

J 形管中心夹具由导向头、密封装置、夹具体、端部夹具体组成。导向头、密封装置、过渡体、夹具体依次连接而成，海底电缆 J 形管中心夹具装置沿中心线设置有电缆通孔，中间过渡体、端部夹具体上的电缆通孔采用非整圆设计，其有效直径小于海底电缆的直径，导向头、密封装置的电缆通孔的直径大于海底电缆的直径。通过上述方式，能夹紧海底电缆，在一定加载的情况下与海底电缆保持相对静止状态，同时使海底电缆处于 J 形管中间位置，避免海底电缆在 J 形管内摆动，与管壁摩擦，从而损坏海底电缆。

右端导向头的内径比相配合的海底电缆的直径要大，属于大间隙配合，主要起导向作用，同时有利于安装时伸入 J 形管的喇叭口内。密封圈与喇叭口为过渡配合，起到密封作用，同时还可以防止海生物进入喇叭口内部。左端为夹具体部分，其有效内径比海底电缆直径要小，从而有利于海底电缆的锁紧，不会打滑。

J 形管中心夹具牵引装置的表面设置有防锈、防腐涂层，为了让 J 形管中心夹具在夹紧海底电缆的情况下不损坏海底电缆，夹具体的内表面覆盖了一层软性的聚氨酯材料。这样不仅可以起到保护海底电缆的作用，也可以更好地起到防腐蚀的作用。

1. 夹具体结构设计

夹具体与海底电缆之间采用过盈配合的类型，为了保证 J 形管中心夹具适应一定范围内的海底电缆直径，因此夹具体采用两个非半圆结构，使其有效直径小于海底电缆的直径，通过一定的锁紧螺栓的夹紧力可以实现。例如，当海底电缆直径为 113.5mm 时，主夹具体采用无缝钢管对半切割，并去掉一部分，使装配时形成非整圆。采用的无缝钢管内径为 120mm，壁厚为 10mm，材质为 2205 双向不锈钢，为了确保夹具体部分与海底电缆弯曲限制器和过渡体部分的装配，需要在夹具体后端焊接上配合件。夹具体结构简图如图 5-10 所示。

2. 过渡体结构设计

过渡体主要作用是连接夹具体和密封装置。其与海底电缆采用间隙配合的类型，其一侧与夹具体通过螺栓螺母连接，由于夹具体与海底电缆夹紧时，其中间法兰盘的圆孔位置在一定范围内变动，所以过渡体部分这一侧的法兰盘上面安装螺栓的连接孔应设计成圆弧形。过渡体整体采用半哈夫结构设计，工作时与海底电缆之间存在间隙，不直接锁紧海底电缆。过渡体的结构简图如图 5-11 所示，其主要由变径法兰、前端法兰和过渡套 3 部分通过焊接组成。

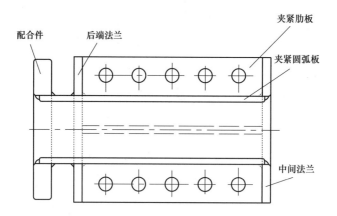

图 5-10　夹具体结构简图

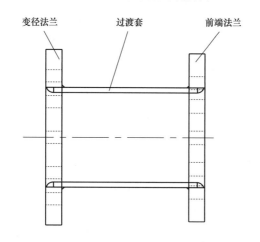

图 5-11　过渡体的结构简图

3. 密封装置结构设计

密封圈是中心夹具最重要的配套零件，一般采用锥形或 D 形的结构设计，材料采用微弹性高分子材料。美国石油局 API 手册（API SPECIFICATION 17L1）中心夹具上使用 4 层密封圈，且密封圈的外径比喇叭口的内径大 2~4mm，保证夹具与 J 形管之间的弹性接触，并达到密封的防腐效果；同时能阻止海底生物进入及附着在 J 形管上。密封圈应保证喇叭口内外保持一定的压力差，并且所使用的材料在应力作用下不容易产生蠕变。材料还需保证低吸水率，不产生水解，保证在海底下低的老化性能，在热胀和冷缩过程中保持良好的密封性能。根据文献资料，选用丁基橡胶材料，利用材料的弹性塑性变形能力，使密封圈贴紧喇叭口。

4. 导向头结构设计

导向头在 J 形管中心夹具安装时主要起导向作用，与海底电缆间采用大间隙配合。导向头也是对称式的哈夫结构，在装配时要设有径向连接螺栓孔；导向头也与密封装置和过渡体连接，因此还设有轴向连接螺栓孔。考虑导向头的加工工艺复杂，采用海底电缆弯曲限制器的聚氨酯材料制造。导向导的结构简图如图 5-12 所示。

导向头、密封装置、过渡体和夹具体全部通过螺栓连接，主体夹具体部位与海底电缆的夹紧也是通过螺栓进行连接锁紧。

三、夹紧力载荷分析

当海缆直径为 ϕ113.5mm 时，J 形管中心夹具的设计简图如图 5-13 所示，夹具体的设计内径应小于 ϕ113.5mm，采用非整圆设计，两个半哈夫结构的夹具体用不锈钢螺栓连接，端部夹具体与中间夹具体同时也用螺栓连接。

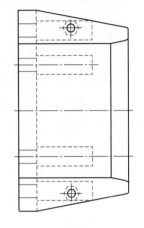

图 5-12　导向头的结构简图

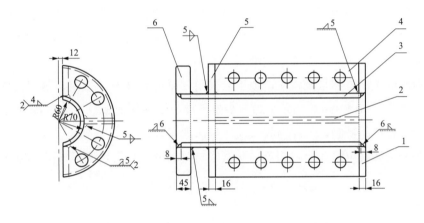

图 5-13　J 形管中心夹具的设计简图

1—前端法兰；2—加强肋板；3—夹紧圆弧板；4—带孔肋板；5—后端法兰；6—连接凸台

如海底电缆弯曲保护系统与 J 形管配合的附属装置采用紧固夹具，其与电缆间的抗拉脱力不得小于 35kN，抗拉逃脱力主要是靠静摩擦力提供支持的。夹具设计时，夹具一周采用 10 个 M20 的螺栓紧固锁紧，现在对其进行受力校验。M20×2.5 的螺纹，其螺纹小径值为 17.29mm，计算可得单个螺栓的最小截面积约为 235mm²。J 形管中心夹具的主体夹持部分主要采用的是 316L 材料，对照 GB/T 1220—2007《不锈钢棒》，316L（00Cr17Ni14Mo2）材料的规定非比例延伸强度（屈服强度）为 175N/mm²，计算可得单个螺栓的最小承载力为 41kN。整圆周采用 10 个 M20 的螺栓紧固锁紧时，所能承受的最大应力为 410kN。查《机械零件手册》：金属与硬橡胶的静摩擦系数为 0.1，那么设计的最大应力所能产生的最大静摩擦力为 41kN，静态摩擦力大于设计要求的 35kN 抗拉脱力。综上所述，所选用的螺栓能够满足 J 形管中心夹具的设计要求。

四、J 形管中心夹具制造工艺

1. 工艺流程

J 形管中心夹具由导向头、密封装置、过渡体和夹具体组成，通过下料、机加工、组焊、表面处理，最后装配而成。

夹具体由配合件、后端法兰、夹紧肋板、夹紧圆弧板和中间法兰 5 部分拼装组焊而成。配合件和后端法兰由等离子激光下料，经过车床车削和激光切割，最后通过铣削加工而成。

夹紧肋板由等离子下料，通过铣削、钻削和刨削加工而成。夹紧圆弧板由圆管一剖而成，通过锯和车削，再割开，最后精打磨。中间法兰由等离子下料，通过车削和钻孔，再割开，最后铣削而成。

过渡体由变径法兰、过渡套和前端法兰 3 部分拼装组焊而成，变径法兰和前端法兰由激光切割而成，过渡套由圆管一剖而成，通过锯和车削，再割开，最后精打磨。

密封装置由丁基橡胶制成，丁基橡胶是由异丁烯和少量异戊二烯在低温下共聚合成的线性高分子聚合物，在外力作用下如在拉伸时，丁基橡胶大分子间也会和塑料一样出现暂时的平行取向，形成结晶，性能得到增强和改善。

丁基橡胶的生产方法是淤浆法，该工艺采用三氯化铝/水作引发剂，氯甲烷作稀释剂，聚合温度一般在 $-100\sim-90℃$，异丁烯与少量异戊二烯共聚而成。工艺过程主要包括引发剂研制、聚合、产品精制、气体回收及反应釜清理等。

导向头采用海底电缆弯曲限制器的聚氨酯材料制造，其工艺流程与聚氨酯弯曲限制器类似。

2. 控制要点

（1）加工精度。J 形管中心夹具由夹具体、过渡体、密封装置和导向头 4 部分拼装而成，每部分的加工精度必须保证在设计允许误差范围内，否则将影响夹具的安装，使密封性减弱。

（2）焊接变形。J 形管中心夹具的金属部分在焊接过程中，局部区域受到很强的高温作用，在此不均匀的加热和冷却过程中会产生变形，对整个夹具的密封产生不利影响，因此有必要对夹具的焊接变形加以控制。合理控制坡口角度、焊接层数和焊接参数，选用能量密度高的焊接方法，减少焊接变形。

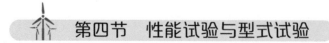

第四节　性能试验与型式试验

一、聚氨酯材料的性能试验

弯曲限制器选用的聚氨酯材料，目前国际和国内都没有针对聚氨酯材料检验的标准，因此其检验依据主要是参照橡胶、热性塑料、胶辊等材料的国家标准执行，弯曲限制器材料的性能指标见表 5-8。

表 5-8 弯曲限制器材料的性能指标

序号	属性	单位	标准值范围	实际检测值
1	密度	kg/m³	$1.05 \times 10^3 \sim 1.20 \times 10^3$	1196.51
2	硬度	D	≥76	80
3	热变形温度	℃	≥70	207.2
4	抗拉强度	MPa	≥40	43.64
5	断后伸长率	%	≥12	14.62
6	弯曲强度	MPa	≥70	73.38
7	旋转辊筒磨耗	mm³	≤520	476

1. 密度检测

取一定体积的立方体，称其重量，然后计算其密度，即

$$\rho = \frac{M}{V} \tag{5-15}$$

式中　ρ ——试样的密度；

　　　M ——试样的质量；

　　　V ——试样的体积。

2. 硬度检测

按照 HG/T 2413.2—1992《胶辊表观硬度的测定邵尔硬度计法》执行。采用邵尔 D 测试法，测试结果不小于 80D。

3. 拉伸性能检测

弯曲限制器的拉伸性能检测包括抗拉强度和断后伸长率两项重要试验，按照 GB/T 528—2009《硫化橡胶或热塑性橡胶拉伸应力应变性能的测定》执行。

4. 杨氏模量检测

杨氏模量也称为"弹性模量"，一般用 E 表示，$E = \dfrac{\sigma}{\varepsilon}$，其中 σ 表示应力，ε 表示应变，按照 HG/T 3321—2012《硫化橡胶弹性模量的测定方法》执行。

5. 弯曲试验

弯曲试验包括弯曲强度和弯曲模量两项重要试验，按照 GB/T 9341—2008《塑料弯曲性能的测定》执行。

弯曲应力的计算公式为

$$\sigma_f = \frac{3FL}{2bh^2} \tag{5-16}$$

式中　σ_f ——弯曲应力，MPa；

　　　F ——施加的力，N；

　　　L ——试验跨度，mm；

　　　b ——试样宽度，mm；

　　　h ——试样厚度，mm；

弯曲强度 σ_{iM} 表示试样在弯曲过程中所承受的最大弯曲应力。

弯曲模量用 E_f 表示为

$$E_f = \frac{\sigma_{f2} - \sigma_{f1}}{\varepsilon_{f2} - \varepsilon_{f1}} \tag{5-17}$$

式中　σ_{f2} ——扰度为 s_2 时的弯曲应力；

　　　σ_{f1} ——扰度为 s_1 时的弯曲应力。

$$\varepsilon_{f2} = 0.025 \tag{5-18}$$

$$\varepsilon_{f1} = 0.005 \tag{5-19}$$

6. 磨耗检测

按照 GB/T 9867—2008《硫化橡胶或热塑性橡胶耐磨性能的测定（旋转辊筒式磨耗机法）》执行，体积磨耗应不大于 520mm³。

$$\Delta V_{rel} = (\Delta m_t \times \Delta m_{const}) / (\rho_t \times \Delta m_r) \tag{5-20}$$

式中　Δm_t ——试验胶的质量损失值，mg；

　　Δm_{const} ——参照胶的固定质量损失值，mg；

　　　ρ_t ——试验胶的密度，mg/mm³；

　　Δm_r ——参照胶的质量损失，mg/mm³。

7. 盐雾试验

海底电缆弯曲限制器工作环境为海水，需要考虑聚氨酯材料的耐腐蚀能力。弯曲限制器试样材料应在中性盐雾试验条件下放置 720h 后，再检测聚氨酯材料的相关机械性能。盐雾试验执行标准为 GB/T 2423.17《电工电子产品环境试验　第 2 部分：试验方法　试验 Ka：盐雾》，试验件样品经过 720h 中性盐雾试之后，其样品表面无明显变化。

二、型式试验

1. 冲击试验

为验证弯曲限制器抗冲击能力，采用如图 5-14、图 5-15 所示的自由落体冲击机施加 80kg 的重锤上升到 0.8m 高度，松开应力，砝码自由落体冲击弯曲限制件，冲击后弯曲限制器模块无破损。

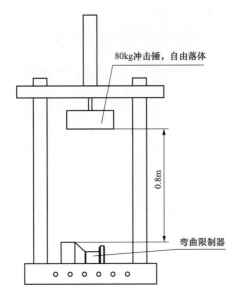

图 5-14　冲击试验示意图

图 5-15　自由落体冲击机示意图

2. 压扁试验

如图 5-16 所示,在弯曲限制器模块圆弧侧面最高棱线进行压扁,施加 8t 的压力,试验后弯曲限制器模块无破坏、表面无裂纹。

3. 弯曲拉伸试验

如图 5-17 所示,串联 2m 有效高度的弯曲限制器,尾部一节与固定装置连接,头部一节与牵引头连接,牵引头连接到拉力机,在承受 0.8t 的拉力下,弯曲限制器模块无破坏、表面无裂纹,同时测量并计算弯曲半径,项目中对弯曲半径未作明确规定时,其值应不小于 3m;如有特殊要求时,应满足项目技术要求。

图 5-16　压扁试验图

图 5-17　弯曲拉伸试验示意图

4. 中心夹具拉伸试验

J 形管中心夹具抱紧海底电缆，海底电缆在施加在 3t 纵向力的作用下，J 形管中心夹具与海底电缆仍旧保持抱紧状态不滑脱，J 形管中心夹具不变形、不破损。冲击试验示意图如图 5-18 所示。

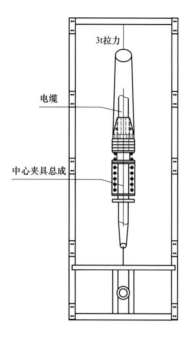

图 5-18　冲击试验示意图（J 形管中心夹具）

🎐 第五节　结 论 与 建 议

　　海底电缆是海洋油气开发中的关键装备之一，海底电缆弯曲限制器作为防止海底电缆发生过度弯曲的重要附件装备，已成为海洋工程装备领域的研究重点之一。为了提高我国对弯曲限制器制造水平，针对海底电缆弯曲限制器的工作环境、安装位置、海底电缆的规格与直径、聚氨酯的浇注工艺、聚氨酯的材料性能、型式试验等要求，介绍了弯曲限制和 J 形管中心夹具的设计方法与制造工艺。海底电缆在在位服役与安装过程中，均可能出现弯曲破坏，弯曲保护装置的使用很有必要。通过对海底电缆弯曲限制器的三维有限元模型进行分析，得到了弯曲限制器在外部载荷作用下限弯半径和危险点应力，进一步说明海底电缆弯曲限制器的设计应重点加强对聚氨酯材料浇注工艺的研究，模具尺寸应结合材料的实际收缩率、弯曲限制器模块弯曲角度的机械加工、配合槽尾钩厚度的计算、材料设计刚度等重点环节做好要素控制。

　　通过对海底电缆聚合物弯曲限制器的试制，得到浇注产品的缺陷主要表现为其表面和内部存在大量气泡，可以通过改良模具和成型工艺的方法对气泡缺陷进行抑制。

第六章

海上升压站建造技术

第一节 简 述

海上风电场一般由风力发电机组、风电机组间电缆回路、海上升压站、送出海底电缆、陆上集控中心五大板块组成。作为海上风电场的电能汇集中心，海上升压站既是海上风电场输变电的关键设施，同时也是整个海上风电场的核心系统。

一、国内外现状

海上升压站质量大、内部结构复杂，国内外通常采用在陆地上整体建造后运至海上整体安装的方式进行建造。海上升压站主结构一般采用全钢焊接形式，近几年的第二代海上升压站建造完毕后整体质量可达 3000t，目前国内主流的海上升压站钢结构建造方案为模块式拼装方式，该方式主要根据海上升压站结构组成特点，将其自下而上整体划分为 4 层，安装时在制造厂内制作好各钢结构组件，并在地面将 4 层结构分别组装完成，再分别将 4 层结构拼装组合，完成上部组块陆上建造。该拼装方式对场地面积及辅助起重机要求较高，且对子模块拼装精度要求也极高，不适用于规模较小的制造厂。

海上升压站实物图如图 6-1 所示，一般分为上部组块和下部基础。下部基础一般由钢管桩和导管架组成，主要起承载上部结构的作用；上部结构为升压站主要结构，一般称作上部组块，以全钢结构焊接构成主要结构，内由电气、暖通、消防、给排水等主要系统构

图 6-1 海上升压站实物图

成，具体系统和设备布置情况如表 6-1 所示。因风电场大小差异，海上升压站上部组块建造完成后重量稍有不同，浙能嘉兴 1 号、华能嘉兴 2 号、华能苍南 4 号 3 个工程海上升压站概况汇总如表 6-2 所示。

表 6-1 海上升压站上部组块设备布置情况

楼层	设备布置
顶层甲板	平台屋顶层布置一台 5t 的悬臂吊，另一侧布置直升机悬停平台，中间布置主变压器、气体绝缘金属封闭开关设备（GIS）吊装检修孔
三层甲板	设备二层中间为主变压器区域，主变压器一侧为 GIS 室上空，主要布置蓄电池室和通风机房；主变压器另一侧布置避难室、水泵房、应急配电室和柴油机房等，三层层高一般为 5.0m
二层甲板	设备一层中间布置主变压器，两台主变压器分两个房间布置，主变压器一侧布置开关柜室、低压配电室；主变压器另一侧布置 GIS 室、通信继保室；其他两侧布置散热器，层高一般为 5.0m
一层甲板	一层布置有事故油罐、生活水箱间、柴油箱间、污水处理装置及相应的救生设备，同时一层也作为电缆层，35kV 和 220kV 海底电缆通过 J 形管穿过本层甲板，然后采用电缆桥架敷设，根据设备高度和结构形式的要求，层高一般为 6.0m

表 6-2 不同海上升压站概况汇总

工程名称	变电容量	模块	尺寸（长×宽×高，m）	质量（t）
浙能嘉兴 1 号	300MW	上部组块	46.6×41×30	2750
		导管架	22.7×21.7×22	880
华能嘉兴 2 号	300MW	上部组块	45.2×41.2×22	2939
		导管架	27.4×26.4×25.8	950
华能苍南 4 号	400MW	上部组块	39.1×37.6×21.4	2717
		导管架	44×39×59	2300

二、关键技术

为降低海上升压站陆上建造施工成本，本章阐述一种海上升压站陆上整体式建造技术。与模块化建造方式不同，整体式建造技术在拼装时先组装上部组块主框架，再自下而上分别组装上部组块，最终完成上部组块组装。主要包括以下几项关键技术：

1. 海上升压站上部组块整体建造技术

通过优化上部组块结构组合、吊装和安装工序，提出上部组块整体式建造技术，降低上部组块陆上建造施工对场地和辅助起重机的要求；在上部组块安装过程中通过控制对地比压，保证上部组块整体建造和装船施工的安全。

2. 海上升压站上部组块和下部基础结构制造技术

钢结构制造时原材料尺寸、装配尺寸、焊接变形、环境温度等因素所产生的误差对各杆件节点间配合公差产生影响。给出消除上述偏差控制的措施和工艺方法，减少车间返工工作量，节约实体预拼装的时间、成本和场地。

3. 海上升压站上部组块底部工装设计

为避免海上升压站上部组块和下部导管架 4 根主柱对地面造成过大的对地压力，便于整体滚装上船，介绍一套分载和滚装用的底部工装（包含上部组块工装和导管架工装）以及跳板（用于跨越涵洞、码头面和船舶间间隙）。

4. 海上升压站下部基础导管架建造技术

导管架高度高、整体拼装难度大。超高型导管架分上、下两段预组装，再分段吊装到驳船的整体建造技术，为导管架整体加工制作后运输出海提供技术支撑。

第二节　海上升压站上部组块整体式建造技术

一、建造流程

海上升压站上部组块主体结构共分为 4 层，整个上部组块主要由 4 根主柱作为主要承力点和后续整体吊装的受力结构。在参考现有模块式安装方案基础上，充分考虑海上升压站结构特点，提出将上部组块的结构分成八大部分进行组合建造的技术，建造流程如图 6-2 所示。

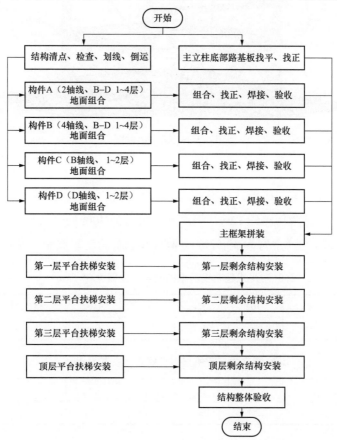

图 6-2　建造流程图

建造时先预制好主框架组合件，完成主框架拼装，然后在地面将 4 层钢结构平台分别组装完成，再分别将 4 层钢结构平台拼装组合，完成上部组块钢结构组装。拼装时各层平台按照由下往上、由里往外的原则进行拼装。因整个上部组块建造完成后重约 3000t，并全部由 4 根主柱承重，为确保建造场地地基承载力满足要求，一般需设计相应的分载结构且地基需进行必要的加固。

二、建造方法

（一）主框架组合件地面拼装

主框架组合件包括构件 A、B、C 和 D。海上升压站主体框架示意如图 6-3 所示，组装第一步需在地面按照构件编号将图 6-3 中 4 个构件在地面拼装完成。其中构件 A、B 为整个上部组块安装过程中最重件，辅助起重机选择时需以此为依据。

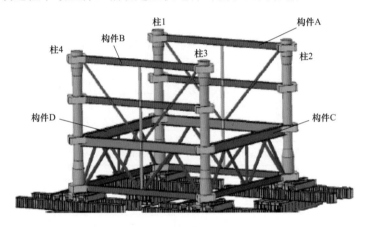

图 6-3　主框架示意图

（二）主框架拼装

4 个构件在地面组装完成后，利用双机抬吊的方式将构件 A、B 立起并吊装至指定位置。构件 A、B 拼装完成后重约 120t，抬吊配合机械为 400t 履带式起重机（主臂为 48m）以及 250t 履带式起重机（主臂为 39.52m）。两台起重机的起重性能如表 6-3 和表 6-4 所示。

表 6-3　　　　　　　　250t 履带式起重机起重性能表（主臂为 39.52m）

幅度（m）	9	10	12	14	16	18	20	22
额定起重量（t）	100	100	79.7	63.3	52.9	45	39	24.2

表 6-4　　　　　　　　400t 履带式起重机起重性能表（主臂为 48m）

幅度（m）	16	18	20	22	24	26	27	28
额定起重量（t）	275	254	236	220	203	184	179	174

抬吊翻身时，250t 履带式起重机的吊装幅度为 10m，此时额定起重量为 100t，吊索具

质量约为 4.5t，此时 250t 履带式起重机的负荷率为（60+4.5）/100=64.5%；就位时，250t 履带式起重机已不受力。抬吊翻身时，400t 履带式起重机的吊装幅度为 27m，此时额定起重量为 179t，吊索具质量约为 6t，此时 400t 履带式起重机的负荷率为（60+6）/179=36.9%；就位时，400t 履带式起重机单独受力，吊装幅度为 27m，额定起重量为 179t，此时 400t 履带式起重机的负荷率为（120+6）/179=70.4%。

构件 C、D 拼装完成后重约 25t，为保证安装空间，一般由两台履带式起重机各吊装一片、同时安装。构件 C、D 通过焊接方式与构件 A、B 连接，在构件 C、D 未安装完成前，构件 A、B 须利用缆风绳固定牢固，焊接完成后方可拆除缆风绳。至此，主框架拼装完成。

（三）第一层钢结构平台组装

上部组块的每层甲板平台均由主梁、次梁、肋条及铺板构成。其中主梁一般为 H800 或以上型钢，组成平台主框架；次梁一般为 H300 及 H500 规格型钢，为主梁间的连接梁；肋条为 TN125 规格 T 型钢，主要为承载铺板结构；铺板一般为 5mm 或 6mm 钢板，构成平台结构。

主框架拼装完成后即可进行一层甲板平台结构的安装，拼装时按照先主梁、后次梁、再肋条、最后铺板的顺序进行，利用起重机依次吊装、焊接一层各主梁、次梁、肋条及铺板结构。第一层甲板拼装如图 6-4（a）所示。

第一层甲板结构安装完成后，进行第一、二层间管撑及舱壁安装，管撑一般安装在两层主梁间，主要起连接上、下两层的作用，管撑与主梁间焊接连接。舱壁为波纹钢板结构，壁厚为 6mm，为海上升压站各房间的隔板，与梁焊接连接。

管撑、舱壁结构质量较小，安装时通过杆件编号，利用辅助起重机依次临抛、调整后焊接固定即可，安装完成后如图 6-4（b）所示。

（a）

图 6-4　第一层甲板和第一、二层间管撑安装（一）

（a）第一层甲板拼装

（b）

图 6-4　第一层甲板和第一、二层间管撑安装（二）

（b）第一、二层间管撑安装

（四）第二层钢结构平台组装

第一、二层间管撑和舱壁及设备（设备安装不再详细描述，但须在下一层甲板安装前完成前一层甲板上设备安装）安装完成后即可进行第二层甲板平台的安装，其结构与第一层平台相同，安装方式也与一层结构相同。需要特别注意的是，第二层一般是海上升压站主要设备所在层，如主变压器、散热器和 GIS 等，梁结构较其他层更密，安装时部分区域空间较小，需提前布置。第二层甲板拼装完成后如图 6-5（a）所示。

（a）

（b）

图 6-5　第二层甲板和第二、三层间管撑及舱壁安装

（a）第二层甲板拼装；（b）第二、三层间管撑及舱壁安装

第二层平台完成后即可进行第二层平台上管撑、舱壁及设备的安装，安装完成后如图（b）所示。

（五）第三层钢结构平台组装

第二、三层间管撑和舱壁安装完成后即可进行第三层甲板平台的安装，安装方式与第一、二层相同，安装完成后如图6-6（a）所示。

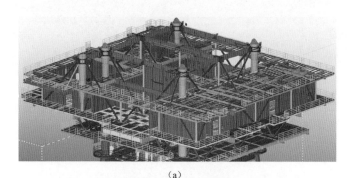

（a）

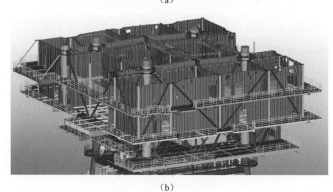

（b）

图6-6　第三层甲板和三、四层间管撑和舱壁安装

（a）第三层甲板拼装；（b）第三、四层间管撑和舱壁安装

第三层甲板平台安装完成后即可进行第三、四层间管撑和舱壁及设备的安装，安装完成后如图6-6（b）所示。

（六）顶层结构组装

海上升压站共分为4层结构，其中第四层即为最顶层，第四层甲板安装完成后即完成整个上部组块主结构安装，安装完成后如图6-7所示。

三、方案优缺点分析

目前，国内海上升压站上部组块主流安装方式为模块式安装，该方案可概况为"甲板片分层分片预制再进行总装"的方式，即上部组块各层结构根据组成情况分成若干片体分别在厂内预制完成后运至组装场地总装。模块式安装方法加大了地面预制深度，减少了高空作业量，并且各层甲板可同步组装，增加了工作面，可加快整体建造进度。与上述方案相比，整体式建造技术有以下优缺点。

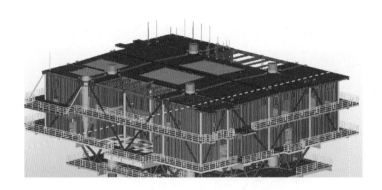

图 6-7　顶层甲板拼装

1. 整体式建造技术的优点

（1）大幅减少了对场地面积和数量的要求。由原本需要多个模块建造场地分别建造，变为仅需要一个场地同步建造。

（2）降低了对起重机数量和能力的要求。由原本要求的多台大型门式或桥式起重机（400t 级或以上），变为现在仅需 1 台 250t 和 1 台 400t 履带式起重机即可。

（3）4 根主柱由制造厂一次成型，解决了模块式拼装变形和主柱对接偏差控制的难题。模块式安装方法最难以控制的是主柱对接时的对接偏差，因 4 根主柱为上部组块主要承重构件，主柱对接偏差控制尤为重要，模块式安装因将主柱分为多段与各甲板分别拼装后再组装，对角线偏差难以控制。

（4）在技术实施时，上部组块整个建造过程由 4 根承重主柱受力，与海上就位后运行模式受力相同。而模块式安装建造时有多根受力临时支撑，在海上就位后为 4 根主柱受力，部分结构势必会产生内部应力甚至形变，对整个结构稳定性有一定影响。

2. 整体式建造技术的缺点

（1）与模块式安装技术相比，消耗时间一般会多一些，工期上无优势。

（2）在方案实施过程中，因多专业同时施工，易发生互相干涉、影响的状况，需提前计划，尽可能减少交叉作业之间的影响。

第三节　海上升压站上部组块和下部基础结构制造技术

一、二次设计

一次设计图包含了钢结构框架图、平面布置图（包括构件型号）、典型连接节点大样及设计原则等资料，无法作为钢结构加工图直接用于工厂制造。海上升压站分上部组块和下部基础，下部基础包含导管架和钢管桩。钢管桩无特殊要求可不用进行二次深化，上部组块和导管架必须进行二次深化。

海上升压站上部组块和导管架钢结构依据一次设计图进行二次深化，结合现场的安装方案、起吊能力、运输条件等因素，对各部件钢结构部分进行分段划分。制定制作及安装的二次深化理论公差需求、预制件间现场安装接口的配合公差，进行理论模拟组装，检查碰撞并及时调整修改，减少现场修改工作量。结合上述条件出具钢结构施工图适用于工厂预制，加强施工过程的控制，并做好出厂检验及现场反馈工作。

海上升压站导管架主结构需在备料前完成深化，以便为导管架主结构钢管卷制原材料采购提供依据。结构深化不仅可以提高原材料的利用率，而且可以使备料更加准确、有效。

二、公差要求

（一）钢管尺寸偏差及制造要求

（1）钢管圆度。

1）对于壁厚小于或等于 50mm 的钢管，任意点钢管外径差（不圆度）不超过管径的 1%和 6mm。

2）对于壁厚大于 50mm 的钢管，任意点钢管外径差（不圆度）不超过钢管壁厚的 12.5%。

3）对于直径大于或等于 1200mm 且壁厚小于或等于 100mm 的钢管，任意管节实际大小管径之差最大为 13mm，且圆周长在理论周长 6mm 误差范围内。

（2）钢管任意点处实际外径与理论外径之差不超过理论钢管外径的 1%和 13mm。

（3）钢管直度。

1）对于长度小于或等于 12m 的钢管，钢管直度误差在 10mm 内。

2）对于长度大于 12m 的钢管，钢管直度误差在 13mm 内。

（4）外圆周长误差应为名义圆周长的 1%或 12.5mm，取小值。

（5）管端平整度误差为 2mm。

（6）节点制作应符合下列要求。

1）管节对口拼接时，相邻管节对口的板边高差不超过 t/10（t 为板厚），且不大于 3mm。钢管构件中变壁厚位置误差：

a. 对于节点接头处，较设计位置误差控制在 25mm 内。

b. 其他变壁厚位置，较设计位置误差控制在 50mm 内。

2）结构焊接中钢管圆周焊缝和纵向焊缝处的对齐误差规定如下：

a. 对于双面焊，对齐误差在较厚壁厚的 10%和 6mm 以内。

b．对于单面焊，对齐误差在较厚壁厚的 10%和 3mm 以内。

3）钢管拼接。

a．如钢管构件需要拼接，相邻拼接缝间距离不得小于 1m 和管直径，相邻管段的纵焊缝错开 90°以下。

b．在距管节点 1.20m 范围内不允许有拼接。

c．在任意 3m 钢管段内不允许有超过 2 处拼接。

d．在锥段内不允许有拼接圆周焊缝。

e．除环形板外，所有拼接须在结构拼装前完成。

（二）焊接 H 型钢要求

梁高不小于 800mm 的均为焊接 H 型钢，焊接 H 型钢的翼缘板拼接缝和腹板拼接缝的间距不应小于 200mm；翼缘板拼接长度不应小于 2 倍板宽；腹板拼接宽度不应小于 300mm，长度不应小于 600mm。

（三）无缝钢管要求

所有外径不大于 610mm 的钢管采用符合 GB/T 8162《结构用无缝钢管》要求的无缝钢管，交货状态为热轧状态。

（四）铺板的要求

铺板每米板宽范围内不超过 3mm，整体平面弯曲不超过 $L/1500$（L 为铺板整体平面长向的长度），且不超过 25mm。

三、工艺方案

为了增加各海上升压站各类型钢构件的制作精度和难度、减小拼装和制作过程中出现的变形误差，总结了不同结构的杆件、节点对应的不同制造方式。

（1）上部组块吊耳区域所有焊缝设计要求为一级全熔透焊缝，100%MT（磁粉探伤）和 100%UT（超声探伤）。根据设计一次图，吊耳板和底板为主要受力部件，需优先保证焊接质量。因此制作顺序为先将吊耳板与底板焊接并检验合格后，将此整体与钢管节装配、焊接、检验合格，最后装配筋板及焊接。吊耳为吊装主要受力结构，在吊耳装入管节前，对已完成焊接的焊缝做焊后热处理，保证焊缝质量。

（2）根据现场安装的需要，上部组块立柱制造时成整体不分段。每根主柱分桩柱连接节点和层间牛腿节点。

为保证安装的精度，尽量减少后期主梁、次梁、肋条等结构杆件的修整工作量，制造时必须确保立柱的直线度、牛腿间的层高、牛腿与主梁腹板连接筋板的水平度和垂直度（相对于安装轴线）等影响安装精度的误差在允许范围内。上部组块主柱制作前，综合考虑下牛腿节点板、环板对接焊缝（如有）、柱内十字板等结构与立柱管节纵焊缝的错开距离，定立柱的十字中心线后进行装配。装配完成后进行外形尺寸检查，确保尺寸合格后对焊接区域进行加固，完成以上工序后再进行焊接，注意监测焊接变形引起的尺寸偏差，及时调整焊接顺序和焊接方式。

（3）上部组块主结构梁部件主要分焊接 H 型钢和热轧 H 型钢两类，焊接 H 型钢主焊缝为全熔透一级焊缝，组立焊接完成后 H 型钢翼板开口成内八形，需矫正后才能进入下道工序。节点板如筋板焊接也会使 H 型钢翼板开口成内八形，因此此类筋板焊接前需进行加固，预防焊接变形超标。

主梁牛腿与次梁（热轧 H 型钢）腹板为斜连接，牛腿底板焊接时，牛腿端部至梁上平面尺寸难以保证，直接影响现场的安装精度。为保证此类制作精度，可按次梁施工图制作一段端头，在焊接过程中随时进行检查也方便质检人员的检验；或与现场安装施工单位沟通：牛腿端部留 300mm 长焊缝改为现场焊接。

（4）海上升压站采用大量直径小于 600mm 的结构用无缝钢管，钢管端部需进行相贯线切割且现场焊接剖口需预制。无缝钢管相贯线按内壁接触进行放样切割，钢管内壁无焊接条件，工厂需预制外坡口。

（5）上部组块舱壁主要材料为 5mm×100mm 和 5mm×50mm 两种规格的瓦楞板，根据设计要求，舱壁层高在 3.5m 以上，高度方向基本上不考虑对接，因此考虑瓦楞板宽度方向对接，但是受原材料、机械设备等因素限制，瓦楞板加工后单块宽度为 1100mm。为防止瓦楞板的波峰波谷错位，保证舱壁安装的整洁、美观度，舱壁按墙面整体深化出图，制作时按片拼装后再根据运输尺寸进行分块切割。切割线首选因碰到斜撑管、构造柱等结构自然断开的焊缝，其次是瓦楞板宽度方向的对接焊缝，这样基本上能减少现场焊接及保证最大运输尺寸。

（6）铺板工厂预制完成分割、开孔、防腐等工序后运输达到现场安装时需花费大量人工和机械设备逐一查找相对应的杆件，并且大量占用原本就紧张的安装场地、多次翻运导致杆件出现局部变形需要进行修整，故综合考虑铺板由工厂完成原材料除锈、底漆防腐后到现场进行切割及铺设工作。

（7）事故油池外形大致为 7000mm×4700mm×2900mm 的长方体，框架材料为方管，面板材料为 8mm 厚钢板，L100×80×8 角钢和 8mm 钢板分别为逐、次肋条。根据实际经验，此类面板焊接完成后变形严重，且需在抛丸后再进行矫正，在条件允许的情况下首选喷砂的方式进行除锈，其次是在制作前对原材料进行除锈。事故油池为封闭空间，仅顶部留有人孔，考虑施工安全性及清砂方便，在事故油池两个侧面各预留一块面板不组装。等其他杆件防腐结束后再组装此两块面板，最后完成节点补漆。

（8）导管架主结构杆件主要为焊接直缝管（如图 6-8 所示），根据结构受力要求，各管段对接时焊缝需错开。通过经验总结，为保证所有焊缝错开的要求，所有主柱端部的焊缝均需朝外。在备料和放样阶段需要综合考虑钢管相贯线与管节纵焊缝的错开距离，同时在排料时考虑环焊缝的位置，避免在禁焊区（焊缝干涉区域）出现焊缝。

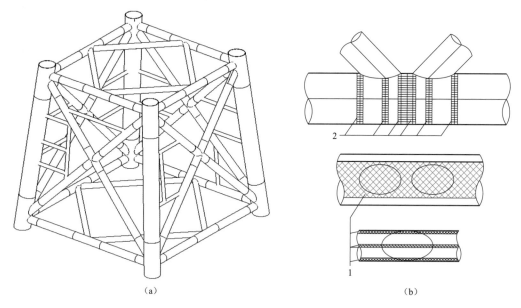

（a）　　　　　　　　　　　　　　　　　　（b）

图 6-8　导管架主结构及其禁焊区域示意图

（a）导管架主结构示意图；（b）禁焊区域示意图

1—此区域不允许出现纵向焊缝；2—此区域不允许出现环焊缝

四、焊接变形控制

（一）变形控制要点

海上平台结构连接采用全焊接形式，所有的对接焊缝除特殊说明外，均为全熔透一级焊缝。针对该全焊接形式结构，安装过程极易发生焊接变形，容易造成平台标高误差，使设备无法达到安装精度要求，并且平台结构因焊接变形易形成凹坑，造成平台积水，因此，控制焊接形变是一大关键技术和难点，为此从焊接方法、焊接顺序、构件设计等多个角度制定防变形方案，能够起到良好的效果。大量采用气体保护焊，降低焊接线能量的同时，也提高了焊接效率。对于平板对接，采取反变形、先短焊缝后长焊缝、分段退焊等方式，能有效防止焊接变形过大。构件设计时，在满足强度的前提下，对零件板、吊耳、筋板等位置进行调整，对焊缝进行分散，用以控制焊接变形。

升压站导管架和上部组块总体尺寸控制，不仅与安装尺寸的控制有关，还与制作的精度有直接的关系，例如上部组块的 4 根圆管主柱以及主柱间的柱间梁、管撑的尺寸如果超差，将使整个结构组装的整体尺寸超标。因此，控制主要结构件的尺寸至关重要，尺寸控制分两个方面：下料和装配精度、余量的控制以及焊接顺序和焊接变形控制。

（二）下料和装配精度控制

1. 主柱的尺寸精度控制措施

主柱钢管为钢板卷制的直缝管，直管钢板下料时圆周方向的长度按管子的中径进行展开，对角线的偏差小于或等于 1.5mm。异径管（大小头）检查展开圆弧的弧长偏差小于 3mm，对角线偏差小于 1.5mm。为使主柱长度在设计要求的公差范围内，应在下料时设置 30～40mm 的焊接收缩余量，使最终的主柱总长度与图纸相符。

2. 主柱旁弯（不直度）造成牛腿位置偏差

主柱钢管对接时需控制钢管中心的不直度应小于 5mm。对于超过 3mm 的位置应在柱身上标出，在牛腿装配的时候进行微调，利用牛腿对立柱的旁弯偏差进行纠偏。

3. 主柱柱身环形牛腿的尺寸精度

主柱柱身环形牛腿的定位要求：长度方向上根据标高利用卷尺进行测量定位，并用经纬仪或全站仪进行复核，使各标高位置准确，环形牛腿在圆周弧度方向上的位置准确，特别是各楼层相对应的牛腿要在同一个立面上，否则可能会造成与柱间梁连接时，出现错位的情况。利用经纬仪或全站仪进行各牛腿位置的测量。装配顺序是定位牛腿上下翼板，再定位腹板以及腹板上的加筋板，定位腹板时要利用经纬仪或全站仪测量定位点后进行定位装配，腹板在圆周方向上的位置可进行适当的微调，以纠正由于翼板的下料或装配的不利因素对牛腿的位置的不利影响。

4. 制作工装的要求

为了便于制作过程中的翻身和测量，圆管主柱在滚轮架上进行环缝焊接和整体装配，因此，滚轮架需调整水平。

5. 钢管的椭圆度控制

钢管柱椭圆度直接影响柱身四周牛腿的装配精度，如果椭圆度超标，则会造成 4 个方向的牛腿尺寸在其中一个方向上偏短，另一个方向上偏长；另外，为了翻转方便，钢管柱放在滚轮架上制作，椭圆度超标也会造成测量不准确，因此需保证钢管柱筒节卷制时的不圆度不超过 5mm。

6. 钢管相贯线的放样切割

导管架主结构均为钢管，柱子间的框架梁和垂撑，以及所有的次结构均为钢管结构，且均为全熔透一级焊缝，需开制相贯线并开好坡口，在进行相贯线放样时，坡口一并放样，这样可以确保放样的精度，以及最终焊接后整个结构的尺寸符合要求。

7. 钢管长度的控制

以导管架水平管和剪刀撑之类的杆件为例，杆件长度超过 20m 且两个端头为相贯线，中间采用多段管节（受卷板机宽度影响，管节长度最长达 3m）接长。管节接长过程中，由于单管节长度尺寸（理论数据与实物尺寸偏差）、对口间隙、焊接收缩等诸多因素影响，管子累积误差难以精确控制，无法保证总长。为减少现场安装工作量，在满足安装条件下要求工厂完成相贯线段与直管段的焊接，导管架主结构需整根供货。

现以单根水平管为例（如图 6-9 所示），管段 1、3 和管段 5 材质一般为 DH36Z35 材质，管段 2 和管段 4 材质一般为 DH36 材质，自然分段。管段 2、3、4 分别需由 2～3 个管节对

海上风电工程集成技术

接完成，由于累计误差难以精确控制，管段 2 和管段 4 在下料时长度方向整体各放 50mm 余量，待管段 2、3 和管段 4 对接焊接完成后，以管段 3 管节中心为基准，对管段 2 和管段 4 与管段 1 和管段 5 对口的端部进行切割，保证水平管的总长。

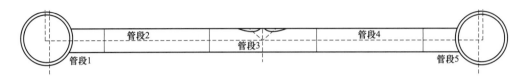

图 6-9　单根水平管示意图

8. 柱间梁长度余量控制

柱间梁为分段拼接结构，且对接焊缝为全熔透一级焊缝，因此在 H 型钢主角焊缝焊接时，应在长度方向上留 30～50mm 的焊接收缩余量，焊接完成后加装加筋板，并进行焊接，该节点也是全熔透焊，因此也需要考虑一定的收缩余量，制作时柱间梁应以中心为基准点，两边的节点装配的时候应向外移 2～3mm，以确保最终焊接完成后的实际牛腿位置准确。

（三）焊接顺序

（1）主柱柱身焊缝：先纵缝后环缝。

（2）主柱牛腿板：先焊牛腿上翼缘的全熔透焊缝，再焊下翼缘的全熔透焊缝，接着焊牛腿腹板与主柱连接及牛腿上的 4 条主角焊缝，最后再焊加筋板。

（四）焊接变形控制

1. 上部组块柱间梁的焊接

上部组块柱间梁为焊接 H 型钢，其主焊缝及节点焊缝均为全熔透一级焊缝。焊接 H 型钢组立成型后，主焊缝编号示意图如图 6-10 所示。

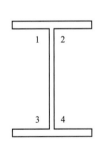

图 6-10　焊接 H 型钢主焊缝编号示意图

焊接按 1-4-2-3 的顺序进行，1 和 4 满焊完成后对 2 和 3 进行清根，焊接完成检验合格后进行校正，使其外形尺寸满足设计要求。按图纸要求装配钢板，装配完成后检查焊接 H 型钢开口尺寸是否满足设计要求，如满足则进入施焊工序。当加强板与上下翼板焊接完成填充量的 1/3 时，对 H 型钢开口尺寸进行测量，如变形量小于 3mm，继续施焊至填充量的 1/2 或 2/3，再次测量；如变形量超过 5mm，则立即对焊趾进行校正，第一次校正火焰温度控制在 400～600℃。变形矫正恢复后再对焊缝进行施焊，直至焊接结束。因后续焊接填充会引起杆件再次变形，此时若一次校正控制得当，变形量不会很大，实际测量后，可继续采用火焰对杆件进行二次校正，火焰温度控制在 600～750℃，直至杆件外形尺寸符合要求。类似以上结构节点的焊接均可采用此方法进行。

2. 主梁垂撑节点处加筋板的焊接

焊接 H 型钢主梁垂撑节点示意图如图 6-11 所示，其结构是在焊接 H 型钢翼板和腹板间再在两边各加焊一块加筋板，且为全熔透一级焊缝，该焊缝的焊接防变形措施和焊接顺序对该处的截面变形至关重要。

为减小焊接变形，装配时需在加筋板内侧加装 6mm 的钢衬垫，利用钢衬垫可有效减少此处的全熔透焊缝施焊时对翼缘的下拉，并在 H 型钢的截面外侧设置临时支撑，防止过大的变形。

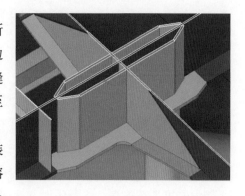

图 6-11　焊接 H 型钢主梁垂撑节点示意图

3. 主梁与次梁三角形接口的焊接

如图 6-12 所示的三角形接口区，主梁一侧为 3 块板拼焊而成，次梁一侧为热轧 H 型钢，而由于主梁一侧的节点区域全部为全熔透焊，会造成两块翼缘有向内收缩的趋势，并造成靠近主梁一侧的三角形腹板会产生压弯变形，因此，控制节点区域全熔透焊缝焊接的变形，同时也就控制了这里的变形。靠近主梁一侧的三角板的斜向尺寸装配时增大 2～3mm。

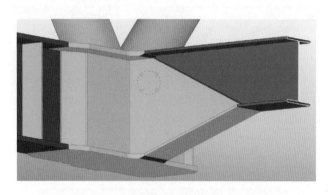

图 6-12　主梁与次梁三角形接口示意图

🌀 第四节　上部组块底部工装设计

海上升压站陆上建造阶段最重件一般是上部组件模块，重 3000t 左右，整个陆上组装阶段上部组块均放置于组装场地上。目前各海上风电场海上升压站上部组块设计均由 4 根主柱承载全部重量，直接放置于地面对地面承载能力要求极高。为保证上部组块建造时的安全，减小设备对地比压，同时考虑滚装装船施工的便携性，介绍一种海上升压站陆上建造的底部工装设计方案，该工装可重复利用，并根据不同大小的升压站进行调整。

一、上部组块底部工装设计

（一）上部组块底部工装设计计算

1. 工装和支墩设计

工装设计前需考虑海上升压站上部组块承载节点设计情况，按照通用节点进行描述，其承载节点如图 6-13 所示，荷载作用于钢管柱（主柱）上，柱腿的轴压力为 10 000kN（考虑一定安全系数，结合常规上部组块重量，按照 4000t 级设计），设计传力路径为钢管柱→十字板→次梁→主梁→支墩，工装承载模型如图 6-14 所示，设计计算时需分别验算各构件之间的连接是否牢靠，能否传递上部结构的荷载，同时验算各构件自身能否承担上部构件传递过来的荷载。

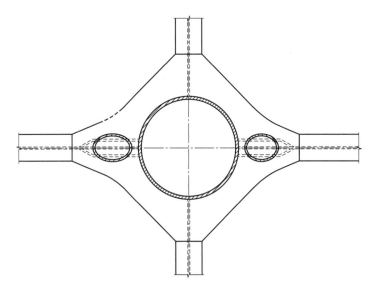

图 6-13 上部组块承载节点图

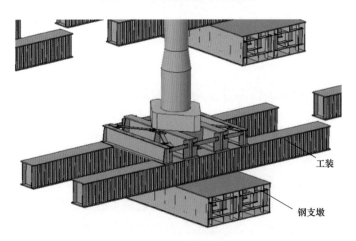

图 6-14 工装承载模型

2. 工装各传力结构强度计算

（1）钢管柱传力给十字板。上部组块承载节点如图 6-13 所示，钢管柱与十字板之间通过对接焊缝连接，共有 8 条对接焊缝，对接焊缝剪应力按式（6-1）计算，即

$$\tau = \frac{V}{l_\mathrm{w}t} \tag{6-1}$$

式中　V ——剪力；

　　　l_w ——焊缝长度；

　　　t ——焊缝厚度，取对接接头中厚度较小焊件的厚度。

（2）十字板抗剪。上部结构将力传递给十字板后，需要验算十字板自身的抗剪强度，十字板剪应力计算公式按式（6-2）计算，即

$$\tau = \frac{V}{ht} \tag{6-2}$$

式中　V ——剪力；

　　　h ——钢板截面高度；

　　　t ——钢板厚度。

（3）上部结构柱脚工字型截面。上部结构柱脚除了要验算焊缝、十字板的抗剪强度外，还要验算柱脚工字形截面的强度是否满足要求。上部结构柱脚截面的正应力计算按式（6-3）计算，即

$$\sigma = \frac{M}{W} \tag{6-3}$$

式中　M ——截面最大弯矩；

　　　W ——截面抵抗拒。

（4）上部结构传力给次梁。

1）次梁加劲肋压应力。上部结构传给次梁的力由次梁 1 和次梁 2 共同承担，次梁加劲肋顶部刨平顶紧。次梁 1 和次梁 2 均为工字形截面，次梁加劲肋压力由式（6-4）计算，即

$$\sigma = \frac{N}{A} \tag{6-4}$$

式中　N ——轴力；

　　　A ——次梁加劲肋横截面积。

2）加劲肋顶面局部承压。加劲肋顶面局部压力由式（6-5）计算，即

$$\sigma_\mathrm{c} = \frac{N}{A_0} \tag{6-5}$$

式中 N ——轴力；

A_0 ——次梁加劲肋净横截面积。

（5）次梁 2 传力次梁 1。次梁 1 和次梁 2 之间采用角钢螺栓连接，焊缝应力应满足式（6-6），即

$$\sqrt{\left(\frac{\sigma_f}{\beta_f}\right)^2 + \tau_f^2} \leqslant f_f^w \tag{6-6}$$

式中 σ_f ——焊缝正应力。

β_f ——正面角焊缝的强度设计值增大系数，对承受静力荷载和间接承受动力荷载的结构，$\beta_f = 1.22$；对直接承受动力荷载的结构，$\beta_f = 1.0$。

τ_f ——焊缝剪应力。

f_f^w ——焊缝抗剪强度设计值。

（6）次梁 1 传力主梁。主梁为箱形梁，次梁 1 加劲肋按式（6-4）计算。

（7）次梁 2 强度。次梁 2 为工字形梁，梁的剪应力由式（6-7）计算，正应力按式（6-3）计算，则

$$\tau = \frac{VS}{It_w} \tag{6-7}$$

式中 V ——剪力；

S ——中和轴以上的面积对中和轴的面积矩；

I ——计算截面惯性矩；

t_w ——计算截面厚度。

（8）次梁 1 强度。次梁 1 为工字形梁，按式（6-3）计算校核。

（9）主梁强度。主梁为箱形梁，按式（6-3）计算校核。

（10）支墩强度。板厚按照式（6-8）计算，即

$$d = \sqrt{\frac{6M}{bf}} \tag{6-8}$$

式中 M ——弯矩；

b ——计算板的宽度；

f ——钢材强度。

（二）上部组块底部工装有限元模拟计算

底部工装根据上述计算过程确定结构后，还需进行模拟计算，借助 Abaqus 软件进行建模和计算分析，验算结构强度是否满足要求，并与理论计算结果进行对比。结构模型实例如下。

1. 计算模型

底部工装计算模型如图 6-15 所示，底部工装模型网格划分如图 6-16 所示。

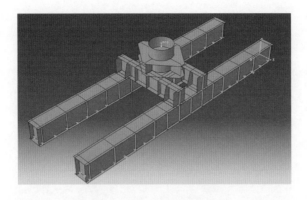

图 6-15   底部工装计算模型

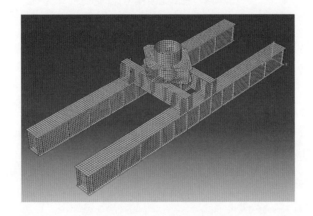

图 6-16   底部工装模型网格划分

2. 计算结果

经过计算，底部工装模型应力分布如图 6-17 所示，由图 6-17 可以看到，模型的最大应力出现在次梁两侧的腹板上，最大应力为 175.8MPa，而 Q355B 钢的强度为 295MPa，故该底部工装满足强度要求。底部工装模型竖向位移如图 6-18 所示，由 6-18 图可以看到，在竖向荷载作用下上部竖向位移最大为 5.428mm，主梁底部两端固定，基本无竖向位移。

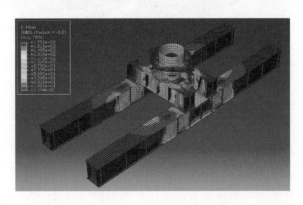

图 6-17   底部工装模型应力分布

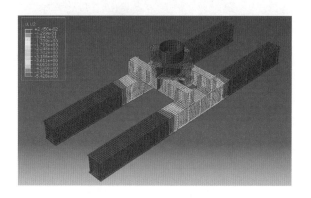

图 6-18　底部工装模型竖向位移

二、底部工装组合轴线车滚装装船技术

根据上述计算方法和海上升压站上部组块（导管架也可借鉴）设计重量可具体确定工装各部件尺寸、规格，再进行组合即可形成一套专用的海上升压站上部组块建造和滚装装船用的底部工装。用于滚装支撑构件时一般需配合高度在 1.5m 的钢支墩使用，如图 6-14 所示，上部组块建造前需提前在工装下方设置钢支墩，建造完成后将滚装用的专用液压轴线车驶入工装主梁下方，再顶升、平移，即可进行装船或平移作业，如图 6-19 所示。

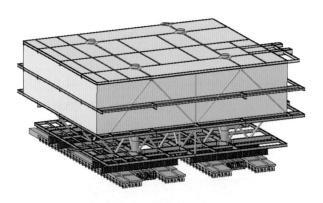

图 6-19　上部组块滚装示意图

🌬 第五节　海上升压站下部基础导管架建造技术

海上升压站下部基础包括钢管桩和导管架。钢管桩一般为大型管型钢结构，其建造技术类似导管架主腿。本节主要描述下部基础导管架的整体建造技术。导管架一般由大型管型钢结构焊接组成，其高度一般由海上风电场所在海域水深决定，一般高度越高、整体拼装难度越大，本节以难度极大的超高型导管架拼装技术为例，介绍导管架建造技术。

一、超高型导管架建造难点

导管架原材料主要材质为 DH420Z35/DH420/DH36/DH36Z35、Q355C/Q355NC 等,最大板厚达 80mm,总高度达到 57m,为同期同类型国内最大、最高,焊接难度大。导管架需要整体加工制作后运输出海,而沿海周边的桥梁通过能力普遍都在 50m 以下,无法整体运输出海。为解决这一问题,介绍一种导管架分上、下两段进行预组装,然后分段吊装到驳船上进行整体组装的方案。

二、超高导管架建造技术

(一)工艺流程

超高型导管架分为上、下两段分别建造,两段完成后再进行对接的建造工艺流程如下(如图 6-20 所示):焊接工艺评定→钢管卷制、焊接→钢管相贯线切割→分片组装(上、下段一起组装)→分片焊接→上、下片拆分→下段整体组装(上段总体组装)→整体焊接→分段验收→分段吊至驳船。

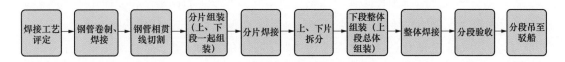

图 6-20 导管架建造工艺流程

(二)分片预组装

在钢平台上定位划线,确定两个面主柱位置,根据位置进行单个平面的立柱与斜撑的预组装,预组装时将该平面上段和下段同时进行拼装,确保上、下段整体对口尺寸一致,另两个面没有立柱,将立柱的位置确定后,拼装斜撑,并将斜撑焊成一体。

(三)上、下段分段组装

分段组装大大增加了上、下段接口处尺寸控制的精度要求,方案要求所有钢柱、斜撑以及各种电缆管的尺寸不能偏差太大,避免上、下段对接时偏差过大无法对接。下段和上段整体焊接完成后,测量下段上口各管口的尺寸,以及上段下口各管口的尺寸。

(四)下段上船定位

导管架下段一般采用大型起重机和专用吊索具整体吊装,起吊前将与导管架相焊接的所有工装、拉马等全部割断,并在下段 4 个角上设置溜绳,每根溜绳设置一个人进行方向调整控制,门式起重机缓慢提升导管架至 10~20cm 高度,静置 3min,人离开吊物 3m。然后提升至地面 10m 高度,开动机械向船的方向缓慢行走,运输至预定位置,4 个角上的人控制溜绳控制导管架的晃动,至导管架无前、后、左、右晃动,缓慢放下导管架至 4 条主腿落在支撑底座上。

4 条主腿落在支撑底座上后，对底部进行焊接并安装好肘板后方能松钩；在焊接时需适时调整驳船压载水系统，使驳船保持平稳。

（五）上、下段对接

导管架上段采用同导管架下段相同的方式整体吊装装船，待导管架上部运输至导管架下段上方，通过提前安装的导向块将两段就位合拢。就位后安排人员进行焊接（为保证安全，需安排人员 24h 不间断作业），焊接完毕后方能脱钩；同时需安排专职人员根据潮汐表配合 1600t 门式起重机和起重量限制器进行观测，随时调整辅助起重机钢丝绳的松紧。

（六）导管架船上焊接

主要的焊接部位一般有主腿对接焊缝、电缆管对接焊缝、灌浆管线的对接焊缝、桩靴轭板焊缝、防沉桶焊缝。上、下对接焊接时，搭设防护棚抗风、防雨，焊接前需根据相应要求采用烘枪对焊接区域进行预热处理。

第六节　工　程　案　例

海上升压站上部组块整体式建造技术目前已成功应用于浙能嘉兴 1 号海上风电场、华能嘉兴 2 号海上风电场和华能苍南 4 号海上风电场的海上升压站上部组块陆上建造。其中，浙能嘉兴 1 号海上升压站是该技术在全国类似工程中的首次实施。依托浙能嘉兴 1 号海上升压站的建造，验证了技术可行性，最终形成了完善的上部组块整体式建造技术，在华能嘉兴 2 号海上风电场海上升压站建造及安装工程得以安全、顺利的实施。实施过程中，各结构安装尺寸控制均满足 GB 50205—2020《钢结构工程施工质量验收标准》中的相关验收标准要求，主柱垂直度和间距控制在允许偏差之内，主柱垂直度和立柱间距的允许偏差和实测值见表 6-5 和表 6-6。最终，上部组块海上安装一次就位，高标准完成了该工程的建设。

表 6-5　　　　　　　　　主柱垂直度允许偏差和实测值

测量部位	允许偏差	实测值（mm）
1 号柱	$h/1000$ 且 $\leqslant 10mm$	南向为 3，西向为 3
2 号柱	$h/1000$ 且 $\leqslant 10mm$	东向为 4，北向为 2
3 号柱	$h/1000$ 且 $\leqslant 10mm$	北向为 3，东向为 2
4 号柱	$h/1000$ 且 $\leqslant 10mm$	西向为 3，北向为 2

注　华能嘉兴 2 号海上升压站工程的主柱高度 h 为 19 500mm。

表 6-6　　　　　　　　　主柱间距允许偏差和实测值

测量部位	设计值（mm）	实测值（mm）	允许偏差（mm）	实际偏差（mm）
1~2 号柱	20 000	19 998	10	−2
2~3 号柱	19 000	19 001	10	1

测量部位	设计值 （mm）	实测值 （mm）	允许偏差 （mm）	实际偏差 （mm）
3～4 号柱	20 000	19 997	10	−3
4～1 号柱	19 000	19 000	10	0
2～4 对角线	26 314	26 311	10	−3
1～3 对角线	26 314	26 309	10	−5

第七节 结论与建议

海上升压站是海上风电场送电的枢纽，其建造技术是整个海上风电场建设的重中之重。结合海上升压站结构特点，系统地介绍了海上升压站整体式建造技术，包括海上升压站上部组块和下部基础结构制造技术、上部组块底部工装设计、下部基础导管架建造技术，主要技术特点总结如下：

（1）海上升压站整体式建造技术是未来的重点研究方向，该建造技术为海上升压站建造提供了一种新的思路，在保证整体式建造工期的前提下（建造工期为6～8个月），减小了对场地和辅助起重机的要求，同时因4根主柱由制造厂一次成型，解决了模块式拼装变形和主柱对接偏差控制的难题。

（2）针对海上升压站结构制作中全焊接钢结构的制造精度和公差要求，给出了各类节点的装配、焊接变形控制方法，解决钢结构各制作环节产生的偏差，实现大型化、模块化钢结构高精度装配，同时减少了现场安装二次修改、调整工作量，形成的标准化工作程序和工艺在后续工程推广，有利于节省工期、降本增效。

（3）研发的可循环利用的升压站底部工装、组合轴线车滚装装船技术，可有效提高海上升压站装船的可靠性、安全性和经济性。

在综合海上升压站结构特点、建造场地、配合机械要求基础上，形成了一套完整的海上升压站建造新技术，特别是基于完整主柱的海上升压站上部组块整体式建造技术，尤其适用于建造场地不足、建造精度要求较高的海上升压站建造，为后续海上升压站建造提供了有益的借鉴，进一步提升我国海上风电升压站建造技术水平。随着我国海上风电加速发展，海上升压站整体建造技术将在后续海上风电建造中推广应用，发挥有益作用。

第七章

海上风电施工装备关键技术

第一节 简 述

海上风电机组工程安装主要包括风电机组基础施工和风电机组设备安装。本章主要论述风电机组设备安装所涉及的相关施工装备。风电机组设备主要大部件包括塔筒、机舱、轮毂和叶片，这些部件不仅自身质量较大，更主要的是起吊高度高，因此安装过程需大型起重机作业，而海上安装时大型起重机需要布置在施工船舶或施工平台上。在此将大型起重机和施工船舶的组合统称为作业平台。

一、技术现状

海上风电建设属海洋工程范畴，最初的海上风电机组由于单机容量较小（小于 3MW），轮毂高度较低，风电机组吊装多采用海洋工程常用的浮吊作业。但随着风电机组单机容量的不断增大，起吊重量和起吊高度大幅增加，浮吊的起吊高度和稳定性逐渐不能满足吊装要求，这时催生了一种专业的海上风电机组作业平台——支腿船。这种专用作业平台航行时，4 只桩腿升起，平台为漂浮状态；作业时，4 只桩腿下放站立在海床上，将平台顶升出海面，形成一个稳固的平台，可以最大限度地发挥起重机的起吊能力，如图 7-1 所示。作业平台的起吊能力随着海上风电机组单机容量的不断增大逐步增长，国内的作业平台起吊能力已经从最初的 250t 发展到目前最大的 2500t。

图 7-1 作业平台（支腿船）示意图

海上风力发电机的单机容量最初只有 2.5、3、3.3MW 几种类型，但很快"十二五"时期 4MW 级风电机组成为主力机型，到了"十三五"末期，6MW 级风电机组逐渐占领市场，同时还有部分 8MW 级风电机组投入使用。对于以上这些风电机组吊装，大部分 800t 以及 1000t 以上作业平台和部分 600t 作业平台均可满足吊装需求。但随着国产首批 10MW 风电机组在 2020 年投入商业运行，由于大容量风电机组的轮毂高度等对起吊高度要求高，即使已满足起吊重量的要求，目前现有的 1000、1200t 和 1300t 作业平台已经不能适应 10MW 风电机组的吊装，只能使用 2000t 作业平台。但如果假设未来都使用 2000t 及以上的作业平台，则存在高昂的平台建设费用、施工成本与 10MW 以上风电机组安装需求的适应性问题。因此，分析大型风电机组的发展趋势，确定风电机组大部件的起吊重量和起吊高度需求，通过联合增加起重机的底座高度和桩腿长度，选择轻型起重机，进而实现轻型作业平台满足风电机组吊装需求，为未来作业平台建造方案提供一种新思路。

二、关键技术

1. 海上风力发电机大部件及基础高度数据分析

根据海上风电机组的发展现状，掌握风电机组大部件的重量、几何尺寸、起吊特性要求、风电机组基础水面以上高度等数据是对作业平台能力需求的关键所在。同时，针对未来 3～5 年的海上风电机组发展，预测 10MW 以上风电机组的大部件参数，为作业平台建设方案提供依据。

2. 适应未来发展的主辅起重机起重能力需求分析

根据未来 3～5 年海上风电机组的发展对起吊能力的需求，结合安装方式、风电机组基础特点，确定主辅起重机的主要参数，包括确定起吊重量、工作半径、起吊高度，并提出轻型起重机增加起吊高度的方法。

3. 桩腿长度需求分析

结合海水深度、桩腿入泥深度、增加起重机起吊高度等需求，分析桩腿长度的需求。

4. 作业平台建设选型方案

结合主辅起重机选型、桩腿长度，适当考虑"运输+安装"一体化需求，提出轻型作业平台的选择方案。

🌬 第二节　国内外海上风电作业平台发展现状

海上风电施工装备必须满足风电机组设备的安装需求，否则将成为制约海上风电发展的技术瓶颈。海上风电项目施工环境的复杂性及专用设备不足给海上风电项目建设带来了较大挑战。"十二五"期间已陆续出现新建或改装的专业海上风电安装船，而原来很多适用于海上石油的浮吊，由于其功能的局限性，难以满足海上风电安装的需要，影响了项目整体建设周期，增加了工程造价，提高了综合成本。本节通过调查海上风电施工装备的发展情况，提出现有施工装备的不足和存在的主要问题，明确发展方向，提出使用方对施工装备的关键需求。

一、国内海上风电施工装备的发展及现状

国内海上风电场发展初期，主要依靠浮吊进行安装作业。浮吊设计主要以满足海洋石油产业的需求为主，吊高有限，一般仅为水面以上 80m 左右，仅能满足单机容量 2MW 以下小功率海上风电机组的安装要求。随着单机容量 3MW 海上风电机组的推出，设计建造了 2400t（2×1200t）的浮吊，起吊高度达到了水面以上 120m，但是仍然采用漂浮式排水型起重船设计，耐波性能有限，作业窗口期短的问题十分突出。为此，尝试采用双体船改善耐波性，但仍然没能完全解决该问题。

为了解决作业时的耐波性问题，参照欧洲同期的自升式风电安装作业平台方案，国内第一代专业的自升式风电安装作业平台应运而生，主要特点是采用 4 桩腿设计，将传统的全回转起重机（非绕桩式起重机）布置在艉部两个桩腿之间。但国内第一代风电安装作业平台仍属于探索性质的船型，投入使用后，发现采用非绕桩式起重机，一般仅能艉靠风电机组机位作业，作业甲板与风电机组机位之间被尾部两个桩腿和起重机基座阻隔，甲板通畅性不足；起重机的起吊能力、有效吊距和吊高没有跟上海上风电机组快速发展的要求；设计作业水深仅有 30m 左右，且对入泥深度估计不足，桩腿长度普遍比较短。

针对第一代风电安装船型的不足，第二代风电安装船型迅速推向市场，以绕桩式起重机为主要特征。当然，同期仍有部分项目采用了非绕桩式起重机，但作业水深普遍超过了 40m，起重机的能力也大大增强，机电设备配置也显著提升，技术特征与第一代自升式风电安装作业平台也已发生显著变化，因此也归于第二代风电安装船型。

与此同时，随着大量的插桩自升式风电安装船型投入使用，其在淤泥地质风电场的拔桩问题开始显现，因此市场开始探索采用坐底柱稳式平台作为风电安装平台（半潜船）。但受到柱稳式平台船型限制，作业水深不超过 32m。由于国内风电安装装备较为紧缺，国内施工单位也从国外引进了几个作业平台，由于其系统配置高，施工设备可靠性较好，因此，施工效率比较好。

国内情况来看，目前市场上主流风电设备安装作业平台大多是 800～1200t 量级，最大作业水深不超过 55m。近些年先后有不少于 25 艘专业的自升式风电安装平台投入使用。据不完全统计，目前国内有至少 7 艘自升式风电安装平台（船）在建。早期探索阶段发展出的船型，相当一部分在设计水深（桩腿长度）、起重量或起吊高度上已经不能满足广东和福建等海域当前的海上风电场的作业要求。

二、国外海上风电施工装备的发展及现状

欧洲是世界风力发电的起源地，目前丹麦风力发电的容量占比超过 40%，是世界上风

力发电比例最高的国家，也是世界上发展海上风电的先驱。目前，荷兰、英国和德国是欧洲地区发展海上风电的热点区域。欧洲早期探索海上风电施工时，也是以浮吊为主，有时候甚至动用昂贵的、用于海上石油产业的重型起重平台或漂浮式起重船。为了解决漂浮式起重船和平台作业窗口期过短的问题，欧洲开发了世界上第一个专业化的自升式风电安装平台"五月花"号。但该平台的尺寸过大，机电配置的冗余度过高，导致投资成本大，经济效益不佳。荷兰 Gusto MSC 公司作为世界领先的海洋装备设计公司之一，开发了世界上具有代表性的第一代插桩自升式风电机组安装船船型，采用非绕桩式起重机，起重机布置在艉部两个桩腿之间。由于采用了 4 桩腿设计，甲板通畅性和投资成本显著改善，成为主流产品。

欧洲的第二代风电安装船型也是以配置绕桩式起重机为主要特征，其绕桩式起重机的起重能力一般在 400~800t，主要以风电设备的安装为主。

2010 年前后，欧洲开始发展第三代自航自升风电作业船型：早期，风电机组设备的"运输+安装"一体化海上作业方式，可变载荷迅速提升至 5000t 左右，一次出航可携带 4~6套风电机组设备，起重能力在 800~1000t；中期开始强调单桩基础施工"运输+安装"一体化海上作业方式，起重能力迅速提升至 1500t 左右，可变载荷超过了 8000t，可一次性携带约 4 根单桩；当前开始向重量更大导管架或三角桩基础的"运输+安装"一体化作业模式的船型发展，起重机能力跨越至 2500~3000t，如比利时杨德努（Jan De Nul）公司投资的"伏尔泰"号（3000t 级）和日本 SHIMIZU 投资 NG14000 型（2500t 级）自升自航式一体化海上风电作业平台。

由此可见，为适应国外风电机组重量较大的特点并追求功能齐全，国外的作业平台吨位相对都比较大。

三、海上风电作业平台发展现状综合分析

纵观国内外海上风电作业平台的发展历程，海上风电施工作业平台正在发展成为一个独立种类的施工装备。相对于打捞作业和海洋石油的浮吊，风电安装作业平台不需要太大的起吊重量，而是要求更高的起吊高度；相对于海洋石油作业，风电作业平台要求更大的甲板面积组装风轮，而且叶片的尺度较大，并且对起吊要求更苛刻。风电机组设备发展快速，对起吊重量和高度的要求越来越高；尤其是扫风面积的增加要求叶片长度和轮毂高度的增加，对起吊高度和起吊最大部件长度的要求增加得更快。一个海上风电场需要安装几十台风电机组，需要风电作业平台逐个风电机组机位作业，这就要求风电作业平台具有一定的移动灵活性。为适应未来"运输+安装"一体化发展趋势，平台还应考虑自航能力。以上可以得出新一代风电安装作业平台的 4 个主要特征：自升式、4 桩腿、绕桩式起重机和动力定位系统。

作为平台的使用者，最关心的是平台的起吊能力、桩腿长度，然后是携带风电机组设备能力，最后才是航行适应性。

第三节　海上风电机组大部件及基础高度数据分析

风电机组是海上风电的安装对象，熟悉海上风电机组的发展现状，特别是掌握风电机组大部件的重量、几何尺寸、起吊要求、风电机组基础水面以上高度等数据是对施工装备能力需求的关键所在。目前国内外海上风电机组向 10MW 以上的大容量大型化发展趋势明显，而大容量风电机组的轮毂高度、大部件重量等对起吊高度和重量要求高。因此，针对未来 3～5 年的海上风电市场，需要考虑 10MW 和 12MW 级风电机组的安装能力需求。

一、风电机组大部件统计分析

目前，国内已有十家左右海上风电机组制造商可以提供海上风电机组，几个大型厂商都在沿海城市建设了生产基地；国外厂商主要在美国和欧洲，有些国外厂商在国内建设了生产线。部分制造商各种机型的大部件统计数据如表 7-1 所示。

表 7-1　　　　　　　　　　　各种机型的大部件统计数据

序号	风电机组厂家/机型	基本要素	主尺度（m）	质量（t）	备注
1	国内 A/2.5MW	三节塔筒（长度×底端直径×顶端直径）	34.964×ϕ5.5×ϕ3.276	66	最大起重量：机舱+发电机为85t
		二节塔筒（长度×底端直径×顶端直径）	23.706×ϕ5.5×ϕ5.5	63	
		一节塔筒（长度×底端直径×顶端直径）	14×ϕ5.5×ϕ5.5	65	
		机舱（长×宽×高）	8.091×4.306×4.045	30	
		发电机（长×高×宽）	5.15×4.935×1.59	55	
		轮毂（长×宽×高）	4.96×4.357×3.512	32	
		叶片（长度）	63.5	16	
2	国内 A/3MW	三节塔筒（长度×底端直径×顶端直径）	28.585×ϕ3.276×ϕ3.78	49.56	最大起重量：机舱+发电机为104.34t，叶轮整体吊装
		二节塔筒（长度×底端直径×顶端直径）	28.005×ϕ3.78×ϕ4.3	74.7	
		一节塔筒（长度×底端直径×顶端直径）	17×ϕ4.3×ϕ4.3	77.65	
		机舱（长×宽×高）	8.811×4.502×5.55	34.1	
		发电机（长×宽×高）	5.24×5.11×1.895	70.24	
		轮毂（长×宽×高）	4.961×4.357×3.512	29.487	
		叶片（长度）	59.5/59	16.8/17.18	

续表

序号	风电机组厂家/机型	基本要素	主尺度（m）	质量（t）	备注
3	国内 A/3.3MW	三节塔筒（长度×底端直径×顶端直径）	35×ϕ5.5×ϕ3.316	73	最大起重量：机舱+发电机为126t，叶轮整体吊装
		二节塔筒（长度×底端直径×顶端直径）	29.67×ϕ5.5×ϕ5.5	79	
		一节塔筒（长度×底端直径×顶端直径）	14×ϕ5.5×ϕ5.5	65	
		机舱（长×宽×高）	10.05×5.134×4.37	43	
		发电机（直径×长度）	ϕ5.135×2.46	83	
		轮毂（长×宽×高）	5.32×4.68×5.1	42	
		叶片（长度）	66.9	18	
4	国内 A/6MW	三节塔筒（长度×底端直径×顶端直径）	35×ϕ7×ϕ6.049	112	最大起重量：机舱+发电机为252t，单叶片吊装
		二节塔筒（长度×底端直径×顶端直径）	32.4×ϕ7×ϕ7	137	
		一节塔筒（长度×底端直径×顶端直径）	20.56×ϕ7×ϕ7	112	
		机舱（长×宽×高）	14.71×7.45×7.415	107	
		发电机（长×宽×高）	7.457×7.457×2.11	145	
		轮毂（长×宽×高）	7.457×7.45×5.55	86.4	
		叶片（长度）	75.079	29.9	
5	国内 A/6.45MW	四节塔筒（长度×底端直径×顶端直径）	25.45×ϕ5.559×ϕ5.02	376.9	最大起重量：机舱+发电机为352.3t，单叶片吊装
		三节塔筒（长度×底端直径×顶端直径）	28.68×ϕ6.431×ϕ5.559		
		二节塔筒（长度×底端直径×顶端直径）	25.53×ϕ7×ϕ6.431		
		一节塔筒（长度×底端直径×顶端直径）	13.8×ϕ7×ϕ7		
		机舱（长×宽×高）	14.71×7.45×7.415	113	
		发电机（长×宽×高）	7.457×7.457×2.11	152	
		轮毂（长×宽×高）	7.457×7.45×5.55	87.3	
		叶片（长度）	83.6	25.5	
6	国内 A/8.0MW	四节塔筒（长度×底端直径×顶端直径）	31.76×ϕ6.5×ϕ5.02	468.2	最大起重量：机舱+发电机为405.2t，单叶片吊装
		三节塔筒（长度×底端直径×顶端直径）	25.2×ϕ6.5×ϕ6.5		
		二节塔筒（长度×底端直径×顶端直径）	25.2×ϕ6.5×ϕ6.5		

序号	风电机组厂家/机型	基本要素	主尺度（m）	质量（t）	备注
6	国内 A/8.0MW	一节塔筒（长度×底端直径×顶端直径）	13.8×ϕ6.5×ϕ6.5	468.2	最大起重量：机舱+发电机为405.2t，单叶片吊装
		机舱（长×宽×高）	12.21×7.4×11.18	148.7	
		发电机（长×宽×高）	7.457×7.457×3.33	167.5	
		轮毂（长×宽×高）	7.457×7.45×5.67	89	
		叶片（长度）	85.6	32	
7	国内 B/4MW	三节塔筒（长度×底端直径×顶端直径）	29.88×ϕ3.66×ϕ4.188	66.7	最大起重量：机舱+发电机为192t，单叶片吊装
		二节塔筒（长度×底端直径×顶端直径）	27.78×ϕ5×ϕ4.188	90	
		一节塔筒（长度×底端直径×顶端直径）	18.34×ϕ5×ϕ5	91	
		机舱（长×宽×高）	12.5×4.95×4.504	148.7	
		轮毂（长×宽×高）	5.647×4.945×4.504	43.3	
		叶片（长×宽×高）	66.5×4.774×3.91	19.5	
8	国内 B/4.2MW	三节塔筒（长度）	29.88	52.19	最大起重量：机舱+发电机为176.5t，单叶片吊装
		二节塔筒（长度）	27.78	69.87	
		一节塔筒（长度）	18.34	78.78	
		机舱（长×宽×高）	13.55×4.47×4.15	134	
		轮毂（长×宽×高）	5.782×5.12×5.74	42.5	
		叶片（长度）	66.5	19	
9	国内 B/4.5MW	三节塔筒（长度）	29.88	79.6	最大起重量：机舱+发电机为181t，单叶片吊装
		二节塔筒（长度）	30	80.78	
		一节塔筒（长度）	21.12	89.25	
		机舱（长×宽×高）	13.55×4.47×4.15	138.5	
		轮毂（长×宽×高）	5.782×5.12×5.74	42.5	
		叶片（长度）	72.5	20.4	
10	国内 C/6.45MW	四节塔筒（长度×底端直径×顶端直径）	31.05×ϕ5.526×ϕ4.05	94.8	机舱为239t，叶轮吊装
		三节塔筒（长度×底端直径×顶端直径）	25.19×ϕ6.234×ϕ5.526	90.6	
		二节塔筒（长度×底端直径×顶端直径）	19.89×ϕ7×ϕ6.234	96	
		一节塔筒（长度×底端直径×顶端直径）	10×ϕ7×ϕ7	128.2	

序号	风电机组厂家/机型	基本要素	主尺度（m）	质量（t）	备注
10	国内 C/6.45MW	机舱（长×宽×高）	9.86×7.198×7.198	239	机舱为239t，叶轮吊装
		轮毂（长×宽×高）	6.62×6.383×6.383	93	
		叶片（长度）	77.5	36	
11	国内 C/5.5MW	四节塔筒（长度×底端直径×顶端直径）	31.05×φ5.526×φ4.05	94.753	机舱为256t，叶轮吊装
		三节塔筒（长度×底端直径×顶端直径）	25.19×φ6.234×φ5.526	90.592	
		二节塔筒（长度×底端直径×顶端直径）	19.89×φ7×φ6.234	95.975	
		一节塔筒（长度×底端直径×顶端直径）	10×φ7×φ7	91.201	
		机舱（长×宽×高）	10.084×6×9.777	256	
		轮毂（长×宽×高）	6.364×5.724×6.383	96.5	
		叶片（长度）	76.6		
12	国内 C/7MW	四节塔筒（长度×底端直径×顶端直径）	18.349×φ4.682×φ4.50	57.967	最大起重量：叶轮为445t，叶轮吊装
		三节塔筒（长度×底端直径×顶端直径）	25.28×φ5.559×φ4.682	93.552	
		二节塔筒（长度×底端直径×顶端直径）	22.49×φ6.339×φ5.559	102.429	
		一节塔筒（长度×底端直径×顶端直径）	19.21×φ7×φ6.339	100.957	
		底节塔筒（长度×底端直径×顶端直径）	15.1×φ7×φ7	103.755	
		机舱（长×宽×高）	10.292×5.478×10.76	254	
		轮毂（长×宽×高）	6.328×5.68×5.492	92	
		叶片（长度）	76.6	36	
13	国内 C/8.3MW	四节塔筒（长度×底端直径×顶端直径）	25.05×φ5.692×φ4.05	476.75	桂山二期机舱+发电机为341.8t，叶轮整体吊装
		三节塔筒（长度×底端直径×顶端直径）	26.7×φ7.442×φ5.692		
		二节塔筒（长度×底端直径×顶端直径）	22.8×φ7.442×φ7.442		
		一节塔筒（长度×底端直径×顶端直径）	16.18×φ7.442×φ7.442		
		机舱（长×宽×高）	10.05×5.524×8.099	273.8	
		发电机（长×宽×高）	4.142×4.142×3.436	68	
		轮毂（长×宽×高）	6.328×6.110×5.764	91	
		叶片（长度）	86.5	31	

序号	风电机组厂家/机型	基本要素	主尺度（m）	质量（t）	备注
14	国外 A/4MW	三节塔筒（长度×底端直径×顶端直径）	36×φ3.12×φ5	77.5	最大起重量：机舱＋轮毂为196t，单叶片吊装
		二节塔筒（长度×底端直径×顶端直径）	27.5×φ5×φ5	89.5	
		一节塔筒（长度×底端直径×顶端直径）	12.5×φ5×φ5	74.5	
		机舱（长×宽×高）	14.214×4.2×5.888	147	
		轮毂（长×宽×高）	4.895×5.923×4.632	49	
		叶片（长度）	63	18.8	
15	国外 A/6MW	三节塔筒（长度×底端直径×顶端直径）	29×φ4×φ5.1	85.4	最大起重量：机舱＋轮毂为384.4t，单叶片吊装
		二节塔筒（长度×底端直径×顶端直径）	25×φ5.1×φ6	91.4	
		一节塔筒（长度×底端直径×顶端直径）	28×φ6×φ6	202.6	
		机舱＋轮毂（长×宽×高）	19.785×7.74×8.85	384.4	
		叶片（长度）	74.1	30	
16	国外 A/7MW	三节塔筒（长度×底端直径×顶端直径）	29×φ4.5×φ5.7	87.5	最大起重量：机舱＋轮毂为340t，单叶片吊装
		二节塔筒（长度×底端直径×顶端直径）	25×φ5.7×φ6.5	95.6	
		一节塔筒（长度×底端直径×顶端直径）	28×φ6.5×φ6.5	205.6	
		机舱（长×宽×高）	20×7×7	265	
		轮毂（长×宽高）	21.65×9.12×9.65	75	
		叶片（长度）	76	32	
17	国内 D/5MW	三节塔筒（长度×底端直径×顶端直径）	29.1×φ5.1×φ5.1	73.81	最大起重量：机舱＋轮毂为213t，叶轮吊装
		二节塔筒（长度×底端直径×顶端直径）	22.4×φ5.1×φ5.1	104.27	
		一节塔筒（长度×底端直径×顶端直径）	25.2×φ5.1×φ5.1	80.65	
		机舱（长×宽×高）	5.713×4.848×4.915	60.96	
		发电机（长×宽×高）	6×6.285×2.918	152	
		轮毂（长×宽×高）	5.923×5.923×4.442	63	
		叶片（长度）	62	22	

续表

序号	风电机组厂家/机型	基本要素	主尺度（m）	质量（t）	备注
18	国内 E/5MW	三节塔筒（长度×底端直径×顶端直径）	31.7×ϕ5.2×ϕ4.7	104.4	最大起重量：机舱+发电机为270t，叶轮吊装
		二节塔筒（长度×底端直径×顶端直径）	28.3×ϕ5.2×ϕ5.7	127	
		一节塔筒（长度×底端直径×顶端直径）	18×ϕ5.7×ϕ6	132	
		机舱（长×宽×高）	16×6×6.5	275	
		轮毂（长×宽×高）	6×6×5.5	60	
		叶片（长度）	73.5	18	
19	国内 F/5MW	四节塔筒（长度）	27	76	最大起重量：机舱+发电机为280t，叶轮吊装
		三节塔筒（长度）	25	104	
		二节塔筒（长度）	22	142	
		一节塔筒（长度）	10	101	
		机舱（长×宽×高）	15.3×6.5×7.6	280	
		轮毂		60	
		叶片（长度）	68	27.3	
20	国内 F/7MW	四节塔筒（长度）	20.4	57.967	最大起重量：机舱+发电机为265t，叶轮吊装
		三节塔筒（长度）	21	93.552	
		二节塔筒（长度）	27	102.429	
		一节塔筒（长度）	26.7	100.957	
		机舱（长×宽×高）	23.5×8.6×10.3	265	
		轮毂	21.65×9.12×9.65	78	
		叶片（长度）	91	30	
21	国内 F/10MW	四节塔筒（长度×底端直径×顶端直径）	11.6×ϕ7.8×ϕ7.8	118.6	最大起重量：机舱+发电机为382t，可分别吊装
		三节塔筒（长度×底端直径×顶端直径）	28.6×ϕ7.8×ϕ7.1	160	
		二节塔筒（长度×底端直径×顶端直径）	29.9×ϕ7.1×ϕ6.15	126	
		一节塔筒（长度×底端直径×顶端直径）	29.9×ϕ6.15×ϕ5.43	100.5	
		机舱（长×宽×高）	13.85×7.3×7.5	133	
		发电机（直径×长度）	ϕ8.175×2.79	249	
		轮毂（长×宽×高）	9.3×9.3×7.7	108	
		叶片（长度）	90.5	35	

序号	风电机组厂家/机型	基本要素	主尺度（m）	质量（t）	备注
22	国内 F/12.5MW（未定型）	轮毂（高度）	115		最大起重量：机舱+发电机为392t，可分别吊装
		塔筒		579	
		机舱		137	
		发电机		255	
		轮毂		115	
		叶片（长度）	103	39	
23	国内 G/5MW	四节塔筒（长度×底端直径×顶端直径）	27.95×φ4.096×φ5.52	77.6	最大起重量：机舱为280t，叶轮吊装
		三节塔筒（长度×底端直径×顶端直径）	25.35×φ5.52×φ6	107	
		二节塔筒（长度×底端直径×顶端直径）	22.95×φ6×φ6	141	
		一节塔筒（长度×底端直径×顶端直径）	10.85×φ6×φ6.34	101	
		机舱+轮毂（长×宽×高）	15×7.1×7.5	280	
		轮毂（长×宽×高）	7×6.2×6.3	65	
		叶片（长度）	75	31	
24	国内 H/6.25	顶段塔筒（长度×底端直径×顶端直径）	36×φ4.225×φ6	119.18	最大起重量：机舱+发电机为247t
		中上段塔筒（长度×底端直径×顶端直径）	28×φ6×φ6	114.77	
		中下段塔筒（长度×底端直径×顶端直径）	17.08×φ6×φ6	88.34	
		底端塔筒（长度×底端直径×顶端直径）	13.88×φ6×φ6	107.62	
		机舱（长×宽×高）	12.503×6.523×8.972	102	
		发电机（直径×长度）	φ6.523×3.469	145	
		轮毂（长×宽×高）	8.129×7.223×5.592	107	
		叶片	83.756	30.362	
25	国内 H/8.0	顶段塔筒（长度×底端直径×顶端直径）	36×φ4.145×φ6	140.881	最大起重量：机舱+发电机为270.7t
		中上段塔筒（长度×底端直径×顶端直径）	16.8×φ6×φ6	93.917	
		中下段塔筒（长度×底端直径×顶端直径）	15.96×φ6×φ6.7	100.591	

续表

序号	风电机组 厂家/机型	基本要素	主尺度（m）	质量（t）	备注
25	国内 H/ 8.0	底端塔筒（长度×底端直径× 顶端直径）	20.9×ϕ6.7×ϕ6.7	181.271	最大起重量： 机舱+发电机为 270.7t
		机舱（长×宽×高）	12.4×6.4×9.2	106.7	
		发电机		164	
		轮毂（长×宽×高）	7.912×6.88×5.7	94.3	
		叶片（长度）	81.4	33.3	
26	国外 B/4.5MW	三节塔筒（长度×底端直径× 顶端直径）	28×ϕ3.6×ϕ4.3	206	最大起重量： 机舱+轮毂为 149.9t
		二节塔筒（长度×底端直径× 顶端直径）	25×ϕ4.3×ϕ4.3	101	
		一节塔筒（长度×底端直径× 顶端直径）	10.3×ϕ4.3×ϕ4.3	108	
		机舱（长×宽×高）	14×3.9×3.4	96.9	
		轮毂（长×宽×高）	3.5×4×3.8	50	
		叶片（长度）	67	24	
27	国外 B/6MW	三节塔筒（长度×底端直径× 顶端直径）	28×ϕ6×ϕ6	206	最大起重量： 机舱+轮毂为 358t
		二节塔筒（长度×底端直径× 顶端直径）	25×ϕ6×ϕ6	101	
		一节塔筒（长度×底端直径× 顶端直径）	29×ϕ6×ϕ6	108	
		机舱（长×宽×高）	19.767×7.76×9.194	358	
		轮毂（长×宽×高）	7.457×7.45×5.55	86.4	
		叶片（长度）	74.1	28.6	
28	国外 B/12MW	塔筒低段（长度×底端直径× 顶端直径）	26.69×ϕ7.99×ϕ7.97	305	最大起重量： 推荐三段塔筒整 体吊装为900t， 机舱+轮毂为 650t，单叶片
		塔筒中段（长度×底端直径× 顶端直径）	40.97×ϕ7.97×ϕ6.83	287	
		塔筒顶段（长度×底端直径× 顶端直径）	43.54×ϕ6.83×ϕ5.73	257	
		机舱（长×宽×高）	22×10×10.5	650	
		叶片（长度）	108	60	
29	国外 C/8MW	三节塔筒			最大起重量： 390t
		二节塔筒			
		一节塔筒			
		机舱+轮毂（长×宽×高）	25×7.5×8	390	
		叶片（长度）	80		
30	国外 C/ 9.5MW	三节塔筒			最大起重量： 400t
		二节塔筒			
		一节塔筒			
		机舱+轮毂（长×宽×高）	20.7×9.3×8.8	400	
		叶片（长度）	80	30	

海上风电工程集成技术

表 7-1 剔除资料不完整的国外 C 两种机型，可以得到表 7-2 所示的计算各机型的轮毂高度，提取出叶片长度和最大起重量表 7-2。轮毂高度和最大起重量是影响主吊参数的最重要依据。

表 7-2 各种机型大部件数据整理计算表

序号	容量（MW）	轮毂高度（m）塔筒总高+机舱的一半	叶片长度（m）	最重件质量（t）
1	2.5	74.7	63.5	85
2	3	75.8	59.5	104
3	3.3	81.2	66.9	126
4	4	78.3	66.5	192
5	4	79	63	196
6	4.2	78.1	66.5	176.5
7	4.5	83.1	72.5	181
8	4.5	65.1	67	149.9
9	5	79.2	62	213
10	5	81.3	73.5	270
11	5	87.9	68	280
12	5	90.9	75	280
13	5.5	91.13	76.6	256
14	6	91.76	75.079	252
15	6	86.5	74.1	384.4
16	6	86.7	74.1	358
17	6.25	99.5	83.756	247
18	6.45	97.26	83.6	265
19	6.45	89.83	77.5	239
20	7	90.8	76.6	254
21	7	85.6	76	340
22	7	100.3	91	265
23	8	101.6	85.6	316.2
24	8	94.5	81.4	270.7
25	8.3	94.9	86.5	341.8
26	10	104	90.5	382
27	12	116.2	108	690
28	12.5	114	103	392

二、风电机组容量与大部件关联性分析

为了更直观地了解风电机组容量与大部件数据的关系，对表 7-2 数据做相关性分析。

182

风电机组容量与轮毂高度相关性如图 7-2 所示。

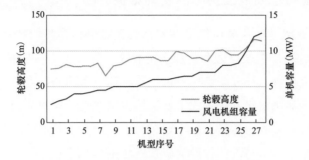

图 7-2　风电机组容量与轮毂高度相关图

风电机组容量与叶片长度相关性如图 7-3 所示。

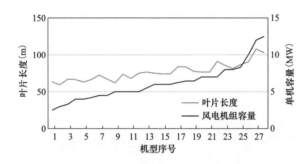

图 7-3　风电机组容量与叶片长度相关图

风电机组容量与最重件重量相关性如图 7-4 所示。

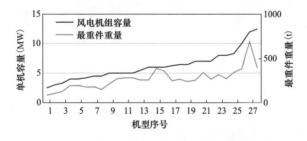

图 7-4　风电机组容量与最重件重量相关图

　　由图 7-2～图 7-4 可以看出，轮毂高度、叶片长度、机舱重量与风电机组容量基本是正相关。相关性偏差较大的机型是国外 A-4.5MW、国外 B-6MW、国外 B-7MW 和国外 A-12MW 等国外机型。在容量与轮毂高度相关性方面，国外 A-4.5MW 和国外 B-7MW 偏低，而国外 A-12MW 偏高；在容量与最重件重量相关性方面，国外 A-4.5MW 偏低，而国外 B-6MW 和国外 A-12MW 偏高。在 8MW 以下容量的机型中，这种相关性偏差不大，但国外 A-12MW 机型，其轮毂高度和最重件重量都远高于国产机型，需特别加以重视。同时，还需注意国内 12.5MW 机组的大部件还未定型。

三、轮毂高度与水面以上实际高度的数据分析

风电机组轮毂高度是指从风电机组基础承台顶部到风电机组轮毂转轴中心的垂直距离，在数值上等于各段塔筒长度之和再加上机舱高度的一半，详见表 7-2。轮毂在水面以上的高度除了轮毂高度外，还要考虑风电机组基础露出水面的高度。

目前离岸型海上风电机组基础形式主要包括单桩基础、浮式基础、导管架基础和吸力筒基础。其中，导管架基础占比最大，达到 80%；其次为单桩基础。吸力筒基础和浮式基础刚刚起步，数量很少，典型的四桩导管架基础如图 7-5 所示。

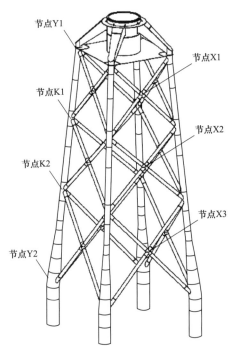

图 7-5 四桩导管架基础

根据 GB/T 51308—2019《海上风力发电场设计标准》，风电机组基础甲板面高程（T）的取值计算为

$$T = H_\mathrm{w} + \frac{2}{3}H_\mathrm{b} + \Delta$$

式中 H_w——50 年重现期下的极端高水位；

H_b——极端高水位的最大波高；

Δ——富裕高度，取 0.5～1.5m。

以四桩导管架基础为例，顶部的方形平面是风电机组基础甲板。甲板往上还有一个法兰盘，这个法兰盘用于和风电机组塔筒栓接。法兰盘的最上部，就是风电机组基础的顶面，法兰盘的高度一般比甲板面高 4～5m。各海域海平面的绝对高程不完全一样，广东近海海平面的绝对高程一般在 0.5m 左右，东海更小，因此这个数值影响很小，可以忽略。风电机组基础顶面的高程应该是风电机组基础甲板面高程 T 加上 4～5m，再减去海面绝对高程。

T 的具体数值可以参考以下原则。

（1）广东阳江海域：平均水深接近 40m，T 的数值为 18.5m。

（2）福建长乐海域：平均水深超 40m，T 的数值为 22m。

综合以上，风电机组基础的顶面高度，一般要高于海平面高度 18～22m。施工安装时，理想条件下是作业平台顶升到主甲板面与风电机组基础甲板等高的位置，在作业平台主甲板与风电机组基础甲板之间搭建栈桥，方便人员和小型工具配件通行运输。由于绝大部分平台的型深都不大于 10m，则能够保证气隙的高度不小于 10m，满足平台本体不受海浪影响的要求。因为主吊的起吊高度定义为平台主甲板面以上高度，这就要求主吊的起吊高度在考虑风电机组轮毂高度的基础上，还要增加 4～5m 的法兰盘高度，如图 7-6 所示。

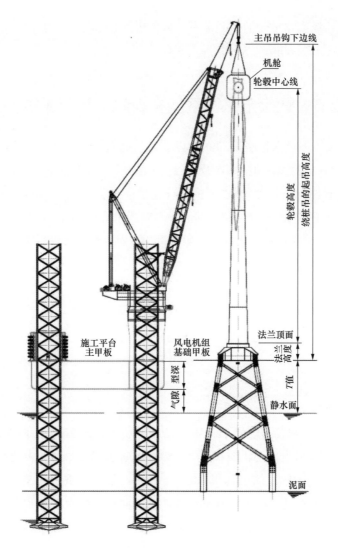

图 7-6　水面以上各部位高度示意图

四、风电机组发展对作业平台能力要求分析

现在国产 10MW 风电机组，已经小批量安装；国产 12.5MW 风电机组虽然还未定型，但已有大部件设计数据，符合国产风电机组的发展趋势。按此趋势，未来国产 15MW 风电机组机舱质量为 430t，叶片长度为 113m，国产 15MW 风电机组的大部件也将远小于国外 12MW 风电机组。因此，安装国外风电机组与安装国内同级别容量的风电机组，所需要的作业平台作业能力存在较大差异。

此外，考虑水深增加导致基础形式的变化。目前海上风电深水区在 35～50m 之间，未来水深超过 60m 时，浮式基础的造价可能与导管架基础具有可比性。而浮式基础的风电机组安装将不需要桩腿式作业平台，只需在海岸边向浮式基础上将风电机组吊装完成，整体拖到预定机位，锚固在海底预先施工好的锚固点即可。

综合以上，选择作业平台的形式需有一定的前瞻性，这种前瞻性以未来 5～8 年风电机组的发展、作业水深 60m、15MW 风电机组为限比较合适。

 ## 第四节　适应未来发展的主辅起重机起重能力需求分析

对于 8MW 及以下风电机组，800t 及以上起吊能力的作业平台已经能够满足起吊安装需求，而未来 3～5 年海上风电机组的发展趋势是 10～12MW 的单机容量，预测远期还将出现 15MW 风电机组。海上风电施工对海上作业平台的最主要需求是起吊能力，包括起吊重量和起吊高度。在主吊完成大部件吊装的同时，还需要辅吊完成辅助作业。本节以国产 10MW、12.5MW、国外 12MW 风电机组为安装对象，讨论其对主辅起重机起重能力的需求。

一、主吊起重能力分析

风电机组部件的最大起重量和风电机组机舱的起吊高度决定了风电机组机位中心点处的主吊能力需求，但主吊的工作半径还影响主吊额定最大起重量和额定起吊高度。风电机组机位中心点处的起吊重量和起吊高度需求以及工作半径共同影响主吊额定参数的选择。

（一）风电机组部件的最大起重量

国产 10MW、12.5MW、国外 12MW 风电机组机型的最重部件都是机舱。

（1）国产 10MW 风电机组机舱重量为 382t，此重量包含机舱和发电机；轮毂与叶片组成风轮，整体吊装。考虑 2t 的吊具和 10t 工装重量，最大起重量为 394t。

（2）国产 12.5MW 风电机组机舱重量为 392t，此重量包含机舱和发电机；轮毂与叶片组成风轮，整体吊装。考虑 2t 的吊具和 10t 工装重量，最大起重量为 404t。

（3）国外 12MW 风电机组机舱重量为 690t，此重量包含机舱、轮毂和发电机以及工装。考虑 3t 的吊具，最大起重量为 693t。

（4）预测国产 15MW 风电机组，最大起重量为 450t。

（二）风电机组机位中心点的最大起吊高度

主吊的起吊高度是从平台主甲板向上算起，在理想情况下，平台顶升至主甲板与风电机组基础甲板等高，如图 7-7 所示。

起吊高度等于法兰高度+塔筒总高度+机舱高度+吊具高度，在吊装机舱时还要考虑留有 2m 的安全距离，4 种机型分别计算说明如下。

（1）国产 10MW 风电机组：法兰高度为 4m，塔筒总高度为 100m，机舱高度为 7.5m，吊具高度按 10m 考虑，安全距离为 2m，则风电机组机位中心点的最大起吊高度为 123.5m。

（2）国产 12.5MW 风电机组：法兰高度为 4m，塔筒总高度为 110m，机舱高度为 8m，吊具高度按 10m 考虑，安全距离为 2m，则风电机组机位中心点的最大起吊高度为 134m。

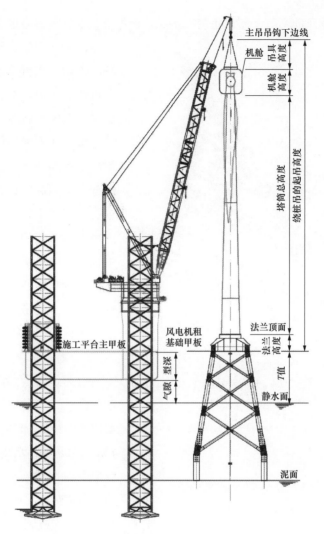

图 7-7　风电机组机位中心点起吊高度示意图

（3）国外 12MW 风电机组：法兰高度为 4m，塔筒总高度为 111.2m，机舱高度为 10.5m，吊具高度按 15m 考虑，安全距离为 2m，则风电机组机位中心点的最大起吊高度为 142.7m。

（4）预测国产 15MW 风电机组，风电机组机位中心点的最大起吊高度为 144m。

（三）起吊工作半径

1. 施工布置方案

起吊工作半径受现场施工布置控制，由风电机组基础位置、平台固定位置和风电机组设备运输驳船锚固位置共同决定。典型的绕桩吊式安装平台配合运输驳船施工现场布置方案见图 7-8，以某 600t 作业平台在南海吊装 6.8MW 风电机组的施工平面布置作为计算起吊工作半径的"参照工程"。

由图 7-8 可知，导管架 4 个基础桩的布置方位受潮流风向控制，涨潮、落潮海流为东西方向，主导风向为东北风，为使运行维护检修船在下风下海流方向接近机位，选择将导

海上风电工程集成技术

管架的方位与主导风向一致，而非正南、正北。根据该作业平台具备的"DP-1+锚泊定位"功能，平台固定在导管架的上风、上海流方向，也就是运行维护检修船接近机位的对侧，绕桩式起重机所在的船尾接近导管架。运输驳船在靠近绕桩式起重机的右舷锚固定位，保持安全距离，依靠前后移位使被起吊设备最接近合适的起吊位置，不会对主式起重机的工作半径造成大的影响。影响主吊工作半径的主要因素包括在平台中轴线方向是主吊至船尾的距离和船尾至导管架中心的距离，在与平台中轴线垂直方向是导管架中心与平台右舷两条桩腿连线的延长线的距离。

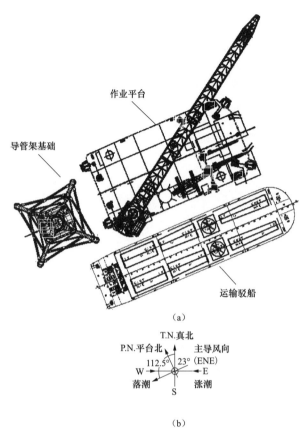

（a）

T.N.真北

P.N.平台北　　主导风向

112.5°　23°(ENE)

W　　　　　　E

落潮　　S　　涨潮

（b）

图 7-8　施工现场布置方案及风向潮流图图

（a）布置方案；（b）风向潮流图

2. 起吊工作半径的计算

（1）船尾至导管架中心的距离由两部分构成：一是船尾至低潮水线处导管架的外沿距离，目前业内共识是不小于 10m；二是低潮水线处导管架外沿至导管架中心的距离，与导管架桩腿底部间距（俗称跟开）有关。导管架的高度受水深和 T 值控制，而对应 35～50m 水深的导管架跟开基本最大就是 30m，并且不会有较大变化。参照工程低潮水线处导管架外沿至导管架中心的距离为 10.2m，计算按 11m 考虑，则船尾至导管架中心的距离为 21m，如图 7-9 所示。

（2）主吊至船尾的距离由船舶制造控制，一般要使绕桩式起重机在非工作状态主吊机座部分处在平台外轮廓线以内。"参照工程"的 600t 绕桩式起重机为 11.7m，调查 1200t 和 1300t 绕桩式起重机为 19.5m。

（3）导管架中心与平台右舷两条桩腿连线的延长线的垂直距离，需要考虑的是导管架不能影响运输驳船的航行与锚固作业。"参照工程"是将导管架的两个桩腿布置在平台右舷的延长线上，导管架中心距离这个延长线为跟开的一半 15m，"参照工程"的 600t 绕桩式起重机中心距离右舷 4.5m，则导管架中心与平台右舷两条桩腿连线的延长线的距离为 10.5m。1200t 和 1300t 绕桩式起重机中心距离右舷更远，将使运输驳船离导管架更远更安全，因此，针对 1200t 和 1300t 绕桩式起重机起吊工作半径的计算，仍然使用 10.5m。

图 7-9 明确以上 3 种数据之后可以构建一个计算直角三角形，计算得到 600t 绕桩式起重机最小工作半径为 34.35m。实际施工时，考虑最大起重量的需求、600t 绕桩式起重机的实际能力等因素，"参照工程"选择了 38m 以确保安全。对于 1200t 和 1300t 绕桩式起重机，构建计算直角三角形，如图 7-10 所示，计算得到最小工作半径为 41.83m，据此按 42m 选择主吊。需要说明的是对于 34.35m 工作半径起吊 394t 的 10MW 风电机组机舱，600t 绕桩式起重机的起重能力是 450t，安全裕度不足，不满足放大系数（起吊能力与起吊需求之比）1.2 的要求（394t×1.2=472t）。

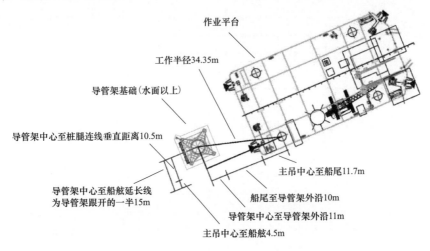

图 7-9　参考工程主吊工作半径计算图

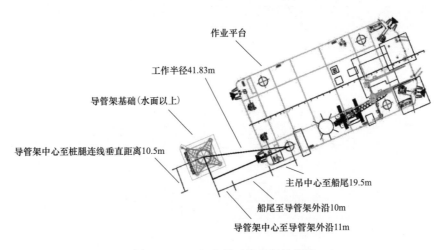

图 7-10　1200t 主吊工作半径计算图

（四）主吊参数的选择

在明确风电机组机位中心点处的起吊重量和起吊高度需求以及工作半径之后进行主吊选型，以便确定主吊额定最大起重量和额定起吊高度。600、1000、1200、1300t 绕桩式起重机的特性曲线如图 7-11～图 7-14 所示。

海上风电工程集成技术

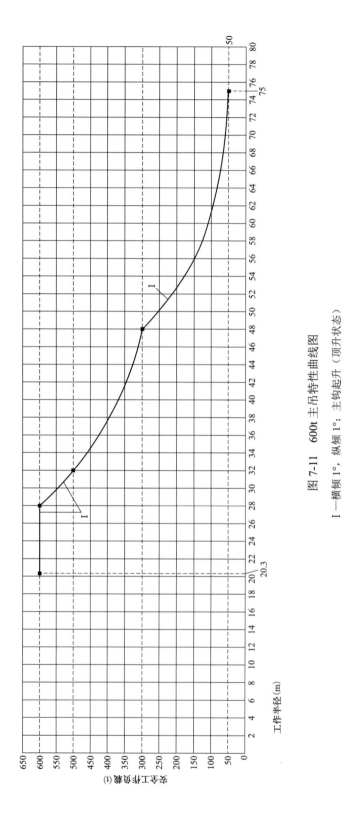

图 7-11 600t 主吊特性曲线图

Ⅰ—横倾 1°，纵倾 1°；主钩起升（顶升状态）

190

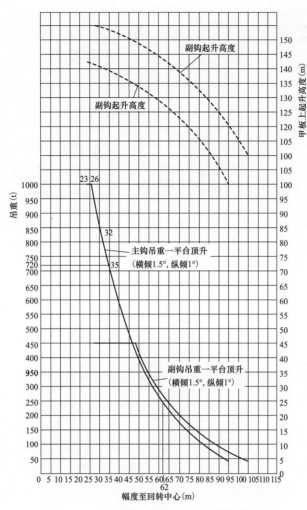

图 7-12　1000t 绕桩式起重机起吊特性曲线图

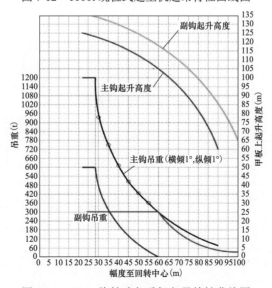

图 7-13　1200t 绕桩式起重机起吊特性曲线图

191

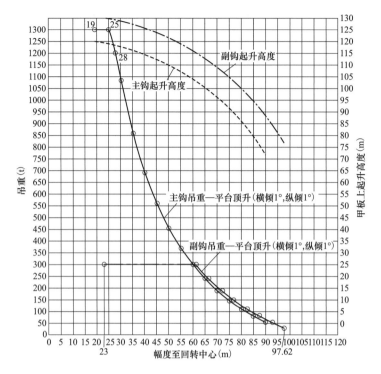

图 7-14 1300t 绕桩式起重机起吊特性曲线图

需要说明的是国外已交付的绕桩式起重机最大达到了 1500t 级，国内已交付的绕桩式起重机最大达到了 1300t 级。目前国内船机厂家的大型绕桩式起重机设计和制造技术已经相当成熟，2000t 主吊计划在 2022 年底供货。国产 1500t 主吊已掌握设计制造技术，但型式认证可能需要较长时间。800t 绕桩式起重机特性参照：作业半径 25m 时起吊能力 800t（简称 800t@25m）、作业半径 40m 时起吊能力 600t（简称 600t@40m），最大起吊高度（甲板以上）117m；2000t 绕桩式起重机特性参照：作业半径 26m 起吊能力 2000t（简称 2000t@26m）、作业半径 40m 起吊能力 1200t（简称 1200t@40m），最大起吊高度（甲板以上）150m。

参照风电机组的起吊需求和吊机的特性曲线，列出主吊机型选择计算表，如表 7-3 所示。

表 7-3 主吊机型选择计算表

序号	项目	A	B	C	D
1	风电机组制造商	国产	国产	国外	前瞻预测
2	机型容量（MW）	10	12.5	12	15
3	风电机组中心点起吊重量需求（t）	394	404	693	450
4	放大系数	1.2	1.2	1.2	1.2
5	风电机组中心点主吊起重能力需求（t）	472.8	484.8	831.6	540
6	风电机组中心点主吊起吊高度需求（m）	123.5	134	142.7	144
7	工作半径（m）	42	42	42	42

序号	项目	A	B	C	D
8	800t 主吊对应工作半径的起吊能力（t）	540	540	540	540
9	800t 主吊对应工作半径的起吊高度（m）	112	112	112	112
10	1000t 主吊对应工作半径的起吊能力（t）	530	530	530	530
11	1000t 主吊对应工作半径的起吊高度（m）	137	137	137	137
12	1200t 主吊对应工作半径的起吊能力（t）	560	560	560	560
13	1200t 主吊对应工作半径的起吊高度（m）	117	117	117	117
14	1300t 主吊对应工作半径的起吊能力（t）	630	630	630	630
15	1300t 主吊对应工作半径的起吊高度（m）	113	113	113	113
16	2000t 主吊对应工作半径的起吊能力（t）	1080	1080	1080	1080
17	2000t 主吊对应工作半径的起吊高度（m）	145	145	145	145
18	主吊选择（t）	1200	1200	2000	1200

由表 7-3 可以看出：

（1）对于 10～12.5MW 风电机组，600t 主吊无论起吊重量还是起吊高度都不能满足要求。

（2）对于国产风电机组 10、12.5MW，单从起吊重量来看，800t 及以上主吊能满足要求；但对于起吊高度需求，只有 1000t 主吊能够满足要求（137m），而 1200t 和 1300t 的起吊高度都与 800t 相近（112～117m），说明目前的定型产品 1200t 和 1300t 主吊在起吊高度方面没有适应风电机组的发展趋势。如果按现有吊机参数选择同时满足起吊重量和高度的主吊，势必造成满足起吊高度的情况下，起吊重量有较大的富裕。

（3）对于国外 12MW 风电机组，无论是起吊重量还是起吊高度，只有 2000t 主吊能满足要求。

（4）对于预测的 15MW 国产风电机组，1200t 和 1300t 主吊能够满足重量需求，不能满足高度需求。即使预测的机舱重量再大一些，1200t 主吊不满足要求时，1300t 主吊也能满足重量要求。

（5）针对国内外风电机组差异比较大的实际情况必须区别对待，对于国外 12MW 风电机组，只能选择 2000t 主吊；而对于国产 10、12.5MW 风电机组以及预测的国产 15MW 风电机组，1200t 和 1300t 主吊高度不够的问题，可以采用下列两种方法加以解决。

1）增加吊臂长度。增加吊臂长度实际上也是产生一个新的主吊形式，也要经过船级社认证，但这属于产品系列化，认证周期较短。增加吊臂长度的同时，为保证吊臂强度，可能也需要增加吊臂的横截面，可能比增加桩腿长度节省平台自重，但增加吊臂长度可能增加作业盲区，实际上改变了起吊特性曲线。

2）联合增高平台的吊机基座和增加平台的桩腿长度。吊机基座是平台的组成部分，不属于主吊制造商供货。目前 1000t 以上的平台，基座高度都是 19m，在不必全新设计和实验定型新型主吊的前提下，可以选择适当增加该高度 8～10m，再额外增加桩腿长度 19～

21m 抬升平台主甲板高度解决主吊起吊不足的问题。因此，正常作业时主甲板的高度就要在平均 T 值 20m 的基础上，增加 20m 左右达到 40m 高度。主吊整体抬高可能使平台的重心升高，不利于航行的稳定；但 1500t 重的主吊对于 15 000t 以上的平台总重，重心升高的影响不会很大。具体的航行稳定性还需要专业的船舶设计单位来计算。

综上所述，为适应国产 12.5MW 风电机组的吊装，并考虑适当的前瞻性（15MW 风电机组），主吊的选择应在 1200t。

二、辅吊起重能力分析

1. 辅吊的作用与分类

辅吊的主要作用是辅助主吊开展吊装作业，例如在从运输驳船向平台倒运设备或直接向机位安装设备时，主吊不能单独起吊在运输驳船上水平放置的第二、第三、第四节塔筒和 3 只叶片。对于塔筒的吊装作业，主吊起吊塔筒的顶端，辅吊起吊塔筒的末端，在主吊不断提升的同时，辅吊负责溜尾翻身。对于叶片的吊装作业，主吊和辅吊分别起吊叶根和叶中，共同提升，当叶片超过作业平台主甲板高度后，旋转叶片使其垂直于船舷方向穿过主吊和辅吊之间的空隙，移至风电机组轮毂处水平组装风轮。在风轮的 3 个叶片组装完成后起吊风轮，主吊起吊轮毂，辅吊起吊溜尾叶片的叶中，完成叶轮的溜尾翻身。辅吊的作用还包括从补给船吊运补给物资、平台与补给船和运输船之间的人员输送等。

目前业内辅吊分为履带式起重机和全回转固定式起重机两种，履带式起重机可以在主甲板上移动，既可以在左舷作业，也可以在右舷作业；只安装一个固定式起重机时必须与主吊布置在同一侧船舷，也有在左右舷各布置一个固定式起重机的平台。

2. 两种辅吊的优缺点分析

履带式起重机的优点是灵活可移动，当单独作业时，在左右舷都能工作；在同一舷侧配合主吊作业时，与主吊的位置距离可适当调整，以便控制各自的工作半径，而且在吊起设备后也能适当移动。主要的缺点是起吊能力随着工作半径的加大而快速下降，实际起吊能力比额定起吊能力小很多，并且履带式起重机要占据一块甲板位置，其移动时会对甲板表面造成伤害，增加了甲板表面维护的工作量。而且海洋工程监管部门从安全角度出发，不鼓励甚至限制履带式起重机上作业平台，若申请履带式起重机上作业平台则需经过多道审批，并准备大量证明文件资料。

固定式起重机的优缺点基本与履带式起重机相反，因此两种辅吊各有适用条件。

3. 履带式起重机作为辅吊的起吊能力需求分析

根据辅吊的主要作用发现，吊装过程中对辅吊的吊高能力需求很低，但对其工作半径需求相对较大。国产 400、600t 和 800t 3 种履带吊在甲板上的占位面积相近，但其自重随起重能力增加而大幅升高。对于国产 10MW 风电机组需要 600t 履带式起重机，对于国外 12MW 风电机组需要 800t 履带式起重机。400t 履带式起重机的自重与 120t 全回转固定式起重机重量相当，600t 和 800t 履带式起重机的自重则远大于固定式起重机，占用甲板载荷比较大。随着运输驳船技术的发展，目前已经有驳船垂直运输塔筒的案例，叶片的抬吊和叶轮的翻身，400t 履带式起重机都能完成任务。对于平台甲板上只考虑临时存放 1 套风电机组塔筒和机舱的基于作业平台配合运输驳船的安装方式，履带式起重机具有一定的应用空间。

为实现"运输+安装"一体化平台模式，需选择能够自身携带 2 套 10MW 风电机组设备的作业平台。此时，甲板上将遍布塔筒、轮毂、机舱和叶片的固定工装，几乎没有履带式起重机的布置空间，更不可能存在履带式起重机的移动空间。因此，为适应"运输+安装"一体化平台模式，不能选择履带式起重机。

4. 固定式起重机作为辅吊的起吊能力需求分析

目前轻量级全回转式海工吊建造技术已经成熟，其型式分为绕桩式和非绕桩式。两种形式各有利弊，绕桩式不占用作业甲板空间，但其造价相对较高。

若基于作业平台配合运输驳船的施工安装方式，固定式辅吊与主吊安装在同侧船舷，则安装国产 10MW 风电机组，辅吊起吊能力需要作业半径 30m 起吊能力 120t（简称120t@30m），安装国外 12MW 风电机组为作业半径 26m 起吊能力 250t（简称 250t@26m）。

为适应"运输+安装"一体化平台模式，为尽量减少甲板作业面积占用，应选择绕桩式海工吊作为辅吊，这样将增加辅吊的工作半径。同时为适应永磁直驱型风电机组发电机与机舱分体运输，在发电机起吊翻身作业时辅吊出力较大，则辅吊的起吊能力需要 350t，其特性曲线如图 7-15 所示。

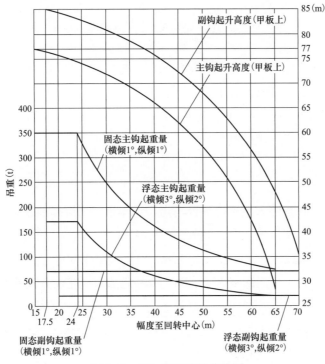

图 7-15　350t 辅吊特性曲线图

第五节 桩腿长度需求分析

海上风电作业平台在吊装作业时，依靠4根桩腿向海底顶升使船体高出水面，形成固定平台，如图7-16所示；作业平台需要移动位置时，向上收起桩腿使平台漂浮，变成航船状态。桩腿长度需满足下列几个方面的需求：作业水深、气隙、平台型深、升降机构、入泥深度以及适当的裕度。

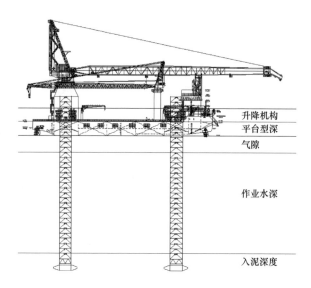

升降机构
平台型深
气隙

作业水深

入泥深度

图 7-16 桩腿长度构成示意图

针对当前 1200t 主吊的起吊高度不足的问题，考虑联合采用增高作业平台吊机基座和增加桩腿长度的方式。桩腿长度需要满足入泥深度、水深和水面以上三部分长度的要求，如图7-17所示。借助桩腿长度使主甲板高度在与 T 值（型深和气隙高度）相同的基础上进一步抬升，加大水面以上气隙的高度。

一、入泥深度

早期的作业平台对桩腿入泥深度估计不足，近年来对实际作业平台各海域水深和入泥深度的调查研究发现，南海珠江口地区入泥深度达到 25～28m；南海粤西海域入泥深度在 20m 左右；福建长乐水域平均淤泥深度为 19m，预估入泥深度将达到 30m，目前无法施工；黄海南部江苏盐城、如东入泥深度为 4～5m；黄海北部大连庄河入泥深度为 10m 左右。各水域作业平台入泥深度差异比较大，主要原因是海底淤泥层的厚度不同，通过比较南海、黄海南部和黄海北部海上风电场的工程地质资料，发现其淤泥、淤泥质粉土等流塑、软塑状地层厚度与桩腿入泥深度正相关。

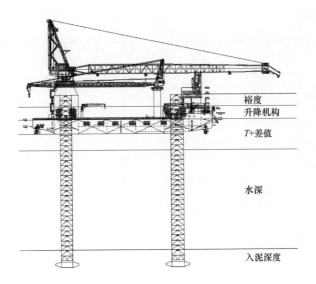

图 7-17　桩腿长度计算图

超过 50m 水深的海区，能够达到风电场可研深度的工程地质资料很少，海中地质条件变化很大，不同海域也存在差异，由于 50m 以上水深底层海水流动性更差，有可能导致淤泥层变厚。水深更大的海域的淤泥深度地址资料匮乏，综合考虑各水域实际情况，平台入泥深度按 20m 选择桩腿长度。

二、设计水深

南海珠江口地区水深为 4.3～13.2m，南海粤西海域水深为 30m 左右，福建长乐水域水深为 40m 左右，黄海南部江苏盐城、如东水深为 3.1～23.5m，黄海北部大连庄河水深为 10～18m，黄海北部大连庄河水深为 10～18m。可以看出，目前海上风电深水区在 35～50m 之间，在考虑一定前瞻性的情况下，平台作业水深按 60m 选择桩腿长度。

三、水面以上部分

在分析主吊起吊高度时，以平台主甲板与基础平台等高为前提，当增高 9m 主吊基座时，对未来不同风电机组机型计算桩腿水面以上所需长度计算结果如表 7-4 所示。基于风电机组主吊起吊高度需求，综合入泥深度和水深等因素，针对国产风电机组制造商 10MW 和 12.5MW 风电机组，1200t 主吊对应桩腿水面以上高度分别为 32.5m 和 43m。

表 7-4　　　　　　　　　　桩腿长度选择表

序号	项目	A	B	C	D
1	风电机组制造商	国产	国产	国外	前瞻预测
2	机型容量（MW）	10	12.5	12	15
3	风电机组中心点主吊起吊高度需求（m）	123.5	134	142.7	144

序号	项目	A	B	C	D
4	工作半径（m）	42	42	42	42
5	1200t 主吊对应工作半径的起吊高度（m）	117	117	—	117
6	1200t 主吊基座增高 9m 后起吊高度（m）	126	126	—	126
7	1200t 主吊基座增高 9m 后起吊高度差值（m）	−2.5	8	—	18
8	升降机构高度（m）	10	10	10	10
9	裕度（m）	5	5	5	5
10	T 值（m）	20	20	20	20
11	1200t 主吊对应桩腿水面以上长度（m）	32.5	43	—	53
12	2000t 主吊对应工作半径的起吊高度（m）	—	—	145	—
13	2000t 主吊对应支腿水面以上长度（m）	—	—	35	—
14	设计水深（m）	60	60	60	60
15	入泥深度（m）	20	20	20	20
16	桩腿总长度（m）	112.5	123	115	133
17	对应主吊（t）	1200	1200	2000	1200

综上所述，1200t 主吊对应国产 10、12.5、15MW 风电机组，桩腿总长度分别为 112.5、123、133m；2000t 主吊对应国外 12MW 风电机组，桩腿总长度为 115m，见表 7-4。

第六节　航行、定位功能需求综合分析

主（辅）吊的起吊能力（高度和重量）、桩腿长度是硬性指标，航行、定位等功能是关系到运行经济性的可变指标。

一、自航能力需求分析

早期的作业平台没有自航能力，其航行依靠拖轮牵引；具备动力定位功能的作业平台，在风电场内机位间移动可以依靠动力定位系统，但长距离航行依靠动力定位系统是政策不允许的。

海况较好时最有效的作业方式是，平台顶升完成后，运输驳船靠近平台锚泊定位，直接起吊安装或将风电机组设备移动至在平台甲板。一个机位安装完成后，平台自航到下一个机位安装甲板上的另一台风电机组。再自航到下一个机位，与运输驳船配合另一批设备安装。

而在冬季，特别是在南海，由于长周期浪涌强度较大，运输驳船和拖轮航行稳定性受限，无法配合无自航能力的平台安装作业。此时具备自航能力的平台就显现出其优势，该

平台可以从港口自带 2～3 套风电机组设备，航行至风电场，安装完成后，自航回到港口装船另一批设备。这大大延长了作业窗口，提高装备利用率，实现更好的经济效益。

二、定位系统需求分析

目前，船舶常规的定位方式有两种：锚泊定位和动力定位（dynamic positioning，DP）。我国的自升式风电安装作业平台，部分采用了锚泊定位系统，大部分采用了"锚泊定位+DP-1 动力定位"，少数采用了 DP-2 动力定位系统。虽然锚泊定位系统可靠性强，系统价格便宜，但每次定位需借助两艘以上的抛锚艇，抛锚和收锚作业时间长。在我国部分海上风电场海域，由于风电场和养殖业混合发展，每次抛锚还存在对渔民渔获损失的补偿问题，所以新造的海上风电施工平台基本上都会配置动力定位系统。

为了规范动力定位船舶的安全，国际海事组织（international maritime organization，IMO）以及挪威船级社（det norske veritas，DNV）等机构对 DP 系统和 DP 船的设计给出了设计指南和建议，其中 IMO 的动力定位船舶指南中对"动力定位船舶"和"动力定位系统"进行了定义，将 DP 设备分为 CLASS 1、CLASS 2、CLASS 3 三个级别，并对各级别的系统配置要求做出了明确规定。各船级社均以 IMO 的原则要求为基准细化相关要求，表7-5 列出了中国船级社（china classification society，CCS）对不同等级动力定位系统设备的配置要求。

表 7-5　　　　　　　　　CCS 对不同等级动力定位系统设备的配置要求

	附加标志	DP-1	DP-2	DP-3
动力系统	发电机和原动机	无冗余	有冗余	有冗余，舱室分开
	主配电板	1	1	2，舱室分开
	功率管理系统	无	有	有
推力器	推力器布置	无冗余	有冗余	有冗余，舱室分开
控制	自动控制，计算机系统数量	1	2	3（其中之一在另一控制站）
	手动控制，带自动定向的人工操纵	有	有	有
	各推力器的单独手柄	有	有	有
传感器	位置参照系统	2	3	3（其中之一在另一控制站）
	垂直面参照系统	1	2	2
	陀螺罗经	1	2	3
	风速风向	1	2	3
UPS 电源		1	1	2，舱室分开
备用控制站		没有	没有	有

从表 7-5 可以看出，动力定位的要求逐级升高，DP-1 级不考虑系统设备的冗余，仅考虑自动保持船位和艏向即可；DP-2 级相对于 DP-1 级来说除了考虑自动保持船位和艏向，

还需考虑设备的冗余，包括发电机、推力器和控制系统等，DP-2 级不应因为单点故障使得动力定位系统失效；DP-3 级相对于 DP-2 等级，除了考虑设备的冗余外，还要求冗余的设备之间需要 A60 舱壁进行分隔。定位系统的可靠性方面，DP-3＞DP-2＞DP-1；设备的成本方面，DP-3＞DP-2＞DP-1。

在我国第二代自升式风电安装平台船型中，普遍采用 DP-1 动力定位系统。一般情况下，自升式风电安装平台以逆流逆风的方向靠近机位，即使动力定位系统发生故障，平台能够受风向和流向的影响远离机位，避免安装平台与机位发生碰撞事故。但在风向和流向复杂多变的海域，自升式风电安装平台普遍要求再抛一个或两个锚，以作为动力定位系统失效后的额外安全限位措施，防止自升式风电安装平台与已完成的桩基发生碰撞。因此，为避免风电安装平台作业时不再抛锚，目前以"设备安装"为主的我国第三代风电安装船（如"铁建 01""振江号"和打捞局三艘船）普遍采用 DP-2 动力定位系统，可以在投资成本和作业可靠性上获得较好平衡。

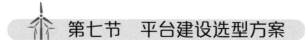

第七节　平台建设选型方案

一、平台建设基础方案

为了适应未来 3～5 年海上风电机组发展的安装需求，并考虑一定的前瞻性，通过前文的分析，针对国产 10、12.5、15MW 的风电机组和国外 12MW 风电机组，提出了 2 种主吊选型方案，并基于设计水深分析计算了桩腿长度，确定了自航功能和动力定位系统，提出了如表 7-6 所示的两种作业平台建设基础方案。

表 7-6　　　　　　　　　　　作业平台建设基础方案表

项目	方案一	方案二
级别	1200t 自升自航式一体化安装平台（对应国产风电机组）	2000t 自升自航式一体化安装平台（对应国外风电机组）
船型	自升式	自升式
船长（m）	110	125
船宽（m）	45	50
型深（m）	9	10
作业水深（m）	60	70
桩腿长度（m）	112.5/123/133（分别对应 10/12.5/15MW）	115
桩腿形式	桁架式	桁架式
升降系统	齿轮齿条	齿轮齿条

项目	方案一	方案二
作业能力	10MW 及以上机组设备安装	10MW 及以上机组设备安装，以及 1800t 以下单桩施工
定位形式	DP-2	DP-2
起吊能力	1200t、27m[①]/ 560t、42m 最大吊高达到水面以上 159m（12.5MW）	2000t、26m/ 1080t、42m/ 最大吊高达到水面以上 170m
可变载荷	4500t	6500t
甲板载荷	3300t	5000t
甲板装载能力	2 套国产 10MW 或 2 套国产 12.5MW	2 套国外 12MW 或 3 套国产 10MW 或 2 根 1800t 单桩
甲板面积	2800m²	3700m²
辅吊机	350t、24m	350t、24m
航行方式	自航	自航
航速	8 节	9 节
自持力	30 天	45 天
直升机平台	无	有

① 作业半径 27m，起吊能力 1200t，余同。

两种作业平台建设方案能够满足对海上风电机组吊装使用功能的基本需求，并具备一定的经济性，主要选型包括主辅起重机、桩腿长度、自航功能和动力定位功能。其他船机设备选择则需要由专业设计单位的专业设计人员在平台建设的设计阶段进一步深化研究，包括发电设备、推进设备、空调设备、升降设备以及船体构造、稳定性分析等。

二、方案比较与扩展功能

两个建设方案分为 1200t 的轻型方案和 2000t 的重型方案。1200t 方案可以满足国产 10MW 和 12.5MW 风电机组的安装需求，甚至可以满足国产 15MW 风电机组的安装需要，但不能适用于国外 12MW 风电机组的安装。而 2000t 方案则能够满足上述各种国内外风电机组的安装需求。若为针对国外 12MW 风电机组的吊装选择 2000t 方案，该重型方案初投资大，需考虑未来安装市场国外风电机组数量较少的风险。因此推荐 1200t 的轻型方案。

两种建设方案都具备一定的扩展功能，例如在配备了一定规格的液压锤及相应装置之后，可以进行适当的风电机组基础施工。两种方案都可以适用于四桩导管架的钢管桩基础的打桩施工，2000t 方案还可适用于 1800t 质量以下单桩型基础的钢管桩打桩施工，但两种方案都不能适用于导管架的起吊安装。目前导管架形式的风电机组基础占比不断提升，2000t 方案的扩展功能优势不明显。

第八节 结论与建议

随着海上风电建设需求的不断发展，海上施工安装作业平台已经发展为一种独特的专业施工装备，其主要特征为自升式、四桩腿、绕桩式起重机和动力定位系统。海上风电用风电机组正向大型化发展，未来3～5年10MW风电机组将成为主流机型；12～15MW风电机组正在研制，预计未来5～8年将投入市场。当前定型的1000t级绕桩式起重机（包括1000、1200、1300t）对应正在发展中的10MW风电机组的安装能够满足起吊重量的需求，但不能满足起吊高度的需求。如果为满足10MW风电机组的安装高度的需求而选择更大的绕桩式起重机（如2000t），势必造成专业平台体量庞大，投资过高。由此本章介绍了一种联合采用增加绕桩式起重机底座高度和增加桩腿长度，选用1200t绕桩式起重机，实现起吊重量和起吊高度性能均衡的轻型专业平台方案，以适应10、12.5MW甚至15MW风电机组的安装需求，可自身携带2套10MW级国产风电机组设备，实现"运输+安装"一体化。

未来大型风电机组的施工安装对海上风电作业平台提出新的要求，根据风电机组的最新参数，设计选择海上风电作业平台起吊设备和参数可参照本章的分析思路和方法，编制综合考虑起吊能力和经济性的海上风电作业平台建设方案。

第八章

海上风电机组多桩导管架
工程装备与工艺

第一节 简 述

目前，我国海上风电逐步向深水区发展，导管架基础逐步成为风电机组基础形式的主流。我国江苏、浙江等区域发展相对较早，而且地质条件较好，风电机组基础多以粉质黏土和粗砂层为持力层，一般采用"直打入"的方式就能完成沉桩。但福建和广东所处的南海海域地质条件较为复杂，水下桩基施工多涉及嵌岩作业，在全球范围内可参考的成功案例较少，且配套适应的工程装备更是寥寥可数，项目开发建设难度较高。因此，开展海上风电机组导管架工程装备与工艺技术研究对降低工程建设成本，推动国内深水区海上风电产业的持续健康发展具有重要意义。

一、国内外技术现状

欧洲海上风电主力基础形式为单桩和多桩导管架，兼有部分吸力桶导管架基础形式，海床地质多以超密实土为主，很少涉及嵌岩基础，超密实土良好的承载力，绝大部分桩基础均可通过直打入的方式完成沉桩。对于极少数嵌岩桩基础，如近年新投建的英国 Moray East 项目，采用深海钻工艺进行桩基施工，复杂海床地质条件的嵌岩技术和施工工艺在欧洲仍未大面积开展。

欧洲海上风电单桩基础多以自升式风电安装平台/带波浪补偿的大型浮吊加装抱桩器的工艺进行施工；多桩导管架基础则采用自升式风电安装平台加装水下导向工装和大型浮吊配合水下导向架（稳桩平台）两种施工方法。上述施工方法均已经过数十年的工程验证，在欧洲较为成熟。

我国海上风电建设以东南沿岸为主，其中东海海域（江苏）地质以粉质黏土和粗砂为主，承载力较好，风电机组基础绝大部分可采用单桩基础的形式，建设效率和经济性非常好，该海域与欧洲类似，极少涉及嵌岩施工。但是在南海海域，以广东、福建为例，桩基施工多涉及风化岩层，桩基础施工需采用嵌岩工艺。此外，广东和福建海上风电水深增长较快，规划建设的风电场水深多在 25m 以上，深水区项目更是达到了 50m，基础形式不再以单桩为主，更多是适应深水区的导管架基础。常规单桩嵌岩施工可参照以往路桥施工方法，但导管架基础的水下嵌岩工程案例较少。在深水区风电场规划中，风电机组以大单机容量为主要特征，导管架基础的桩腿根开逐步增大，涉及嵌岩施工的风电场占储备项目的比重较大，水下嵌岩技术和深水区远桩距施工技术有较大的市场需求。目前国内对于多桩导管架基础施工多以大型浮吊配合导向架（稳桩平台）工艺为主。

二、关键技术

目前，海上风电桩基设计中主流的形式有直打入桩（drive directly，DD）、Ⅰ型桩（即打钻打，drive drill drive，DDD）、Ⅲ型桩（即植入桩，grouting pile，GP）和芯柱嵌岩桩（anchor pile，AP）4种形式，多桩导管架基础中桩基相对位置控制精度要求高、水下嵌岩施工难度大，结合工程建设过程中对工程装备与工艺的要求，论述适合复杂条件下的直打入桩、Ⅰ型桩和芯柱嵌岩桩的施工工艺及配套工装设备。

1. 插肩式护筒技术

在Ⅰ型桩和芯柱嵌岩桩施工工艺中，均需要通过初打将工程桩打至工艺设计的初次停锤标高，然后再进行水下嵌岩钻孔，最后再进行复打或植入钢筋笼施工工序。水下嵌岩钻孔在初打入拒锤时，钢管桩长度无法满足泥浆反循环钻孔施工要求，针对该施工技术难题，研究提出了加长护筒施工工艺，通过在钢管桩上设置带密封橡圈的插肩式加长护筒，使桩顶高出水面，采用泥浆反循环钻孔工艺实现水下嵌岩钻孔。

2. 水下Ⅲ型桩牺牲护筒技术研究

对于基岩倾伏、上覆盖层较薄、桩端持力层为中风化岩石，岩土硬度高的地质，导管架基础的钢管桩嵌岩施工可采用类似大直径单桩的"Ⅲ型桩"工艺，即在钢套筒隔离下，使用循环钻机钻孔至一定深度，再植入钢管桩。但由于钢护筒需高于海平面，内部的工程桩相对位置精度难以控制，因此，在此论述双层定位的方案，即导向工装分上、下两层导向固定，分别固定钢护筒和工程桩。在完成工程桩植入灌浆固定后，由于护筒拔除困难，将考虑牺牲护筒的方案，即钢护筒在水下通过电氧切割进行护筒拔离。

3. 多功能水下导向工装

国内常规海上风电机组导管架基础桩基施工中，多采用大型浮吊+稳桩平台导向工装配合吊打的方案进行桩基施工，其中稳桩平台导向工装设计尤为重要，平台需要承担沉桩过程产生的振动及冲击，嵌岩施工过程对平台施加扭矩载荷及相关荷载。因此，需要对稳桩平台导向工装进行坐底稳定性和结构强度分析，以适应其在桩基施工中的工艺要求。

第二节　基于插肩式护筒的Ⅰ型桩施工技术

我国南海海域开发的风电场水深较深，多采用导管架基础形式，但由于广东、福建海床地质条件较为复杂，桩基工程多涉及风化岩的钻孔施工，水下钻孔技术难度较大。工程桩持力层位于强风化岩的桩基类型，即为典型的Ⅰ型桩，工程桩无法通过液压冲击锤直接打击至设计标高，需结合"打-钻-打"工艺，将其复打至设计标高。水下嵌岩施工无法直接套用陆上常规的气举反循环钻孔工艺，且沉桩初打停锤标高不易确定，水下"打-钻-打"实施难度较大。

一、技术原理

Ⅰ型桩水下"打-钻-打"工艺需要确保桩顶高于水面，桩内介质压强高于周边土层，使得钻孔过程中形成稳定的压差，方可实现稳定的钻孔作业。因此，常规的工艺思路可将工程桩在建造阶段便设计得更长，即设计阶段考虑工艺加长段，使得桩身在初打后仍可实现桩顶高于水面，从而满足嵌岩钻孔作业要求。因为工艺加长段的回收成本较高，且工艺加长段的作用仅为隔离海水，所以可考虑带密封功能的插肩式护筒技术，满足水下钻孔的工艺要求。

针对上述思路，研究提出海上风电导管架基础钢管桩插肩式护筒Ⅰ型桩技术：通过可打入性分析和桩身自由站立强度计算，确定沉桩初打深度，再采用插肩式护筒和泥浆反循环钻进结合的方式消除桩内土塞效应，并对作为持力层的强风化层钻进引孔，从而降低复打至设计标高的难度。该技术较好地解决了钢管桩在进入强风化岩后继续锤击引起的动应力过大、打桩疲劳等问题。同时，采用可回收的插肩护筒，较好地解决了清水钻工艺下容易出现塌孔的风险，降低材料损耗、减少水下切桩工序，更加安全、经济和高效。

二、工艺流程

插肩式护筒Ⅰ型桩施工技术的关键工序包括初打标高控制、插肩护筒安装、嵌岩钻进及复打高应变监测等。钢管桩插肩式护筒"打-钻-打"工艺流程如图8-1所示。

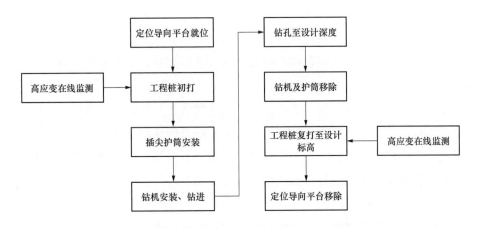

图8-1 钢管桩插肩式护筒"打-钻-打"工艺流程图

通过插肩护筒的方式实现"接长"钢管桩，使其桩顶位于水面以上，插肩护筒与工程

海上风电工程集成技术

桩连接处设置密封橡圈，以使桩内物质与海水隔离，从而满足泥浆反循环钻机工作要求，形成较为稳定的泥浆护壁，实现水下桩嵌岩钻进功能。插肩护筒连接段示意图如图 8-2 所示。

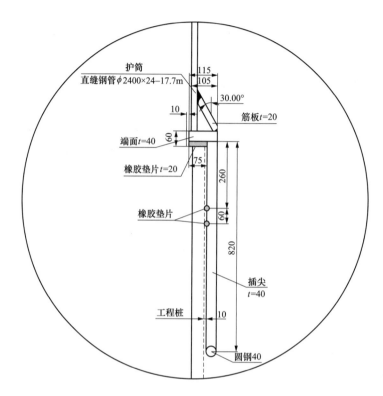

图 8-2　插肩护筒连接段示意图

插肩护筒工艺设计长度依据可打入性分析，预判工程桩工艺设计停锤位置，结合嵌岩引孔后的复打模拟分析计算，最终确定工艺设计初打入深度和插肩护筒长度，确保插肩护筒与工艺的匹配性。在钻进深度达到设计要求后，对钢管桩进行二次复打沉桩，复打过程中对工程桩进行高应变监测，确保钢管桩复打至设计标高后，其桩基性能满足设计要求。

（一）可打入性分析

根据工程桩设计参数及拟打入风电机组位的地质条件参数，选择合适的液压冲击锤对其进行桩的可打入性分析，以验证选定的液压冲击锤是否满足沉桩要求，桩身应力及疲劳强度是否在允许范围内。可打入性分析计算一般采用 GRLWEAP 软件进行沉桩模拟。

根据工程桩设计参数，进行自由站立强度校核和可打入性分析。

1. 桩身自由站立强度校核

桩身自由站立强度计算参照 APIRP 2A-WSD-2014（《海上固定平台规范、设计和建造的推荐作法——工作应力设计法》），桩的自由站立分析应考虑桩重量、锤重量、桩倾斜和打桩动应力。

206

通过波动法方程估算不同深度下的土体阻力，根据现场实际操作流程，将桩重量、液压锤和送桩段重量进行组合，用插值法得出工程桩最大和最小入泥深度。

2. CASE 法下可打入性分析

根据打桩时贯入度与锤击数，按 0%、50%、70% 和 100% 多种不同土塞工况进行计算，确定初打入深度。

（二）气举反循环下泥浆护壁压力差控制

1. 介质选择

欧洲在进行海上嵌岩工程施工时，多采用海水为循环介质，中国和美国则更倾向于泥浆作为循环介质，两者本质上对护壁的形成质量均在于内外压力差，而泥浆循环则对护筒内水位要求更低，且排渣能力也相对理想。国内现有的稳桩平台距离海平面高度并不大，海水循环介质的使用可能性并不大，故考虑采用泥浆作为循环介质。

2. 泥浆护壁稳定性

泥浆护壁压力差计算应考虑钻进深度、孔径及所在位置水深情况，运用海上结构设计分析软件（SACS）等模拟综合计算出满足泥浆护壁强度要求下的桩内泥浆高程。研究和实践表明，钻进速度随泥浆密度的增大而降低，孔深时尤为明显。对嵌岩钻进的稳定性问题也主要体现在泥浆的护壁上。在坍塌底层，应适当提高泥浆密度，以维持压力平衡。泥浆比重大，利于排渣，而且可以有效地平衡地层侧压力和地下水压力，防止孔壁坍塌，造成扩孔或塌孔。但是泥浆比重过大，往往会降低钻进效率；如果清孔不彻底，易产生过量的沉渣。

结合我国南海的地质特点及施工特点，钻孔施工拟采用正转反吹及气举反循环相结合的钻进施工工艺，引孔阶段（护筒内）钻机采用正转反吹施工工艺，投入优质膨润土及造浆材料进行造浆，并调整泥浆指标（泥浆比重为 1.10~1.15，黏度≥20S，含砂率≤1%），为不具备造浆能力的地层做好合格的泥浆储备。造浆完成后，泥浆循环方式改用气举反循环，可正常进行钻进。结合钻进速度及泥浆浓度比重选择，最终核算选定泥浆高程和桩顶的相对关系，以满足施工工艺要求。插肩护筒和工程桩连接及嵌岩钻进示意图如图 8-3 所示。

3. 插肩护筒连接段密封性计算

插肩护筒在波浪和海流作用下，会产生一定的晃动。在此选用 Morison 方程进行计算分析，计算波浪作用在圆柱形物体上的力取决于波长与杆件直径的比值。当比值较大（>5）时，则杆件不会明显改变入射波浪，那么，波浪侧向作用力可按式（8-1）计算拖曳力和惯性力的和，即

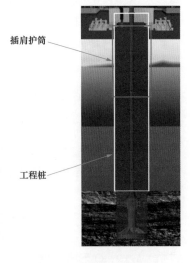

插肩护筒

工程桩

图 8-3　嵌岩钻进示意图

$$F = FD + FI = C_\mathrm{d}\frac{w}{2g}AU\,|U| + C_\mathrm{m}\frac{w}{g}V\frac{\delta U}{\delta t} \tag{8-1}$$

式中　F ——垂直作用于构件轴单位长度上的水动力矢量，N/m（1b/ft）；

　　　FD ——垂直作用于构件轴线并在构件轴线和速度 U 平面内单位长度拖曳力矢量，N/m（1b/ft）；

　　　FI ——垂直作用于构件轴线并在构件轴线和 du/dt 平面内的单位长度的惯性矢量，N/m（1b/ft）；

　　　C_d ——拖曳力系数；

　　　w ——水的重量，N/m³（1b/ft³）；

　　　g ——重力加速度，m/s²（ft/s²）；

　　　A ——垂直于圆杆轴线单位长度上的投影面积（对圆形杆件为 D），m（ft）；

　　　D ——包括海生物在内的圆形杆件的有效直径，m（ft）；

　　　U ——垂直于构件轴线的水流（由波浪和/或还留引起的）速度矢量的分量，m/s（ft/s）；

　　　$|U|$ ——U 的绝对值，m/s（t/s）；

　　　C_m ——惯性力系数；

　　　V ——圆杆单位长度上的体积（对圆形杆件为 $\pi D^2/4$），m²（ft²）；

　　　$\dfrac{\delta U}{\delta t}$ ——垂直于构件轴线的水流局部加速度矢量分量，m/s²（ft/s²）。

　　考虑一般风电场浅表层水流流速相对较大，对插肩护筒的影响会使得其横向摇摆幅度较大，故在护筒顶部需施加位移限制措施。

　　以广东阳江海域某海上风电场项目为例，采用密封圈为Ⅰ型密封（密封圈在内轴），其拉伸率 α 可按式（8-2）计算，即

$$\alpha = (D_1 + d)/(D + d) \tag{8-2}$$

式中　D_1 ——密封槽的公称直径；

　　　D ——密封圈的公称内径；

　　　d ——密封圈截面的公称直径。

　　同时，压缩率 Y_b 计算公式为

$$Y_\mathrm{b} = \left[1 - \frac{h}{d} \times \left(\frac{1.35}{\alpha - 0.35}\right)^{0.5}\right] \times 100\% \tag{8-3}$$

式中　h ——O 形密封圈压缩后的截面高度。

　　取其外部活动密封 Y_b 为 18%。考虑泥浆循环混合制浆，浓度可持续补充，可满足循环要求。

（三）嵌岩钻进分析

1. 钻孔直径

综合考虑钻头下放与工程桩内剪力键的干涉影响、波浪对起重机稳定性的影响及复打阶段引孔孔径对其可打入性的影响，最终计算选定钻孔孔径。

2. 沉没比

沉没比是风包埋入液面深度 h_1 与风包到动力头排出口的距离 h 之比，如图 8-4 所示。对于气举反循环而言，沉没比越大工作效率越高，通常情况沉没比需大于 0.5，小于 0.4 将无法工作。在保证沉没比不小于 0.5 的前提下，只要空气压缩机的功率能够满足需要，可适当增大沉没比。

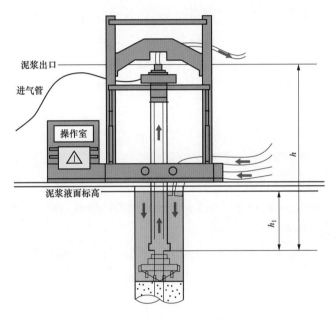

图 8-4　沉没比计算示意图

开孔阶段，如果沉没比过小，需采取适当措施，如提高孔内泥浆面高度或者降低动力头出水口的高度；仍不能满足的情况下，应在开孔段采用其他钻孔方式。孔深比较深的情况下，根据设备的配置情况，需要调整风包的位置，以降低能耗，确保空气压缩机的正常运转。

3. 风压

风压 p 可按式（8-4）计算，即

$$p = h_1 \times \frac{\gamma}{10} + \Delta p \qquad （8-4）$$

式中　h_1——风包埋入泥浆面以下的深度，m；

　　　γ——泥浆的比重，t/m³；

　　　Δp——管路压力损失，一般在 0.3～0.5kg/cm² 之间。

4. 泥浆的循环量

泥浆的循环量决定着钻机的排渣能力，循环量越大，排渣越及时，减少二次或者重复破碎，降低能耗，特别是延长滚刀钻头的寿命，提高钻进效率。

泥浆循环量 Q 可按式（8-5）计算，即

$$Q = \pi r^2 \times v + 3600 \qquad (8\text{-}5)$$

式中　r——钻杆内径，m；

　　　v——钻杆内泥浆的回流速度，一般取 2～4m/s。

同样，如果能测算出泥浆的循环量，就可以计算出钻杆内泥浆的流速。

（四）复打及高应变监测

在钻进深度达到设计要求后，对钢管桩进行二次复打沉桩。钻进施工时一次钻进至设计桩底标高。由于复打最后涉及桩基承载力的复核，故需同时进行高应变监测。采用水下应变传感器及配套打桩分析仪综合进行分析，通过分析内部应变和加速度信号等数据，结合曲线拟合法（CAPWAP）进行分析，最终复核终锤的桩基参数。在复打过程中，关键技术包括：

1. 送桩器及水下力与加速度传感器（PDI）安装

成孔后选用液压冲击锤进行钢管桩复打沉桩作业。由于打桩锤桩套筒直径大于导向定位平台导向筒直径，打桩锤无法通过导向筒，因此，需在钢管桩顶安装送桩器进行送桩处理。同时，PDI 由潜水员在水下进行安装。打桩锤锤击送桩器，将钢管桩沉桩至设计标高。

2. 锤击沉桩进程控制

工程桩复打应严格控制打击能量，为防止打桩能量过大造成溜桩，建议由小渐大，将最大打桩能量预控在合理范围内。开始沉桩时，用低挡位启动，小冲程锤击沉桩；下沉变缓后逐步切换到高挡位或较大冲程锤击沉桩；当贯入度自小变大时，再切换至低挡小冲程沉桩。打桩锤采用计算机控制，能够通过打桩进程自动控制规避异常风险，同时自动记录各项打桩参数。

3. 沉桩测量控制

进行工程桩沉桩测量时，在工装甲板面固定位置架设仪器辅助监控，分别对平面、高程、高差及垂直度进行控制。

（1）平面控制。通过 GPS 对钢管桩平面位置进行监控、控制，保证钢管桩之间相对距离偏差满足要求。

（2）高程及高差控制。采用工装平台作为基准，基准点高程由 GPS 高程测量获得。平台上安装水准仪，以基准点作为后视，观测桩锤标识点，推算出钢桩桩顶标高进行控制。重点观测及记录 4 根钢管桩桩顶标高和桩心平面位置，为后续桩头处理定位提供原始数据支持。

（3）垂直度控制。垂直度采用两台经纬仪呈 90° 布置扫边，钢管桩垂直度在 0.5% 以内。

基于插肩式护筒的 I 型桩施工技术通过常规可打入性分析和引孔岩壁强度计算，确定

沉桩初打深度，设计合理长度的插肩式护筒，并在护筒插肩处（与工程桩连接段）设置两层密封胶圈，隔离海水，实现泥浆反循环钻孔工艺。与工艺加长段方案相比，免除了工艺加长段水下切割的工序，节省了消耗性材料的费用，并通过工艺优化大大提高桩基工程的整体效率。随着我国海上风电发展，深水区导管架基础形式应用逐渐增多，尤其是导管架在海床地质复杂的南海海域，基于插肩式护筒的Ⅰ型桩施工技术在保证施工质量的基础上，提高了工程施工的安全性、经济性和效率。

第三节 基于插肩式护筒的芯柱嵌岩技术

与Ⅰ型桩类似，芯柱嵌岩施工同样是先通过初打将工程桩打至工艺设计标高，然后进行嵌岩钻孔作业。但由于工程桩在初打后已进入强风化和中风化层交替处，即使在完成引孔工艺后，工程桩仍无法复打至设计标高，此时应考虑在嵌岩钻孔内部植入钢筋笼，灌浆固定，从而形成芯柱稳固工程桩。

水下桩芯柱嵌岩工艺目前在国内的工程案例较少，与水下Ⅰ型桩类似，无法直接套用陆上常规的气举反循环钻孔工艺，且沉桩初打停锤标高不易确定，为植入钢筋笼的前置工序带来了较大的难度。

水下Ⅰ型桩施工可采用基于插肩式护筒工艺进行嵌岩钻进，芯柱嵌岩工艺与其类似，若解决桩顶高于水面的问题，即可实现钻孔作业。因此，在嵌岩钻孔作业中，可直接参考水下Ⅰ型桩插肩式护筒技术，实现芯柱引孔。后续钢筋笼植入工序，继续保留插肩护筒，使其内部与海水隔绝。在完成钢筋笼植入和灌浆后，去除插肩护筒。钢筋笼植入和灌浆施工的过程与港航桩基工程的灌注桩施工类似，直接参考陆上施工工艺。基于插肩式护筒的芯柱嵌岩施工工艺流程图如图8-5所示。基于插肩式护筒的芯柱嵌岩技术采用的插肩护筒为可回收式，即能够重复利用，但是由于磨损等原因会造成插肩护筒内的密封圈损坏，一般在完成2～3个芯柱嵌岩钻孔后需对插肩护筒密封圈进行更换，确保密封圈可有效隔绝海水。

一、可打入性分析

与Ⅰ型桩类似，工程桩沉桩前需进行相应的可打入性分析。芯柱嵌岩停锤时，工程桩桩底位于强风化和中风化岩交替位置，工程桩锤打至设计标高的最后一段，桩身应力会很大。因此，在采用CASE法进行分析时，工程桩动应力可按API RP2A-WSD-2014要求的允许最大值80%～90%进行考虑。一般工程桩材质为Q355D或DH36，屈服强度为355MPa，动应力允许值建议按照300MPa进行核定。

由于芯柱嵌岩桩的覆盖层较浅，桩身自由站立强度校核应重点分析在安装插肩护筒后的整体强度，进而确定上部稳固装置的强度要求。插肩护筒和送桩器类似，在计算分析输入中，可将其与工程桩视为一个带缺陷的整体。

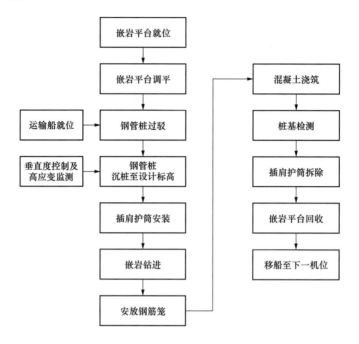

图 8-5　芯柱嵌岩施工工艺流程图

二、高应变监测

由于芯柱嵌岩在沉桩阶段工程桩桩底在强风化和中风化岩层间贯入，桩身应力较大，为避免工程桩出现卷边现象，在沉桩过程中应采用 PDI 实时监控桩身动应力，确保工程桩的完整性。

高应变监测试验模型是对重锤冲击桩顶使桩周土体产生的塑性变形进行监测，在桩顶附近实测动应力和速度时程曲线，通过应力波理论分析得到桩土体系有关数据。

1. CASE 法

高应变监测试验宜采用 CASE 法。假定桩为一维均质连续的弹性体，信号沿桩身传播，桩周土为理想的刚塑性体，动阻力集中在桩端，且与桩尖速度和材料的广义波阻抗成正比。应力波沿桩身传播满足一维应力波波动方程，根据边界条件和上述假设可得出极限承载力解析解为

$$RSP = \frac{1-J_c}{2}\left(F_{m,t_1} + Z \cdot V_{m,t_1}\right) + \frac{1+J_c}{2}\left(F_{m,t_1+\frac{2L}{C}} - Z \cdot V_{m,t_1+\frac{2L}{C}}\right) \tag{8-6}$$

式中　J_c ——CASE 法无量纲阻尼系数；

F_{m,t_1} —— t_1 时刻所测到的力，N；

Z ——桩身截面力学阻抗；

V_{m,t_1} —— t_1 时刻所测到的速度，m/s；

$F_{m,t_1+\frac{2L}{C}}$ —— $t_1 + \frac{2L}{C}$ 时刻所测到的力，N；

$V_{m,t_1+\frac{2L}{C}}$ —— $t_1+\dfrac{2L}{C}$ 时刻所测到的速度，m/s。

当桩身有缺陷，桩身位置处波阻抗发生变化，可求得桩身结构完整性指数 β，即

$$\beta = \frac{F_{m,t_1} + W_{um,tx} - 1.5R_{zx}}{F_{m,t_1} + W_{um,tx} - 0.5R_{zx}} \tag{8-7}$$

其中

$$W_{um,tx} = \frac{F_{m,t_1} - Z \cdot V_{m,t_1}}{2} \tag{8-8}$$

式中　　R_{zx}——缺陷点 X 以上的桩周土阻力。

2. CAPWAP 实测曲线拟合法

（1）桩、土模型。桩模型采用连续模型，将桩身看作一个连续一维弹性杆件，土的静阻力采用理想的弹塑性模型，各部分土的静阻力与它们的变形有关，加载时由弹性转为塑性时对应的位移值称为加载弹限，同时还应考虑卸载及复加载对变形和阻力的影响。土的动阻力采用 Smith 模型，动阻力存在桩侧每个部位，且与相应时刻的静阻力成正比，与质点速度成正比。同时还引用了辐射阻尼、土隙、土塞等非线性土模型。

（2）计算方法。CAPWAP 法利用实测力和速度信号或上、下行波曲线，计算土的阻力及其分布。从一条实测曲线（如力或速度，下行波、上行波）开始，对桩身各层土的阻力和其他参数进行设定，然后进行波动方程拟合计算，求得另一条曲线（如速度或力，下行波、上行波），把计算结果和相应的实测曲线相比较，不断调整参数，迭代计算，最终确定符合实际桩土体系的各种参数值，得到桩端阻力和桩侧阻力分布，并模拟出静载荷试验荷载-沉降（$Q\text{-}s$）关系曲线。

三、嵌岩钻孔施工

采用芯柱嵌岩工艺时，其钻进岩层涉及强风化层、中风化层，为保证连续施工，避免更换钻头，可选用平底滚刀牙轮钻头，同时配备一个导向器，钻具组装质量控制在 40~50t 之间，以确保嵌岩平台的整体载荷符合工艺设计要求。嵌岩钻进示意如图 8-6 所示。

1. 滚刀钻头刀齿设置

由于芯柱嵌岩的工程桩持力层多为中风化片麻岩，强度普遍在 120~130MPa，钻头需选用球齿滚刀钻头才能满足钻进施工要求，刀具布置应合理、均匀分布。

2. 岩层钻进压力控制

（1）钻压控制。在基岩钻进中，钻进压力的大小直接影响钻头的时效和寿命，如果钻进压力太小，滚刀的刀齿不能压裂岩石，难以实现大体积破碎。同时，刀齿不能压入岩石，否则刀齿齿尖会迅速被磨平，造成滚刀失效。

钻进压力是影响钻进速度的重要因素，随着岩石的硬度增加而增加，为保证单位刃长上的静压力大于岩石的破碎强度，实现以体积破碎方式碎岩，根据工程经验，钻进压力应

以平均每把滚刀上的压力在 30～50kN 为宜。钻压过大，会造成滚刀内轴承过早损坏，合金刀齿崩刃。因此，钻进过程中应根据孔底钻压情况采取相应减压钻进方式，达到最佳的钻进效率。

（2）转速控制。回转速度是影响钻进速度的另一重要因素，理论上转速增大，钻进速度会提高，但若超过规定范围，使最外圈滚刀自转速度过快，会影响滚刀寿命。同时，由于球齿冲击速度过快，还会造成球齿崩刃或过早磨损。

大口径深孔钻进，转速应根据孔深及地层岩性的变化调整。对于浅孔风化层，由于钻具负荷小，可适当提高转速，提高钻进时效；对于深孔段基岩地层，应降低转速，增加钻头轴向载荷，提高单位转速的进尺，减少钻头单位进尺的磨损，降低钻进成本，提高经济效益。另外，还应根据钻头底部滚刀的大小选择钻头转速，滚刀规格大，可适当提高转速；滚刀规格小，可适当降低转速。通常滚刀规格与钻头直径相匹配，直径大的钻头，选用大规格滚刀；直径小的钻头，选用较小规格滚刀。

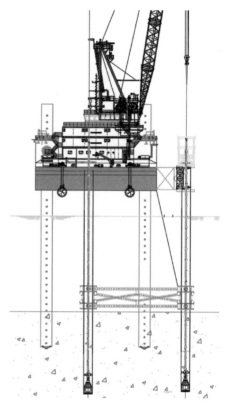

图 8-6　嵌岩钻进示意图

（3）其他事项。

1）钻进过程中，每钻进完一节钻杆在准备加钻杆时，先将此节钻杆全部提高，以扫孔的形式扫完本节钻杆，再进行加杆，水头高度必须保持护筒内水位高于孔外水位 1～2m。

2）当地质情况多变、层面交界无规律时，应控制钻进速度，防止斜孔发生，因此必须及时调整钻机的水平度和垂直度，确保钻孔的垂直度。

3）加接钻杆时，先停止钻进，将钻具提离孔底 0.3～0.5m，维持泥浆循环 5min 以上，以清除孔底沉渣并将管道内的钻渣携出排净，然后再加接钻杆。钻杆连接螺栓应拧紧牢固，前 5 根钻杆连接螺栓必须使用双螺帽，认真检查密封圈，以防钻杆接头漏水漏气，使反循环无法正常工作。

4）升降钻具应平稳，尤其是当钻头处于护筒底口位置时，必须谨慎操作、防止钻头钩挂护筒，破坏护筒底部的孔壁。

5）距孔底标高差 50cm 左右，钻具不再进尺，先停钻停气，清理掉沉渣池钻渣，以增加清渣效果；再采用大气量低转速进行清孔循环，泥浆全部净化，经过 2h 后，停机下钻杆探孔深，此时若不知道孔底标高，将无法操作钻具下入量，因此，在钻孔桩工艺试验中要准确掌握钻具与孔底距离清孔标高的参数。以此保证孔不会超钻，出现沉渣少的假象。

6）在岩层钻进过程中，必须严格按减压钻进要求操作，操作人员应重点关注扭矩压力，对比分析地质报告与钻渣情况，确定钻压选择的合理性，并做出相应调整。同时，及时做好扭矩压力与进尺情况数据的记录，及时总结各地层的施工经验，确定最佳钻进参数。

四、清孔和验孔

清孔时将钻具提离孔底 $30\sim50cm$，采用旋流器和泥浆泵进行泥浆分离除砂，一清过程中缓慢旋转钻具，进行反循环清孔，同时保持孔内水头，防止塌孔。检测孔底沉渣厚度满足设计及规范要求，孔内泥浆指标符合泥浆控制技术规范要求后（循环时间控制在 $2\sim4h$），及时停机拆除钻杆（提钻过程中，保证钻机的稳定、垂直，防止钻头将孔壁的泥皮刮落），移走钻机，尽快进行成桩施工。

在钻孔和清孔的过程中，泥浆分离后的优质泥浆继续返回到孔内循环使用。钻渣通过排渣槽收回到指定堆放处。废浆排入泥浆船，由专门的废浆运输船运走。

清孔结束，组织提钻，应进行成孔检测，检测合格后方可进行下一道工序的施工。

五、钢筋笼安装

进行钢筋笼安装时，直接利用浮吊进行接高，吊点设置在每节钢筋笼最上一层加劲箍处，对称布置，共计 4 个，吊耳采用圆钢制作并与相应主筋焊接。随着钢筋笼的不断接长，钢筋笼重量不断增加，为避免钢筋笼发生吊装变形，钢筋笼顶口应设置专用吊具。

钢筋笼制作及安装要点如下：

（1）钢筋笼制作应设胎架，主筋钢筋应事先调直。

（2）钢筋笼主筋拼装接头均为焊接接头，不得搭接，且同一断面焊接接头不得超过 50%，并确保成形后的整根钢筋笼保持与钢护筒同芯，符合设计要求。

（3）钢筋笼在制作、运输和吊放过程中要采取防止不可恢复变形的措施。

（4）钢筋笼吊放时，要对准孔位，避免碰撞孔壁，并采取可靠措施确保钢筋的净保护层厚度。

钢筋笼安装如图 8-7 所示。

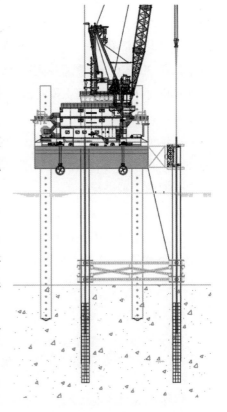

图 8-7　钢筋笼安装示意图

六、混凝土灌注

水下混凝土浇注是钻孔灌注桩施工的主要工序之一，也是影响成桩质量的关键。灌注前需要测量沉渣厚度，进行清孔；然后重新测量沉渣厚度，直至满足设计要求后，才能灌注水下混凝土。

1. 导管水密性试验

导管须经水密试验验证不漏水，其允许最大内压力必须大于 $1.59\, p_{max}$，通常导管可能承受的最大内压力计算式为

$$p_{max} = 1.3 \times (r_c h_{xmax} - r_w H_w) \tag{8-9}$$

式中　p_{max}——导管可能承受到的最大内压力，kPa；

　　　r_c——混凝土容重，取 24kN/m³；

　　　h_{xmax}——导管内混凝土柱最大高度，m；

　　　r_w——孔内泥浆的容重，kN/m³；

　　　H_w——孔内泥浆的深度，m。

2. 下导管

水下灌注宜采用密封圈丝扣连接方式的导管，该类型导管密封性能良好，不容易出现漏水现象。导管下设总长度应根据混凝土灌注前实际孔深确定，保证导管下端距孔底 30~50cm。配管原则：导管总长=孔内管长＋孔外管长。孔外管长为施工留置长度，一般为 50cm 左右。

3. 第二次清孔阶段

在钢筋笼下放就位、混凝土导管、清孔风管安装完成后，再次进行孔底沉渣厚度的测量，若沉渣厚度不满足要求，则进行清孔。

第二次清孔利用灌注混凝土导管采用反循环工艺进行。开启空气压缩机循环泥浆，并同时上下反复提动导管清理孔底沉渣，直到孔底的沉渣厚度满足要求，再进行混凝土的灌注。第二次清孔示意图如图 8-8 所示。

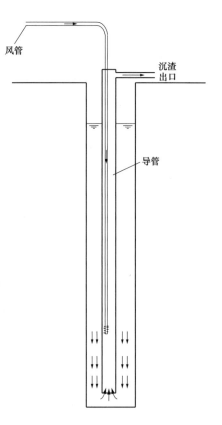

图 8-8　第二次清孔示意图

第四节　牺牲护筒水下Ⅲ型桩工艺

我国南海海床地质复杂，桩基施工需解决覆盖层较薄、中风化岩层等地质复杂问题，不适宜采用Ⅰ型桩和芯柱嵌岩工艺。水下Ⅲ型桩采用工程桩和钢护筒双层定位，若依靠钢护筒作为基准控制工程桩的相对位置精度，则会存在较大的累计误差，导致后期导管架无法与桩基础适配。此外，工程桩植入完成后，钢护筒的回收同样具有难度，因为环形灌浆后，钢护筒上拔将会非常困难，加上钢护筒若在灌浆料尚未完全凝结的条件下上拔，还可

能会对植入的工程桩造成扰动。

一、水下法兰连接方案

工艺设计时，采用水下法兰连接工程桩和工艺加长桩，工程桩定位由钢护筒二次校核控制相对水平投影面的位置。水下法兰连接工艺流程如图 8-9 所示。

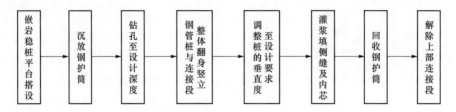

图 8-9　水下法兰连接工艺流程图

工程桩的垂直度主要由钢护筒的垂直度控制，即通过钢护筒内部设置的导轮，将工程桩和上部连接段整体保持一定的垂直度，以满足水平偏差和垂直偏差的要求。

工程桩与上部连接段就位示意图如图 8-10 所示。

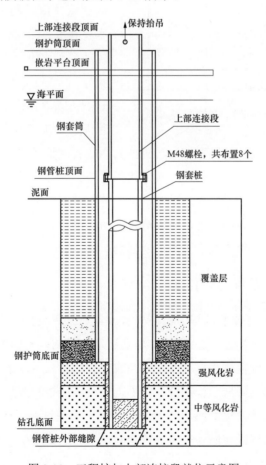

图 8-10　工程桩与上部连接段就位示意图

海上风电工程集成技术

由于工程桩相对位置主要由钢护筒的相对位置精度控制，钢护筒相对位置精度由导向工装平台进行控制，因此，对导向工装平台的稳定性要求非常高。目前对工装平台稳定性控制的手段主要采取增加辅助桩数量或增加辅助桩桩径。通过提高工装平台稳定性，可在一定程度上控制钢护筒的相对位置精度。植入钢管桩垂直精度控制示意如图8-11所示。

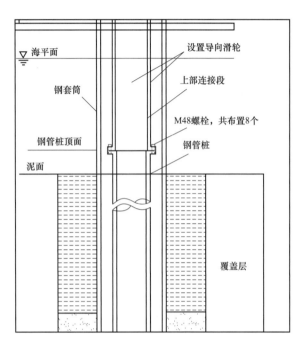

图 8-11 植入钢管桩垂直精度控制示意图

牺牲护筒水下Ⅲ型桩工艺中 4 根植入钢管桩的垂直度与水平相对误差主要由钢护筒的垂直度来控制，即钢护筒在稳定、垂直且位置精确的前提下，植入钢管桩垂直度可以得到保证。

在过渡段（上部连接段）外壁设置两层导向滑轮，与钢护筒内壁保持很小的间隙，钢护筒通过控制过渡段（上部连接段）的垂直度，从而控制与其刚性连接的植入钢管桩，保证植入钢管桩和钢护筒之间连接精度。精度控制取决于钢护筒的垂直精度，但钢护筒若壁厚做得太薄，则可能会受水下压力造成局部变形，从而影响导向精度；若钢护筒为保证其刚度将筒壁做得太厚，则会提高施工船机设备的起重能力要求，从而增大施工成本。

此外，由于钢护筒内部控制系统为滑轮控制，即若钢护筒自身垂直度未达到设计要求时，则植入钢管桩的精度也无法保证，且无纠偏措施。因此，通过钢护筒垂直度来控制植入钢管桩垂直度实施难度相对较大。另外，由于植入桩比钢护筒并未小很多，且浮吊在海上作业起钩后具有一定的晃动幅度，所以植入桩吊入钢护筒内时，应采取防碰撞措施，避免因碰撞造成钢护筒的倾斜或损伤等不可逆影响。

二、牺牲护筒与双层定位技术

牺牲护筒与双层定位技术是基于稳桩平台或自升式平台的水下导向和水上导向双层结构，并结合牺牲护筒技术进行桩基施工，即通过水下导向控制钢护筒的位置和垂直精度，水上导向控制工程桩的位置和垂直精度，在完成工程桩植入后，采用电氧切割方式，回收露出泥面的部分钢护筒，降低工程造价。牺牲护筒及双层控制方案示意如图8-12所示。

牺牲护筒Ⅲ型桩工艺流程如图8-13所示，牺牲护筒通过水下导向工装进行稳固，工程桩则通过自升式平台的甲板或舷外工装进行稳固，从而达到双层分别稳固、精准定位的效果，消除二次叠加误差。

218

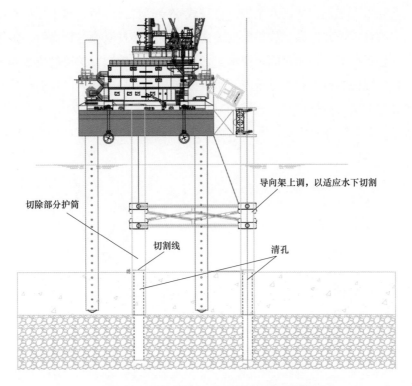

图 8-12 牺牲护筒及双层控制方案示意图

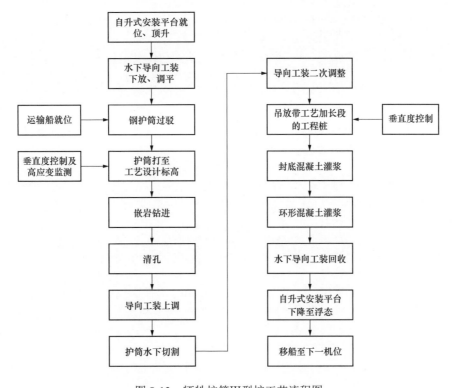

图 8-13 牺牲护筒Ⅲ型桩工艺流程图

（1）护筒沉入工艺设计标高及钻进。自升式安装平台就位后，与Ⅰ型桩和芯柱嵌岩工艺类似，将护筒打至设计标高，护筒长度需满足护筒底部打至设计标高后，护筒顶部仍位于自升式平台悬臂梁下侧，满足固定要求。通过水下导向控制钢护筒的位置和垂直精度，水上导向控制工程桩的位置和垂直精度。水下导向与水上导向均为内含筋板的导向筒，长为10m，通过导向筒将钢护筒及工程桩的桩身垂直度控制在0.3%以内。护筒沉至标高后，开始嵌岩钻进，嵌岩钻进完成后，进行护筒内清孔作业。嵌岩钻进工艺如图8-14～图8-16所示。

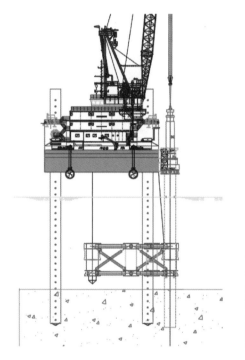

图 8-14　护筒打至设计标高

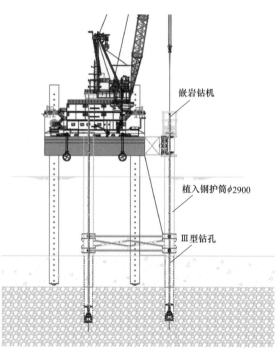

图 8-15　护筒内嵌岩钻进示意图

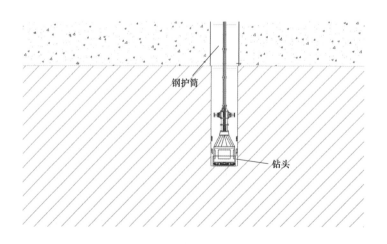

图 8-16　护筒内嵌岩钻进大样图

（2）钢护筒水下切割。护筒内清孔完成后，将水下导向工装上调 5m，以满足钢护筒切割安全距离要求。如图 8-17 所示，护筒切割位置为泥面以上 0.5m 处，采用电氧切割或金刚绳锯方式切割，切割位置仅需确保泥面砂石无法进入孔内即可。

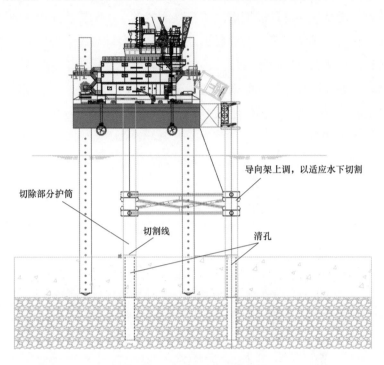

图 8-17　护筒水下切割示意图

（3）工程桩安放。钢护筒水下切割完成后，将水下导向工装下调至切割平面高程上 0.5m 位置，如图 8-18 所示。随后使用自升式安装平台的主力起重机起吊工程桩，保持垂直状态放入孔内，并通过水下导向工装调节桩身垂直度。

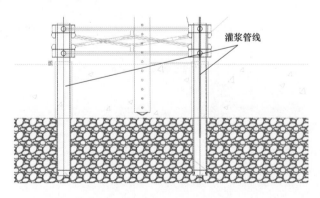

图 8-18　工程桩安放示意图

（4）封底灌浆混凝土。在嵌岩设备撤出时，开始搅拌船的抛锚定位。搅拌船应位于自升式平台的正前方，与导管架平台保持一定的安全距离，保证输送泵管满足输送距离。工程桩内部封底混凝土浇筑高度不小于 2m。水下封底混凝土灌注采用导管法施工。其原理是利用混凝土和泥浆两者的密度差异，将混凝土拌和物通过密封连接的导管输送到桩孔底部，混凝土密度高于泥浆密度，使混凝土从孔底向上顶托泥浆上升。后期的混凝土则通过一定的落差压力，通过导管进入前期灌注的混凝土之下，顶托着前期灌注的混凝土及其上面的泥浆上升，从而形成连续密实的混凝土桩身。混凝土料斗封底采用拔塞法，即在导管顶口用浮球封口，料斗底部用盖板封住，当料斗灌满混凝土后立即打开盖板，使混凝土沿导管下落。同时，保持混凝土不间断地通过料斗和导管注至水下，从而完成首批混凝土灌注。首批混凝土灌注后转入正常灌注阶段，并保证连续不间断地灌注至设计标高。封底混凝土浇筑示意如图 8-19 所示。

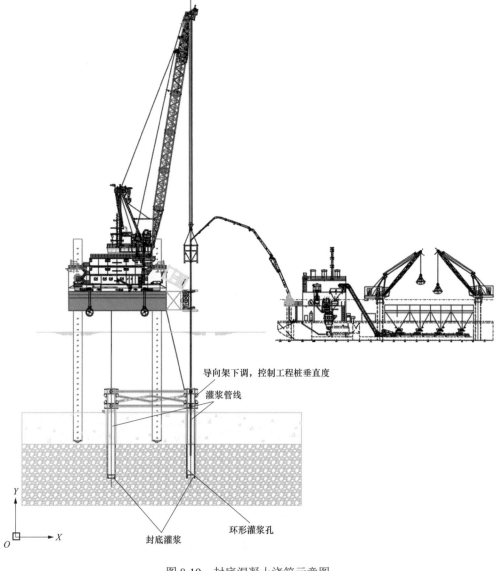

图 8-19　封底混凝土浇筑示意图

首灌在水下灌注混凝土中是最重要的一步，直接关系到整根桩的质量。按照计算，得出首灌混凝土量，将足够量的混凝土盛放到漏斗中。开始灌注时，漏斗阀门迅速全开，让混凝土以很大的冲力落下，保证压力足以把套筒内的水完全压出并中和水的压力，使混凝土顺利封底，达到埋管 1m 以上的要求。

在混凝土灌注完成前，导管口应始终埋于混凝土内不少于 1m。灌注过程中管口随水下混凝土面的抬高而缓慢提升，确保后续灌注的混凝土不与水面接触。每次提升幅度为 15～60cm。灌注时应防止导管摆动，以免混凝土产生空洞。混凝土灌注时应连续，中途停顿不宜大于 30min。

混凝土浇筑过程中，可采用测绳探测钢管桩管壁处的混凝土厚度。探测时应选取不同的点，多点探测。待确定钢管桩管壁处混凝土厚度均超过 2m 后，停止灌注，拆除料斗及导管。

（5）环形灌浆施工。钢管桩外壁与土体之间的环形空间厚度约为 150mm，该区域选用灌浆料进行填充。在岩层内每灌注 1m 高，需要灌浆料约 3.4m³。灌浆导管在封底混凝土浇筑完成后在钢管桩外侧自作业平台依次向下逐节密封连接至环形空间底部，沿桩周均匀布置 3～4 个灌浆导管，导管直径为 30～50mm。高强灌浆料施工工艺流程如图 8-20 所示。

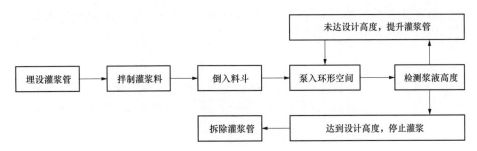

图 8-20　高强灌浆料施工工艺流程图

灌浆料需用淡水均匀搅拌，使其变为流质，倒入灌浆料斗。灌浆料具有较好的自流性和自密实性。首灌时各灌浆管道需同时开启阀门，由灌浆泵将灌浆料压入导管，同时将各导管内的水挤出导管，并在底部将出浆口埋没，防止海水倒灌回导管内，影响灌浆料成形质量。灌浆时需保持连续性。导管出浆口可随着环形空间内完成的灌浆料高度逐步提升，出浆口在灌浆全部完成前不得提出灌浆料顶面。待灌浆料灌至设计高度后，即停止注浆，同时核算灌浆量，是否与设计灌浆量偏差在允许范围内，满足要求后拆除灌浆设备。

灌浆料施工分为两次进行。当灌浆料灌注高度达到钢护筒底口时，完成第一次灌浆料施工。当第一次的灌浆料达到一定强度后，开始第二次灌浆料施工，直至达到设计高度。

（6）钢护筒及工程桩加长段水下切割。牺牲护筒水下Ⅲ型桩工艺采用牺牲钢护筒的形式，避免上拔护筒时对灌浆料造成损坏和影响工程桩的位置精度。钢护筒水下切割采用电氧切割方案，工程桩加长段采用专用工装进行金钢链绳切割。

🌀 第五节　稳桩平台导向工装技术

目前，国内海上风电导管架基础桩基施工常规工艺多采用大型浮吊+导向架（稳桩平台）方案。由于受工程水深及吊装船舶资源影响，不同条件的工程需使用不同形式的定位导向工装。浅水区一般考虑出水式稳桩平台导向工装形式，深水区域，由于四桩基础设计间距更大、贯入深度更深，需专门研究深水区大跨距水下定位沉桩技术，根据不同水深和浮吊性能特征，可选择出水式稳桩平台导向工装或入水式稳桩平台导向工装，以适应不同环境条件和施工装备的桩基施工。

一、出水式稳桩平台导向工装

出水式稳桩平台导向工装是由钢管桩通过导管架固定于海底的钢制桁架结构，如图 8-21、图 8-22 所示，导管架本身具有足够的刚性，以保证平台结构的整体性及抵抗自然载荷的能力。该工装主要是由 4 根竖向钢管以及横向、斜向钢管焊接而成的空间桁架结构，4根竖向钢管上设置有吊耳，用以吊装或扶正稳桩平台导向工装，稳桩平台上部四角设置有叉状结构，便于工程桩的粗略定位，下放至导向筒中。平台中间部分四角设置有由桁架结构连接而成的 4 个导向筒，导向筒上口设置有喇叭口状导向板，便于工程桩能够精确地下放至导向筒中，导向筒上、下口内部均设置有导向筋板，以减小工程桩与导向筒之间的摩擦力。平台下部设置有防沉板结构，保证导管架的坐底稳定性，增加导管架与海床面的接触面积，防止导管架在安装时不均匀沉降。导向定位平台上部设置有平台及走道等辅助结构，便于工程施工人员安装操作、测量以及其他工作。

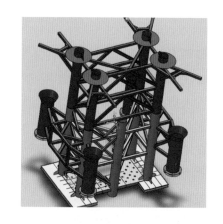

图 8-21　出水式稳桩平台导向工装实物图　　　图 8-22　出水式稳桩平台导向工装模型图

出水式稳桩平台导向工装主要测量、控制平台自身水平度以及沉桩过程工程桩桩顶标高，测量、控制均在水面以上完成，对测量控制装备依赖度较小。此外，上部的 U 形开口可用于喂桩引导和沉桩标高控制，在涉及嵌岩施工时，还可用于安装嵌岩钻机，以提高多功能适用性，适用于直打入、Ⅰ型桩、Ⅲ型桩和芯柱嵌岩桩的施工工艺。出水式稳桩平台导向工装在国内工程案例较多，且均较为成熟，在此不再赘述。

二、入水式稳桩平台导向工装

（一）入水式稳桩平台导向工装

入水式稳桩平台导向工装取消了上部工作平台和 U 形导向装置，实现浮吊在喂对角远桩时借助部分水深，减小吊装跨距。但由于上部平台和 U 形口的取消，使得导向架自身水平度、方位角测量需在水下完成，也不再拥有水上喂桩引导和标高控制的能力。因此，入水式稳桩平台导向工装更适用于深水区大容量机组的远桩距桩基施工。

因为入水式稳桩平台导向工装使浮吊借助水深插打对角的远桩，所以上部平台可去除或仅保留用于吊装的杆体。水下喂桩可通过水下摄像头，如水下机器人（ROV）或在导向筒上方设置摄像头和强光灯的方式。桩顶标高控制，则可考虑水下摄像头加激光笔的方式实现水下实时监控。

（二）入水式稳桩平台导向工装结构

入水式稳桩平台导向工装结构部分包括 4 个导向筒、4 个吸力桩、平台主体和吊装辅助框架，控制测量系统部分包括吸力桩压排水控制系统以及精度测量系统，如图 8-23、图 8-24 所示。入水式稳桩平台导向工装是由吸力桩固定于海底的钢制桁架结构，平台本身具有足够的刚性，以保证平台结构的整体性及抵抗自然载荷的能力。入水式稳桩平台导向工装主体主要由四根竖向钢管和横向、斜向连接钢管焊接而成的空间桁架结构。此平台中间部分四角设置有由桁架结构连接而成的四个导向筒，导向筒上口设置有喇叭口状导向板，便于工程桩能够精确的下放至导向筒中，导向筒上下口内部均设置有导向筋板，以减小工程桩与导向筒之间的摩擦力。

图 8-23　入水式稳桩平台导向工装模型

图 8-24　入水式稳桩平台导向工装实物图

导向定位平台通过 4 个吸力桩进行水下安装、定位及调平，在吸力桩顶部配有一套管路系统，由两台潜水泵、管系、阀门和脐带缆组成。定位平台在工作过程中完全浸没在水下，通过一条脐带缆及位于甲板上的控制单元实现平台的水下安装。

4 根竖向钢管上设置有吊装辅助框架，用以吊装或扶正稳桩平台导向工装。辅助吊装框架由 4 根铰接钢管和 1 根主吊杆组成，确保所有的挂钩、脱钩操作均可以在水上完成。

入水式稳桩平台导向工装设有全方位测量系统，可实现平台水下桩基施工导航定位测量工作，海上施工阶段的定位导向平台方位角调整测量、调平测量、插桩垂直度测量以及沉桩标高控制等有关测量的工作。

三、导向定位工装选用建议

对于不同水深和不同施工装备，需选用不同的稳桩平台导向工装。

（1）在浅水区施工时，尽量考虑出水式稳桩平台导向工装，水上测量设备的可靠性较高，同时配套的液压冲击锤等设备成本较低，经济效益较高。

（2）在深水区施工时，若自有大型浮吊可满足入水式稳桩平台导向工装使用的性能要求，则可酌情考虑使用出水式稳桩平台导向工装；若大型浮吊资源紧张的条件下，则优先考虑入水式稳桩平台导向工装的方案。

（3）在风电机组基础导管架根开较大时，为提高船机的适用性，宜优先考虑入水式稳桩平台导向工装方案。

第六节 结论与展望

我国南海海域地质复杂，广东和福建的海上风电项目涉及嵌岩基础施工较多，项目的水深大多超过 20m，导管架基础占比较大，水下桩嵌岩技术的研究尤为重要。

在插肩式护筒的工艺基础上，研究形成的Ⅰ型桩和芯柱嵌岩桩施工技术，通过可打入性分析，设计出合理的插肩式护筒加长段，隔离海水，满足泥浆反循环钻机工作要求，实现水下桩嵌岩钻进功能，解决钢管桩在进入强风化岩后继续锤击引起的动应力过大、打桩疲劳等问题。同时，由于插肩式护筒的应用，免除了常规工艺水下截桩的工序，避免水下切割作业的风险，大幅度提高施工效率，增大工程建设经济效益。

对于持力层位于中风化层的Ⅲ型桩，引入牺牲护筒，采用双层固定精准定位的方式，实现了工程桩的精准植入，同时避免水上Ⅲ型桩拔除护筒时对灌浆料的损伤和对工程桩位置精度的影响，实现了国内水下Ⅲ型多桩施工技术的新突破。

在多桩导管架桩基础施工中，国内多采用大型浮吊加导向架（稳桩平台）的工艺，而导向架的选型则与项目地质、基础特征密切相关。随着海上风电向大容量机组的发展，深水区远桩距、长桩结合大直径的方式会逐步成为主流，常规的水上导向架对浮吊起重能力要求较高，由于浮吊资源的稀缺，导致海上风电向深水区发展遇到困难。因此，可降低浮吊起重能力要求的水下导向架工艺将逐步成为未来的主流方向。

在风电机组逐步向大单机容量、轮毂中心标高大幅度增大的背景下，国内绝大部分风电安装平台将不能满足市场需求，逐步被市场淘汰，这些平台后续可应用海上风电大部件检修。但是海上风电安装平台在欧洲仍会应用于多桩导管架桩基础施工，通过加装桩腿一体化水下导向工装，实现平台寿命二次升级，这也为我国海上风电安装平台升级、改造提供了思路，自升式平台桩腿一体化水下导向工艺将成为新的发展方向。

第九章

海上风电调试关键技术

第一节 简 述

与陆上风电相比，海上风电一个显著的特征是通过大长度交流海底电缆与电网连接，因此，对于大长度交流海底电缆试验、工程启动及保护装置带负荷校验一直是海上风电工程调试的关键。大长度交流海底电缆配置的纵联差动保护需经检查确认其两端所配置的电流互感器变比与极性正确后方可投入运行。在海上升压站受电启动的阶段，如何在无有效负荷工况下对海底电缆差动保护进行校验以及继电保护与自动化如何带负荷校验都是有待解决的技术难题。

一、国内外现状

海底电缆作为海上风电的核心环节，随着海上风电项目的离岸化发展，海底电缆需求量越来越大。近年来，国内外研究者对海底电缆过电压进行了大量研究，研究的焦点主要集中于讨论系统过电压、绝缘配置等问题。国外学者利用 PSCAD/EMTDC 仿真软件对海底电缆系统模型、操作过电压、内部电场分布特性等进行了系统性研究。国内学者对海底电缆工程应用中可能出现的工频过电压、操作过电压和雷击过电压等进行了深入研究。海底电缆交流耐压试验一直是行业难题，以往工程多采用通电 24h 代替交流耐压，存在较大安全隐患。大长度交流海底电缆具有电压等级高、分布电容值及充电功率大等特点，交流耐压试验对试验设备提出了更高要求，试验设备应具有较大的试验电流及试验功率，需使用更多的电抗器、励磁变压器、变频电源等试验设备才能满足试验要求。

按照继电保护和电网安全自动装置检验有关规定，对于新安装的设备或回路有较大变动的保护装置，在投入运行前，应用一次电流及工作电压加以检验和判定，保护装置未经检验，不能正式投入运行。对海底电缆须进行所在线路两侧电流电压相别、相位一致性检验，通常以一次负荷电流判定极性连接的正确性。在海上升压站受电启动阶段，风电机组处于安全停机状态，海上升压站处于无负荷运行状态，无有效负荷对保护进行带负荷校验。如采用租赁电容器等负载进行带负荷校验，会产生较高的租赁成本且试验时间较长。

在海上风电大规模发展的政策环境下，亟待针对海上风电设备、系统特点，研究调试关键技术。

二、关键技术

针对海上风电大长度交流海底电缆、海上升压站的特点，论述海底电缆交流耐压试验方法、基于主变压器励磁涌流的海底电缆差动保护校验方法、继电保护与自动化带模拟负荷校验系统及方法，保证工程调试质量，为安全可靠并网提供了技术保障。

1. 海底电缆主绝缘交流耐压试验

针对大长度交流海底电缆交流耐压试验存在试验电压高、电流大的特点，分析大长度交流海底电缆交流耐压试验方式串并联混合谐振回路，论述了经济适用试验设备参数选择方法、各项试验参数计算及试验方案。同时，介绍了海底电缆试验过程中的问题及解决方案。

2. 基于主变压器励磁涌流的海底电缆差动保护校验方法

海上风电场在风电机组多机并网后，负荷电流满足试验要求才能开展海上升压站的带负荷校验。但是在海上升压站启动受电阶段，风电场往往不具备多机并网发电条件，采用电容器作为负荷的方法受海上运输条件、安装条件等限制。基于上述因素考虑，论述了主变压器励磁涌流的海底电缆差动保护校验方法，确保海底电缆差动保护接线配置正确，可靠、快速地完成海底电缆差动保护校验工作，提升海上升压站受电启动效率。

3. 继电保护与自动化装置带模拟负荷校验系统及方法

针对工程施工调试阶段所接入继电保护与自动化系统的电流电压回路的相别、相位、变比及极性判定问题，介绍一种继电保护与自动化装置带模拟负荷校验系统与方法，通过一次电流及一次电压对电力系统继电保护与自动化系统进行带模拟负荷校验，检验判定电流电压回路相别、相位、变比及极性的正确性，保证工程施工调试质量，保障工程启动投产一次成优。

 第二节 海底电缆主绝缘交流耐压试验

一、海底电缆特点及耐压方式选择

（一）海底电缆特点

海底电缆作为连接海上风电机组与海上升压站、海上升压站与陆上计量站的重要设备，也作为海上风电场电能输出的唯一通道，在海上风电项目中发挥着不可替代的作用。海底电缆是由导体、绝缘和保护绝缘不受机械损伤、化学侵蚀、潮汐作用的重型保护层组成，其结构剖面见图9-1。

与陆地电缆相比，海底电缆结构上差异在于海底电缆非金属护套采用的是半导电 PE 护套、不锈钢丝铠装。而陆地电缆一般采用皱纹铝护套，除了特殊环境外，一般不用铠装。与陆地电缆相比，海底电缆距离更长，一般海底电缆长度都达到几十公里甚至上百公

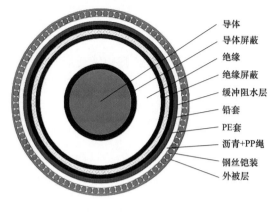

图 9-1　海底电缆结构剖面图

里。随着海上风电项目离岸距离越来越远，作为海上升压站与陆上计量站连接的海底电缆截面也越来越大，长度也越来越长，这些对海底电缆的试验工作带来了更大的挑战。

（二）交流耐压试验方式选择

交流耐压试验是鉴定海底电缆绝缘强度最有效和最直接的方法，也是现场交接试验和预防性试验的一项重要内容。现场交流耐压试验方式可分为试验变压器交流耐压试验方式、串联谐振交流耐压试验方式、并联谐振交流耐压试验方式和串并联混合谐振交流耐压试验方式。

1. **试验变压器交流耐压试验方式**

试验变压器交流耐压试验原理接线图如图 9-2 所示。

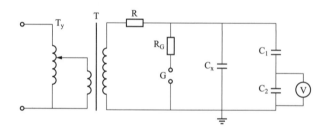

图 9-2　试验变压器交流耐压试验原理接线图

T_y—调压器；T—试验变压器；R—高压回路的等效电阻；R_G—球隙保护电阻；G—球间隙；C_x—被试品；

C_1、C_2—电容分压器高、低压臂；V—电压表

回路由工频交流电源供电，通过控制器向调压器供电，调压器改变输出电压的幅值，经试验变压器将低电压转换成高电压，获得所需试验电压。该方式主要用于中低压开关、干式变压器等小容量试品的耐压试验。

2. **串联谐振交流耐压试验方式**

串联谐振交流耐压试验方式分为工频串联谐振交流耐压试验方式和变频串联谐振交流耐压试验方式，其回路原理接线图如图 9-3、图 9-4 所示。

工频串联谐振试验装置工作频率为 50Hz，带可调电抗器，通过调节电抗器电感量使回路达到谐振。该电抗器的电感量能连续可调，当试验电压较高时，可以将几个电抗器串联使用。

变频串联谐振试验装置带固定电抗器，工作频率一般为 30～300Hz。该装置依靠大功率的变频电源，调节试验频率，使回路达到谐振，所用电抗器的电感量是不可调的，而试

验频率随试品的电容量不同而改变。

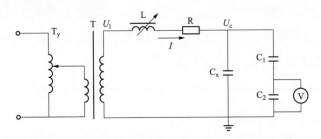

图 9-3　工频串联谐振交流耐压试验回路原理接线图

T_y—调压器；T—试验变压器；L—调感电抗器；R—高压回路的等效电阻；

C_x—被试品；C_1、C_2—电容分压器高、低压臂；V—电压表

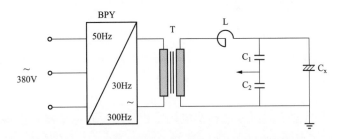

图 9-4　变频串联谐振交流耐压试验回路原理接线图

BPY—变频电源；T—励磁变压器；L—高压电抗器；

C_1、C_2—电容分压器高、低压臂；C_x—被试品

　　串联谐振交流耐压试验方式一般应用于当试验变压器的额定电压小于所需试验电压，但额定电流能满足试品试验电流的情况，如大型油浸式变压器、气体绝缘全封闭组合电器（GIS）等设备的交流耐压试验。

　　3. 并联谐振交流耐压试验方式

　　并联谐振交流耐压试验方式原理接线图如图 9-5 所示。

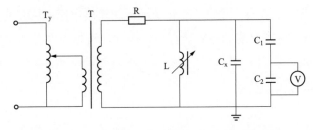

图 9-5　并联谐振耐压试验方式原理接线图

T_y—调压器；T—试验变压器；L—调感电抗器；R—高压回路的等效电阻；

C_x—被试品；C_1、C_2—电容分压器高、低压臂；V—电压表

　　并联谐振装置带可调电抗器，通过调节可调电抗器的电感量，使流过试验变压器的电

流幅值达到最小值，从而解决试验变压器容量不足的问题。

并联谐振交流耐压试验方式一般应用于当试验变压器的额定电压能满足试验电压的要求，但电流达不到被试品所需试验电流的情况，如中低压电缆、电动机等设备的交流耐压试验。

4. 串并联混合谐振交流耐压试验方式

串并联混合谐振交流耐压试验方式原理接线图如图 9-6 所示。

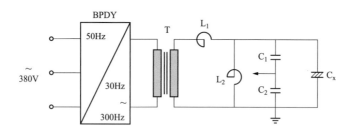

图 9-6　串并联混合谐振交流耐压试验方式原理接线图

BPDY—变频电源；T—励磁变压器；L_1—高压串联电抗器；L_2—高压并联电抗器；

C_1、C_2—电容分压器高、低压臂；C_x—被试品

串并联谐振装置带固定高压并联补偿电抗器和高压串联电抗器，工作频率一般为30～300Hz。该装置用高压并联电抗器对被试品 C_x 进行欠补偿，即并联后仍呈容性负荷，再与高压串联电抗器形成串联谐振，这样能同时满足试验电压和电流的要求。

串并联混合谐振交流耐压试验方式一般应用于当试验变压器的额定电压和额定电流都不能满足试验要求时，如高电压等级的电力电缆交流耐压试验。

综上所述，海底电缆交流耐压试验存在试验电压高、电流大的特点，因此，现场普遍采用串并联混合谐振交流耐压试验方式。

（三）串并联混合谐振回路分析

大长度交流海底电缆由于分布电容量大，在进行交流耐压试验时，可等效成一个大电容，串并联混合谐振等效回路图如图 9-7 所示，用 L_2 对 C_x 进行欠补偿，即并联后仍呈容性负荷，再与 L_1 形成串联谐振，降低了励磁变压器的输出电流，从而使试验电压和电流都能满足试验要求。由于海底电缆的电容量很大，因此，可以忽略分压器电容的影响，其等效电路图如图 9-7 所示。

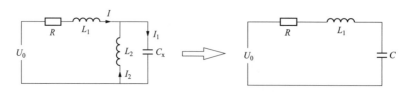

图 9-7　串并联混合谐振等效电路图

C_x—海底电缆等效电容；L_1—串联电抗器；L_2—并联电抗器；I_1—海底电缆电容电流；I_2—并联电抗器补偿电流；

I—试验电流；R—回路等效电阻；U_0—励磁变压器输出电压；C—回路等效电容

试验频率 f 按式（9-1）计算，则

$$f = \frac{1}{2\pi\sqrt{L_1 C}} \tag{9-1}$$

试验电流 I 按式（9-2）计算，则

$$I = 2\pi f C U = I_1 - I_2 = 2\pi f C_x U - \frac{U}{2\pi f L_2} \tag{9-2}$$

式中　U——试验电压。

将式（9-1）代入式（9-2）可得

$$C = \frac{L_2}{L_1 + L_2} C_x \tag{9-3}$$

故串并联谐振回路的试验频率为

$$f = \frac{1}{2\pi} \sqrt{\frac{L_1 + L_2}{L_1 L_2 C_x}} \tag{9-4}$$

则试验电流 I 可以表示为

$$I = U \sqrt{\frac{L_2 C_x}{L_1 (L_1 + L_2)}} \tag{9-5}$$

有功功率 P 为

$$P = I^2 R = U^2 R \frac{C_x L_2}{L_1 (L_1 + L_2)} \tag{9-6}$$

品质因数 Q 为

$$Q = \frac{Q_{L0}}{P_0} \text{ 或 } \frac{Q_{C0}}{P_0} = \frac{1}{R} \sqrt{\frac{L_1 (L_1 + L_2)}{L_2 C_x}} \tag{9-7}$$

式中　Q_{L0}、Q_{C0}——谐振时的电感或电容元件的无功功率；

　　　P_0——谐振时回路消耗的有功功率。

二、交流耐压试验方法

（一）试验参数计算及试验设备选择

以某海上风电场 220kV 海上升压站至陆上计量站处的一回 3×400mm² 127/220kV 海底三芯交联聚乙烯绝缘电力电缆为例，其敷设长度为 26.7km。按照 GB/T 32346.1—2015《额定电压 220kV（U_m=252kV）交联聚乙烯绝缘大长度交流海底电缆及附件　第 1 部分：试验方法和要求》和 GB 50150—2016《电气装置安装工程　电气设备交接试验标准》中的相关要求，127/220kV 海底电缆线路安装后交流耐压试验电压为 180kV，试验时间为 1h，试验频率范围为 20～300Hz。

1. 被试海底电缆总电容量计算

根据资料查出该型号海底电缆单位公里电容量参数，计算出被试海底电缆线路总电

容量。

2. 试验电抗器参数选择

按照 GB 50150—2016 要求的最低试验频率，根据式（9-1）可计算出试验所需的电抗器电感量最低参数配置，然后根据试验电抗器串并联组合方式，依据式（9-4）计算出实际过程中的试验频率。

3. 励磁变压器参数选择

当回路达到谐振状态时，回路中的感抗与容抗相等（$X_L=X_c$），电感中的电磁场能量与试品电容中的电场能量相互来回反馈补充，试品所需的无功功率全部由电抗器供给，电源只提供回路的有功功率损耗。该有功功率损耗主要包括励磁变压器和电抗器的有功功率损耗、被试电缆介质损耗、高压引线由于电晕产生的损耗、试验设备表面泄漏电流等，其中：

励磁变压器电导损耗 P_T 为

$$P_T = I^2 R_T \tag{9-8}$$

式中　P_T——励磁变压器的有功功率损耗；

　　　I——流过励磁变压器的试验电流；

　　　R_T——励磁变压器高压绕组的直流电阻值。

电抗器电导损耗 P_L 为

$$P_L = I^2 R_L \tag{9-9}$$

式中　P_L——电抗器的有功功率损耗；

　　　I——流过电抗器的试验电流；

　　　R_L——电抗器的直流电阻值。

试验电缆介质损耗 P_{Cx} 为

$$P_{cx} = 2\pi f C_x U^2 \tan\delta \tag{9-10}$$

式中　P_{cx}——被试海底电缆的介质损耗；

　　　f——试验频率；

　　　C_x——被试海底电缆的电容量；

　　　U——试验电压；

　　　$\tan\delta$——被试海底电缆的介质损耗因数，海底电缆介质损耗因素取值范围为 0.02%～0.05%。

高压引线电晕产生的损耗跟空气湿度、引线截面等因素有关，试验设备表面泄漏电流产生的损耗跟空气湿度、设备表面脏污程度有关。

根据式（9-2），可以计算出海底电缆电容电流、并联电抗器补偿电流、试验电流；励磁变压器、试验电抗器直流电阻值可查询出厂报告，因此根据式（9-8）～式（9-10）可以计算出励磁变压器的电导损耗、串联电抗器的电导损耗、并联电抗器的电导损耗、海底电缆的介质损耗。在不考虑高压引线电晕产生的损耗情况下，可计算出回路中的总损耗。

由于有功损耗影响因素较多，在实际工程应用中很难预先进行准确计算，一般根据经验通过对品质因数取值进行估算。对于电容性负载，典型系统的品质因数 Q 值取值在 50～80 之间。根据经验，Q 值取 80，按照式（9-7）可估算出谐振时回路消耗的有功功率，该估算值与上述计算出的回路总损耗加上试验过程中高压引线电晕产生的损耗、试验设备表面泄漏电流产生的损耗等其他有功损耗后，数值上基本接近。

励磁变压器高压侧电压为

$$U_0 = IZ_T = I \times \sqrt{(R_T^2 + X_T^2)} = I \times \sqrt{(R_T^2 + (2\pi f L_T)^2)} \tag{9-11}$$

式中　U_0——励磁变压器高压侧所需的输出电压；

　　　I——流过励磁变压器高压侧的试验电流；

　　　Z_T——励磁变压器的阻抗；

　　　R_T——励磁变压器高压绕组所在分接位置的直流电阻；

　　　X_T——励磁变压器所在分接位置的感抗。

不同励磁变压器高压绕组不同抽头感抗会有所不同，在实际工程应用中可以采用电感表进行测量得出。由于励磁变压器高压侧的感抗远大于阻抗，因此阻抗可以忽略。则

$$U_0 \approx 2\pi f L_T I \tag{9-12}$$

综上所述，励磁变压器的高压侧输出电压应高于 U_0，输出电流应大于试验电流 I，励磁变压器容量应大于 P。试验单位应结合实际并考虑一定的裕度选用合适容量的励磁变压器，励磁变压器的容量、高压侧输出电压、输出电流均应满足试验要求。

4. 变频电源参数选择

谐振时回路消耗的有功功率，将由变频电源提供，即变频电源的输出功率，正弦波电源效率按 60% 计，则可计算出所需的变频电源容量，结合实际并考虑一定的裕度选择变频电源。

5. 试验电源参数选择

按照式（9-13），可计算进线电源电流，即

$$P = \sqrt{3}UI \tag{9-13}$$

式中　U——进线电源电压，一般为 400V。

（二）试验方法

1. 相位检查

将海底电缆海上升压侧终端任意两相短接，在陆地侧测量三相之间导通电阻，与其他两相都无导通电阻，则与海底电缆海上升压站侧悬空相为同相，并根据线路相序排列或 GIS 相序排列确定海底电缆悬空相的相序，依次类推。由于海底电缆海上、陆地侧终端很多采用与 GIS 直连方式，耐压时由于海底电缆与 GIS 间未连接，无法直接接触到海底电缆终端裸露部位，因此核相工作应在海底电缆终端进筒仓前进行。

2. 绝缘电阻测量

绝缘电阻测试前，海底电缆与外部设备应处于未连接状态，且两侧电缆终端状态应符合耐压试验要求。在耐压前后，采用 5000V 绝缘电阻表分别测量 A、B、C 三相主绝缘对屏蔽层的绝缘电阻。绝缘电阻测试结果耐压前后应无明显差别。绝缘电阻测试结束后，应对被试品进行充分放电。

3. 主绝缘交流耐压试验

（1）试验接线。试验采用串并联混合谐振，分相进行交流耐压试验，施加试验电压在电缆导体与金属护套（地）之间，耐压时间为 60min。其他非被试相、屏蔽层接地。海底电缆耐压试验接线如图 9-8 所示。

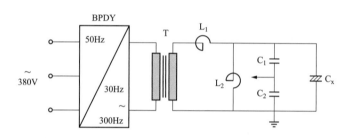

图 9-8　海底电缆耐压试验接线图

BPDY—变频电源；T—励磁变压器；L_1—高压串联电抗器；L_2—高压并联电抗器；

C_1、C_2—电容分压器高、低压臂；C_x—被试品

（2）试验电压和加压曲线。试验电压、试验频率和加压时间按照 GB 50150—2016 中的相关要求进行。交流耐压试验加压曲线如图 9-9 所示。

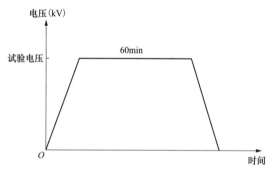

图 9-9　交流耐压试验加压曲线

（3）判断依据。在耐压过程中应无击穿、闪络现象发生，且耐压前后绝缘电阻应无明显变化。

（三）试验过程中异常情况的应急处置方法

试验过程中如出现异常现象，如电压表、电流表指示急剧增加，发出绝缘烧焦气味，冒烟或响声等异常现象，应立即停止试验，断开电源，对试品进行放电、接地，待查明原因后方可继续试验。同一海底电缆同一次耐压试验时间不可累加，重新开始试验后必须从零开始计时。

1. 试验电源跳闸或变频电源跳闸的处理

试验过程中出现试验电源停电或跳闸现象，则应判断是否出现试验过载导致试验电源跳闸，排查是否为试验回路出现闪络或击穿。问题排除后，方可重新开始试验。

2. 耐压设备出现试品电压波动过大的处理

试验过程中出现变频源输出电压稍微调节一点，试验电压变化很大的情况，可能是回路品质因数过高，励磁变压器变比太大造成，应停止试验，断开电源，对试品进行放电、接地后，调整励磁变压器分接位置，将变比调小后重新进行试验。

3. 变频谐振装置主部件故障的处理

（1）变频电源出现异常情况的应急处理。现场试验变频电源工作出现异常情况时，首先应确认变频电源是否可更换备用板卡恢复正常运行，如现场不能处理，则应更改试验接线，将异常的变频电源退出，将备用变频电源柜投入使用。

（2）试验电抗器出现异常情况的处理。现场试验电抗器工作出现异常情况时，则应变更试验接线，将异常电抗器退出，重新计算串并联谐振回路的试验频率、试验电流、每台并联补偿电抗器流过的电流、励磁变压器容量等参数，计算后的参数满足试验要求，则重新开始试验。如果计算后的参数无法满足试验要求，则需将备用试验电抗器投入使用。

（3）试验击穿的应急处理。在试验过程中发生电缆击穿，则应立即暂停试验，并记录谐振设备失压前的试验时间、试验电压值。检查谐振设备与试验终端，确定设备高压端或试验终端是否发生沿面闪络情况。若无闪络现象发生，则对该海底电缆再次逐级升压，升压上限不超过 $0.5U_0$；如果试验电压升不上去或很低电压幅值下设备保护动作，掉电失压，则可判断海缆附件或海缆本体已发生绝缘击穿。

（四）耐压试验加压点问题的处理

目前，很多海底电缆线路与海上升压站 GIS 和陆上计量站 GIS 的连接都采用电缆进筒仓的方式。耐压试验时加压点容易出现问题，存在无法直接进行加压的问题。为解决上述问题，可采用的方法有：

（1）在陆上计量站 GIS 海底电缆连接处外加临时试验套管。耐压前需将海底电缆与 GIS 的连接导体拆除，电缆筒仓内注入合格的 SF_6 气体，并经测试合格。耐压时将 GIS 侧可靠接地，耐压结束后拆除试验套管，再将海底电缆与 GIS 进行连接。该方法需要另外准备试验套管。

（2）通过陆上计量站 GIS 出线套管处进行加压。耐压是通过部分 GIS 进行，试验前应将 GIS 上的避雷器和电压互感器与 GIS 主回路连接的导体拆除或通过隔离开关断开。该方法电缆耐压的试验电压和试验时间跟 GIS 的不一致，需提前跟 GIS 制造厂家沟通，得到许可后方可进行。

第三节　海底电缆差动保护校验方法

一、海底电缆差动保护校验试验方法分析

根据 DL/T 995—2016《继电保护和电网安全自动装置检验规程》要求，对新安装的或

设备回路有较大变动的保护装置，在投入运行以前，应用一次电流及工作电压加以检验和判定，通过带负荷试验对一次设备、二次回路、计量仪表、继电保护及自动化装置进行整套校验，保护装置未经一次电流及工作电压带负荷检验，不能正式投入运行，此试验对负荷电流的幅值有一定的要求。

海上升压站受电启动标志着分部试运工作的开始。计算和实测均表明，站用电最大负荷情况下试验可用功率远远无法满足海上升压站的受电启动带负荷试验要求。安装电容器作为负荷的方案受海上的运输时间和运输船条件、海上平台的吊装条件、海上升压站的安装空间及临时电缆布置、电容器的重量与海上平台安装处的载荷量计算、电容器的接入电压等级及选择间隔和电气容量计算等因素影响，往往缺乏实现条件。

在海上风电场多机并网后，负荷电流满足试验要求后开展海底电缆差动保护带负荷校验，在风电机组并网前无法确定设备的可靠性，将产生如下不利影响。

（1）海上风电工程的施工进度受海况、天气、风浪等诸多因数影响。如果风电机组安装数及海底电缆施工不具备风电机组带负荷运行条件，或者当前风力无法满足带负荷试验所需的最低功率要求，必将推迟海上升压站带负荷试验时间，影响海上升压站设备运行的安全性，延长海上风电工程建设工期。

（2）风电机组并网前带负荷试验未完成，将导致联络线线路（海底电缆）的主保护退出运行，临时保护单套长期运行，一次设备暴露在保护配置及功能不全的状态下，运行期间存在严重安全隐患。

（3）在海底电缆差动保护完成带负荷校验前，无法保证电流互感器二次回路的完整性和正确性。

（4）风电机组的监控系统、调试工作是在风电机组并网后作业，在风电机组监控系统信息不全的情况下，为了进行带负荷校验工作而将风电机组进行并网，对风电机组的安全稳定运行带来严峻的挑战。

因此，如何在海上升压站受电启动期间完成海底电缆差动保护带负荷试验，是亟需解决的技术问题。

二、基于主变压器励磁涌流的海底电缆差动保护校验方法

海底电缆两侧差动保护是根据本侧和对侧电流计算差动电流和制动电流，并依据计算结果判别区内还是区外故障。因此，两侧保护须借助通信通道双向传输电流数据，供两侧保护计算。差动保护采用先算后送的方式，两侧电流差动保护对输入的各相电流模拟量，经过同步采样、傅氏滤波，并将各相电流模拟量变换成 50Hz 基波分量的虚部 $jI\sin\varphi$ 和实部 $I\cos\varphi$，保护两侧的分相电流以向量虚部和实部数据形式组帧进行数据双向传输。海底电缆差动保护配置原理如图 9-10 所示。

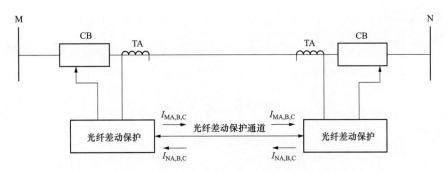

图 9-10　海底电缆差动保护配置原理图

（一）联络线（海底电缆）及海上升压站冲击合闸试验

海上升压变压器冲击受电及海底电缆差动保护校验，首先需进行联络线（海底电缆）及海上升压站 GIS 冲击合闸试验。陆上计量站启动受电完成之后，调整系统设备的运行状态，海上升压站联络线（海底电缆）开关 CB2 合闸，处于无电运行状态；海上升压变压器 T1 主变压器开关 CB3 分闸，处于冷备用状态；高压电抗器 DKQ 改运行，处于无电状态；陆上计量站联络线（海底电缆）开关 CB1 处于热备用状态，联络线（海底电缆）冲击合闸系统如图 9-11 所示。

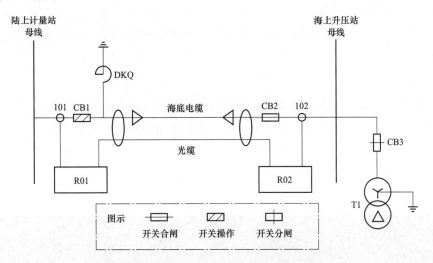

图 9-11　联络线（海底电缆）冲击合闸系统图

陆上计量站联络线（海底电缆）开关 CB1 改运行合闸，对高压电抗器 DKQ、联络线（海底电缆）、海上升压站 GIS 进行冲击合闸 5 次，每次合闸时间 5min，间隔 10min，第五次冲击后开关不断开。

（二）海上升压变压器冲击合闸试验

陆上计量站高压电抗器 DKQ、联络线（海底电缆）、海上升压站 GIS 进行冲击合闸正常后，通过调整海上升压变压器 T1 运行状态，对海上升压变压器 T1 进行 5 次冲击合闸试验，冲击合闸试验系统状态如图 9-12 所示。

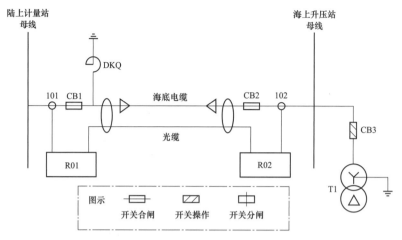

图 9-12 海上升压变压器冲击合闸试验系统状态图

合上海上升压站海上升压变压器 T1 开关 CB3 对升压变压器进行 5 次冲击合闸试验，第一次持续 10min，以后每次持续 5min，间隔 5min。

变压器在空载投入时，由于变压器铁心饱和，变压器出现数值很大的励磁涌流，同时包含有大量的非周期分量和高次谐波分量，励磁涌流的大小和衰减时间，与合闸角、铁心中剩磁的大小和方向、变压器结构、回路的阻抗以及变压器的容量的大小等都有关系。经现场多次测试，励磁涌流的衰减时间长达 2~3s，励磁涌流幅值高达变压器额定电流的 2~6 倍，最大的可达 8 倍以上，励磁涌流特性满足海底电缆差动保护的要求。

（三）校验方法

为了解决在海上风电工程启动阶段对联络线（海底电缆）差动保护的准确校核难题，在此介绍一种继电保护装置在风电机组并网前成功实现联络线（海底电缆）差动保护校验系统。在海上升压站主升压变压器冲击受电过程中，应用主升压变压器冲击励磁涌流对联络线（海底电缆）纵联差动保护加以检验和判定。海上升压站主升压变压器冲击受电励磁涌流波形与采样值如图 9-13 所示。

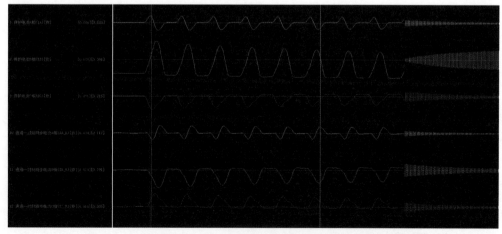

图 9-13 海上升压站主升压变压器冲击受电励磁涌流波形与采样值

图 9-13 中，在海上升压站主升压变压器冲击时，海底电缆差动保护装置所测录的电流为主升压变压器冲击时的励磁涌流。海底电缆 A、B、C 三相保护电流与通道对侧同步电流在幅值与波形上趋于一致，并且在相位上呈 180°，可推导出海底电缆两端差动保护的互感器接线正确性。

在海上升压变压器空载投入时，通过对故障录波器及海底电缆保护装置启动录波文件进行分析比较，对海底电缆差动保护本侧与对侧的继电保护装置所接的电流回路的相位、幅值进行校验，对电流差动保护本侧电流及通道对侧同步电流相位、幅值进行校验分析，分析海底电缆差动保护的差动电流，以判定保护装置所接入的电流回路的接线、极性以及互感器变比的正确性，处理海上升压变压器冲击合闸试验所暴露的接入继电保护装置的电流回路的问题，以保证装置的电流电压接线符合装置工作原理及设计、运行的要求。

为使基于主变压器励磁涌流的海底电缆差动保护校验在海上升压变压器空载投入时同步完成，需要对陆上计量站、海上升压站故障录波器及海底电缆两侧差动保护的启动录波文件进行全方位的比对分析，在海上升压变压器空载投切试验完成之后即可将海底电缆差动保护投入跳闸。

（四）校验方法实施效果

在对海上升压变压器冲击合闸试验阶段，测录的海底电缆差动保护本侧及通道对侧同步电流如图 9-14、图 9-15 所示。

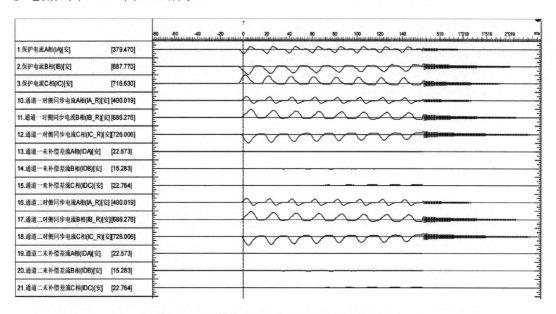

图 9-14　海底电缆差动保护海上升压站端电流图

在变压器空投时的电压恢复过程中，励磁磁通中出现的非周期性暂态分量与铁心剩磁使变压器铁心饱和，并且交变电压将使变压器铁心周期性地进入和退出饱和区。当铁心进入饱和区时，励磁电流表现为瞬时值很大的尖顶波特性；当铁心退出饱和区时，励磁电流表现为瞬时值很小的间断角特性。由图 9-14、图 9-15 海底电缆两端保护装置所采集到的升压变压器冲击合闸励磁涌流波形分析可知：保护电流与通道一、二对侧同步电流在相位上呈 180°，采样幅值接近一致，通道一、二未补偿差流接近于零，较好地显示出海底电缆两端保护装置电流幅值与相位，直观地表现出海底电缆差动保护电流互感器接线配置的正确性。

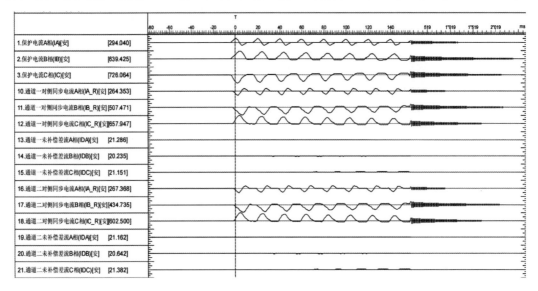

图 9-15　海底电缆差动保护陆上计量站端电流图

基于主变压器励磁涌流的海底电缆差动保护校验方法较好地解决海底电缆差动保护校验的难题。在工程启动受电时，通过海上升压站主升压变压器冲击励磁涌流对联络线（海底电缆）纵联差动保护加以校验，处理接入继电保护装置的电流回路的问题，全面客观地评估海底电缆差动保护运行情况，确保工程启动阶段继电保护带负荷校验工作顺利开展，保证了工程调试质量，简化了海上风电工程受电启动试验内容，降低了后期机组并网试验的风险，缩短了试运行工期。在海底电缆电压等级、系统规模、电气主接线形式等不同情况下，均可参照本方法开展基于主变压器励磁涌流的海底电缆差动保护校验。

 ## 第四节　继电保护与自动化装置带模拟负荷校验系统及方法

一、校验方法

根据 DL/T 995—2016《继电保护和电网安全自动装置检验规程》要求，对新安装的或设备回路有较大变动的保护装置，在投入运行以前，应用一次电流及工作电压加以检验和判定。通过一次电流及工作电压对继电保护与自动化系统进行带负荷校验，检验判定带方向的电流保护、距离保护等接入电流电压的相别、相位关系以及所保护的方向是否正确，检验判定电流差动保护接到保护回路中的各组电流回路的相对极性关系及变比是否正确，检验判定测量与计量系统所接入的电流电压的相别、相位、变比及极性是否正确。保护装置未经一次电流及工作电压带负荷检验，不能正式投入运行。由于对继电保护与自动化系统所接入的电流电压的相别、相位、变比及极性的检验判定是通过一次电流及工作电压实现的，因此，在工程启动投产阶段通过系统电压及系统负荷产生的电流对继电保护与自动化系统进行带负荷试验。

由于继电保护与自动化系统二次回路具有复杂性、多样性等特点，在工程建设阶段所接入继电保护与自动化系统的二次回路的相别、相位、变比及极性往往存在一些问题，在工程启动投产阶段通过系统电压及系统负荷产生的电流进行带负荷试验暴露相关问题，必将影响启动投产进程，有时甚至需对设备进行停电操作，对工程启动投产造成较大影响。因此，在此介绍一种安全、高效的继电保护与自动化带模拟负荷校验方法，在工程启动投产前实现对所接入继电保护与自动化装置的二次回路问题的处理。

在工程启动前，开展继电保护与自动化系统带模拟负荷试验，采用三相一次通流、通压试验仪器作为同步试验源，对电力系统一次系统同时进行通压、通流，使系统一次设备带上模拟负荷，对以下内容进行检查。

（1）检查新安装继电保护设备及电流、电压回路的幅值、相序、相位和极性，验证电压互感器、电流互感器变比及一、二次回路接线正确性。

（2）检查电流差动保护（母差保护、主变压器差动保护等）各组电流回路幅值、相位和装置差流，验证差动保护各组电流回路的接线正确性和电流互感器变比、装置幅值相位补偿的正确性。

（3）检验电流二次回路没有开路点（包括备用绕组），电压二次回路没有短路点。二次回路中的空气开关（熔断器）、大电流试验端子等设备的接线符合设计要求。

（4）检验相关联的继电保护及自动化设备参数设置与实际相符。

新建变电站宜依次分步通过主变压器低压侧对全站零起升压试验完成同电源核相，通过母差保护零起升流试验、主变压器差动保护零起升流试验完成差动保护带负荷校验，并通过在母差保护零起升流试验时同步开展单间隔保护的电流电压锁相试验，完成单间隔保护极性校验。三相一次通压时，宜直接通入三相不平衡电压，通过电压幅值大小完成定相，同步完成开口三角电压的幅值检查。三相一次通流时，可通入三相不平衡电流，直接通过电流幅值大小完成定相，同步完成 N 相的完整性检查。

二、系统构成

继电保护与自动化带模拟负荷校验系统如图 9-16 所示。

调整系统设备的运行状态，使电压互感器与系统母线隔离，选取系统的待测试间隔（以系统中任意间隔 L1、L2 为例）；然后，将三相一次通流及一次通压试验装置接入系统的待测试间隔，其中三相一次电流输出端分别接系统中测试间隔 L1、L2，通过系统母线形成闭

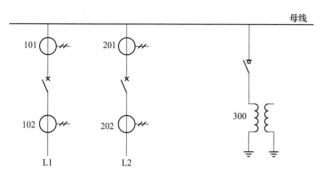

合的一次回路,三相一次电压输出端接电压互感器一次侧;最后,调节三相一次通流及一次通压试验装置的同步输出电流电压值,使继电保护与自动化装置带上模拟负荷,对继电保护与自动化装置所接的电流电压回路的相位、幅值进行校验。针对电流差动保护测量电流差动保护各组电流互感器的相位及差动回路中的差

图 9-16 继电保护与自动化带模拟负荷校验系统图

电流,以判明保护装置及自动化装置所接入的电流电压回路的接线、极性以及互感器变比的正确性,以保证装置的电流电压接线符合装置工作原理及设计、运行的要求。

继电保护与自动化带模拟负荷校验系统校验策略如下。

(1)工程调试进入到竣工验收前阶段,开展三相一次通流及一次通压试验,使系统继电保护与自动化装置带上模拟负荷。

(2)调整系统设备的运行状态,使电压互感器与系统母线隔离,选取系统的待测试间隔(以系统中任意间隔 L1、L2 为例),将三相一次通流及一次通压试验装置接入到系统的待测试间隔。

(3)调节三相一次通流及一次通压试验装置的同步输出电流、电压值,使继电保护与自动化装置带上模拟负荷,发现并解决调试阶段所接入继电保护与自动化系统的电流、电压回路存在的问题,对继电保护与自动化装置所接的电流电压回路的相位、幅值进行校验。

以下结合附图对校验系统的技术方案做进一步的详细介绍,试验接线如图 9-17 所示。

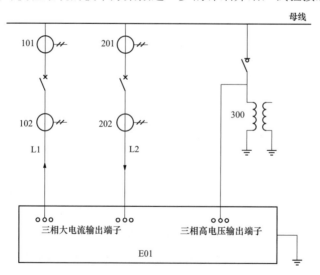

图 9-17 继电保护与自动化带模拟负荷试验接线图

300—电压互感器;E01—三相一次通流及一次通压试验装置;101(102、201、202)—电流互感器

在工程调试后期启动投产前阶段，根据图 9-17 试验接线图，调整系统设备的运行状态。

R02-继电保护自动化装置带模拟负荷校验如图 9-18 所示。检验 R02-继电保护自动化装置所接入的电流、电压的相位、幅值，以判明 R02-继电保护自动化装置所接入的电流电压回路的接线、极性以及互感器变比的正确性。

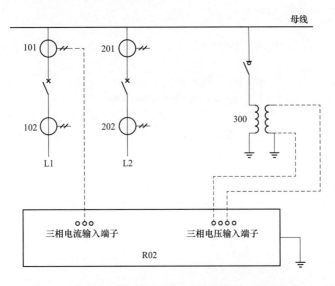

图 9-18　R02-继电保护自动化装置带模拟负荷校验图

R01-电流差动保护带模拟负荷校验如图 9-19 所示。对 R01-电流差动保护所接的电流电压回路的相位、幅值进行校验，针对 R01-电流差动保护各组电流互感器的相位及差动回路中的差电流，以判 R01-电流差动保护所接入的电流电压回路的接线、极性以及互感器变比的正确性。

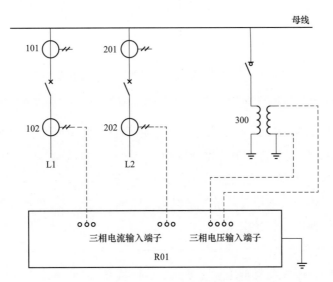

图 9-19　R01-电流差动保护带模拟负荷校验图

三、校验实施

（一）主变压器低压侧零起升压试验

主变压器低压侧零起升压试验典型接线如图 9-20 所示，试验电压源宜由主变压器低压侧母线处接入，对全站各侧母线开展三相一次通压试验。

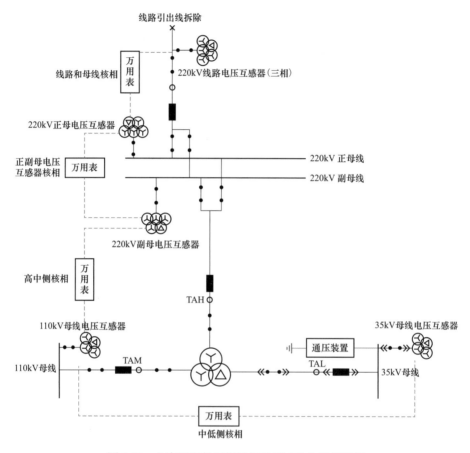

图 9-20　主变压器低压侧零起升压试验典型接线图

TAH—高压侧电流互感器；TAM—中压侧电流互感器；TAL—低压侧电流互感器

试验前调整电力系统一次设备状态，使试验范围内的电气一次设备处于正常运行状态，通过通压装置试验设备在主变压器低压侧母线通入一次试验电压，使主变压器实现"反升压"，在主变压器高压侧、中压侧感应出一次电压，模拟电力系统一次设备正常运行状态，主变压器各侧相应的一次系统设备带上模拟运行电压，此时主变压器各侧电压互感器二次回路将产生相应的保护、测量电压。

1. 试验设备状态要求

（1）各电压等级母线及其电压互感器处于运行状态。

（2）出线配置三相电压互感器时，间隔处于运行状态，线路侧引线解开。

（3）试验设备容量足够时，可多台主变压器同时运行，一侧并列运行，其余两侧分列运行，试验设备容量不足时，高、中、低三侧母线并列运行，各主变压器轮流改运行方式，分别开展主变压器零起升压试验。

2. 试验内容

使用万用表对 220kV 送出线路电压互感器与 220kV 正母母线电压互感器、220kV 正母母线电压互感器与 220kV 副母母线电压互感器、220kV 副母母线电压互感器与 110kV 母线电压互感器、110kV 母线电压互感器与 35kV 母线电压互感器二次回路电压进行测量，各电压互感器二次同电源核相，在电压互感器二次端子箱检查电压幅值正确、相序正序。在各保护测控及自动装置设备检查所有电压数据准确，在主变压器故障录波器检查各侧电压角差与主变压器接线钟点数一致。试验时要求所有电压互感器二次输出电压不宜低于 5V。

（二）母差保护零起升流及锁相试验

母差保护零起升流及锁相试验典型接线如图 9-21 所示 。合理安排导电通路并选择其中一个线路支路作为基准间隔，试验电流源从基准支路电流互感器远离母线侧接入，依次对其余支路开展串联三相一次通流试验。

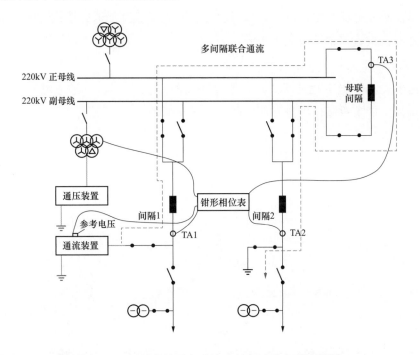

图 9-21　母差保护零起升流及锁相试验典型接线图

试验前调整电力系统一次设备状态，使试验范围内的电气一次设备处于正常运行状态，间隔 1 正母线运行，间隔 2 副母线运行，母联开关运行（母线互联），断开母线电压互感器隔离开关，使母线电压互感器与母线隔离断开，三相通压试验装置高压输出端接副母母线电压互感器一次端子，三相通流试验装置大电流输出端接间隔1（基准支路）远离母线侧一次端子，间隔2远离母线侧接地开关合位，形成三相通流试验装置→间隔1→母联间隔→间隔2→大地导通电路，调节三相通压通流试验装置输出，使电力系统一次设备带上模拟运行电压及负荷电流，此时母线电压互感器二次回路将产生相应的保护、测量电压，测试间隔电流互感器二次回路将产生相应的保护、测量电流。

1. 试验设备状态要求

（1）各段母线运行状态：母联（母分）开关处于运行状态，母线互联。

（2）基准支路间隔运行状态，线路隔离开关拉开；其他支路母线隔离开关拉开，间隔2断路器线路侧接地开关处于合闸状态。依次将间隔1、间隔2断路器合上，构成导电通路，开展串联通流试验，母联（母分）应至少串联通流一次。

2. 试验内容

使用钳形相位表对测试间隔（间隔1、母联、间隔2）的二次电流进行测量，同时测量母线电压互感器的二次回路电压，分析测试间隔二次电流的幅值与相位，推导母差保护间隔电流互感器的二次回路引出极性正确，通过三相通流试验装置输出的一次电流与所测量的二次回路电流计算电流互感器的变比正确，检查母差保护装置采样正常，母差保护的大差电流以及小差电流为零，进而确认母差保护间隔电流互感器的接线正确，试验时要求各电流互感器二次输出电流应大于30mA。

（三）主变压器差动保护零起升流试验

主变压器差动保护零起升流试验典型接线如图9-22所示。试验电流源从主变压器低压侧母线接入，依次对高、中侧开展串联三相一次通流试验。

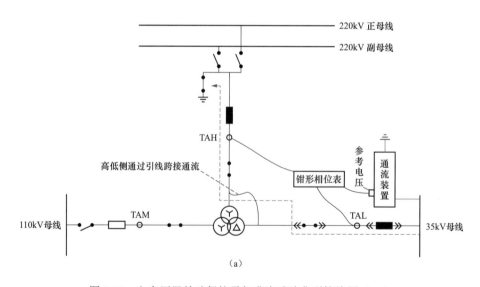

图9-22 主变压器差动保护零起升流试验典型接线图（一）

（a）高压侧

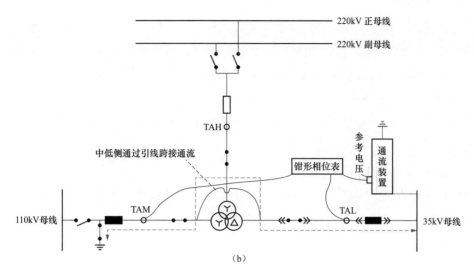

图 9-22　主变压器差动保护零起升流试验典型接线图（二）

（b）中压侧

试验前调整电力系统一次设备状态，使试验范围内的电气一次设备符合试验要求接线状态，分主变压器高压侧→低压侧、主变压器中压侧→低压侧两次开展主变压器差动保护零起升流试验。由于主变压器的输入阻抗很大，三相一次通流试验装置的容量限制，试验时将主变压器高压侧→低压侧、主变压器中压侧→低压侧使用引线跨接导通，绕过主变压器绕组线圈。三相一次通流设备电流输出接主变压器低压侧母线，主变压器高压侧、中压侧主变压器隔离开关合位，主变压器间隔高压侧、中压侧开关母线侧接地开关合位，形成三相通流试验装置→主变压器低压侧→主变压器高压侧→大地导通电路，形成三相通流试验装置→主变压器低压侧→主变压器中压侧→大地导通电路。调节三相通流试验装置输出，使主变压器低压侧→主变压器高压侧、主变压器低压侧→主变压器中压侧带上模拟负荷电流，此时主变压器低压侧→主变压器高压侧、主变压器低压侧→主变压器中压侧电流互感器二次回路将产生相应的保护、测量电流。

1. 试验设备状态要求

（1）主变压器高、中压侧主变压器隔离开关合位，母线隔离开关拉开，断路器母线侧接地开关合位，低压侧开关改运行。

（2）以低压侧为基准，依次用引线跨接主变压器高低压侧、中低压侧，并合上对应的高、中压侧断路器，构成导电通路，从低压侧母线加入电流开展串联通流试验。

2. 试验内容

使用钳形相位表对主变压器低压侧→主变压器高压侧、主变压器低压侧→主变压器中压侧的二次电流进行测量，分析主变压器低压侧→主变压器高压侧、主变压器低压侧→主变压器中压侧二次电流的幅值与相位，推导主变压器差动保护电流互感器的二次回路引出极性正确。通过三相通流试验装置输出的一次电流与所测量的二次回路电流，计算电流互感器的变比正确。检查主变压器差动保护装置采样正常，极性相位符合要求（由于主变压器接线钟点数不为 12 点，实际差流等于理论计算值），进而确认主变压器差动保护电流互感器的接线正确，试验时要求各电流互感器二次输出电流应大于 30mA。

（四）电流、电压锁相试验

校验间隔保护电流电压极性（六角图），宜与母差保护零起升流试验同步进行，试验接线参照图 9-21。

1. 试验设备状态要求

（1）按照母差保护零起升流试验方案，合理选择导电通路，获取间隔电流。

（2）电压互感器隔离开关拉开（短接电压切换回路辅触点），三相试验电压从电压互感器高压侧接入。

2. 试验内容

使用钳形相位表对测试间隔的二次电流进行测量，同时测量母线电压互感器的二次回路电压，分析测试间隔二次电压、电流的幅值与相位，推导间隔保护互感器的二次回路引出极性正确，通过三相通流试验装置输出的一次电流与所测量的二次回路电流计算电流互感器的变比正确，检查保护装置采样正常，试验时加入的电流电压夹角宜为 ±30°，要求各电流互感器二次输出电流应大于 30mA，电压互感器二次输出电压不宜低于 5V。

第五节 结论与建议

针对海上风电特点，论述海底电缆主绝缘交流耐压试验、海底电缆差动保护校验方法及继电保护自动化装置带模拟负荷校验等关键技术，本章主要内容包括：

（1）针对海底电缆交流耐压试验存在试验电压高、电流大的特点，对长距离聚乙烯海底电缆交流耐压试验方式进行研究分析，提出各项试验参数的计算方法、试验设备参数的选择方法。结合实例，论述了海底电缆交流耐压试验方案及试验过程中异常情况的应急处置，并提出海底电缆试验过程中的问题及解决方案。

（2）海底电缆在风电机组并网前无负荷情况下的差动保护校验方法全面客观地评估海底电缆差动保护运行情况，测试效率高，准确性好，海底电缆差动保护在海上升压变冲击合闸试验完成之后，对励磁涌流及差动保护装置测录的电流波形进行分析正确后即可投入运行，确保工程启动阶段继电保护带负荷校验工作顺利开展，保障工程启动投产一次成优，简化了海上风电工程受电启动试验内容，降低了后期机组并网试验的风险，节省了工程投资，缩短了试运行工期，为实现工程启动投产一次成优创造了良好的基础。

（3）继电保护与自动化装置带模拟负荷校验系统及方法通过三相一次通流及一次通压试验，使系统继电保护与自动化装置带上模拟负荷，真实地反映系统互感器的配置与连线的情况。对继电保护及自动装置采样值进行校核，处理二次回路存在的问题，并可对测试数据进行六角图的绘制，与综合自动化系统的监测数据进行比对，前置工程启动继电保护及自动化装置带负荷校验工作，避免了工程启动事故，提高了电网运行安全性，简化工程启动试验流程，全面客观地评估工程继电保护与综合自动化系统运行情况，测试效率高，准确性好，保证了工程施工调试质量，缩短了工程启动投产时间，为实现工程启动投产一次成优创造了良好的基础。

随着我国海上风电工程建设的加速，海底电缆主绝缘交流耐压试验、海底电缆差动保护校验方法、继电保护自动化装置带模拟负荷校验方法，可为海上风电调试提供技术支撑；开发的继电保护与自动化装置带模拟负荷校验系统及方法，也可以在陆上变电站工程建设中推广应用。

第十章

海上风电智慧运维技术

第一节　简　　述

目前，海上风电发展已经受到了全球的重视，发展速度越来越快。由此衍生出来的海上风电机组并网后的运行维护问题也受到广泛关注。由于海上风电所处的恶劣海洋环境，如高盐雾、高湿度对设备的影响，水文、气象等因素对出海窗口期的影响，海浪、海深等环境条件对海上作业的影响，新机性能未得到充分验证、远程故障诊断和预警能力不强等因素对设备可靠性、维修周期的影响，造成海上风电相对于陆上风电来说运行维护难度更大。未来，海上风电场将建设在离岸更远、更深的海域，水文、气象条件更加恶劣，运行维护难度和成本大幅增加。面对未来海上风电的发展趋势，如何提升海上风电场安全生产管理水平，提高设备可靠性和风电机组可利用率，降低运行维护成本，将成为海上风电投资运营的重点关注问题。

一、海上风电运维技术发展现状

近年来，为了解决海上风电运行维护难题，欧洲主要海上风电运维商致力于智能运维设备的研发和数字运维技术的研究，在不断总结陆上风电运行维护经验的基础上，针对海上风电的特点不断探索新的技术和管理模式，研制适合海上风电特点的专业化智能设备，开发了多种类型专业运维船、巡检无人机、水下机器人等新型设备，在数字化运维平台及智慧运维调度管理方面也走在行业前列。国内海上风电起步较晚，目前处于快速发展阶段，运维技术及管理水平还在提高。现阶段海上风电运维技术发展主要体现在以下四个方面。

（一）专业运维船舶及智能运维装备

目前，欧洲海上风电运维普遍采用专业运维船舶和智能运维设备，如巡检无人机、无人操作船、巡操机器人、水下机器人等。国内专业运维船舶建造及改进起步较晚，智能运维设备应用较少，大部分智能设备依赖进口或引进国外技术制造，对国内海上风电环境的适应性还有待提高。

（二）智能感知监测系统

随着海上风电机组制造技术的进步，大量智能感知设备在海上风电机组中得到运用，诸如边缘计算模块，电机转速测量用旋转编码器，振动、载荷、温度监测系统等。

（三）风电机组全生命周期寿命评估及设备故障诊断分析

风电机组全生命周期寿命评估及设备故障诊断分析技术在国外已有积累，尤其在离线评估技术方面，主要得益于海上风电机组运行大型数据库的建立。而在线机组状态评估技术层面，国内大型风电整机制造企业和风电投资商已开发并投入试运行。目前，由于国内海上风电机组运行大型数据库尚不完善，运维经验尚不丰富，缺少将风电机组运行监测、设备故障预警及诊断、设备结构寿命分析等功能融为一体的成熟数字化智慧运维管理平台。

（四）海上风电运维调度管理技术

海上风电运维管理主要分为运行管理、调度管理、安全管理、计划管理、物资管理、设备管理、检修管理、技术监督等。目前，国内海上风电运维调度技术尚处于摸索阶段，需要形成一套完整的、集成化的，能够广泛应用于我国海上风电运维实际的调度管理技术体系。

二、海上风电运维技术发展趋势

随着我国海上风电场建设规模的不断扩大，新技术的研发与应用，海上风电运维模式、运维技术都会有很大的改变，运维成本也将逐步降低，运维水平的不断提升也将为海上风电"平价上网"模式的实现，起到重要的推动作用。

（一）智慧化运维

通过建设基于大数据、人工智能技术的海上风电智慧运维平台，可以实现对人员、船舶、设备的全方位管理，对海上升压站的智能管控，可实现机组状态检修、预防性维护和日常运行维护的智能调度排程，降低维护成本。通过风电机组控制策略优化、设备的故障预警和评估，可提升风电机组和主要设备的可利用率，增加发电量。通过建立专家支持系统，可及时解决现场技术难题，形成快速响应机制。海上风电智慧化运维建设，可以保障安全生产稳定运行，提升整体运营管理水平，实现精益化管理、降本增效的目的。

（二）专业化装备

海上风电将向更远、更深的海域发展，未来会有更多的专业化、智能化海上风电运维装备问世并投入到生产过程中去，从而实现海上运行维护的降本增效。如空中维修更换大部件的专业工具、海底电缆及叶片巡视专业无人机及如图10-1、图10-2所示的智能水下监测机器人、智能巡检机器人等。

（三）精益化管控

随着海上风电快速发展，海上风电运维行业必将从粗放型管理向精益化管理方式转变。精益化管理的核心在于通过对运行现状和各相关生产要素的精准分析，确定科学、合理的运维工作流程，优化工作内容，杜绝无效工作，提高工作效率，促进生产管理水平不断提升。

图 10-1 智能水下监测机器人　　　　　　图 10-2 智能巡检机器人

三、关键技术

海上风电是陆上风电与海洋工程的有机结合，其运维技术不仅需要借鉴陆上风电经验，还需要针对海洋工程特有的环境特点，如气候环境、水文、气象等对出海窗口期的影响，研究运维船舶管理、巡视运维策略等关键技术。因此，海上风电运维关键在于结合海上环境特点，提出符合海上风电运行维护需求的个性化管理措施和智能化管理手段。

1. 海上风电运维船舶管理

通过对海上运维船舶的现状及发展的分析，给出了运维船舶要求及管控措施。根据海上风电场特定环境和运维船特定工作模式，提出了运维船舶选择建议。

2. 海上风电智慧运维技术

海上风电受到台风、海浪等恶劣自然环境影响，需要针对海上运行维护特点提出海上风电运维管理要求。在日常运行维护工作中，需针对最小成本、最快时间和最优路径等运行维护需求，制定最优运维策略，结合数字化技术、智能监测技术、状态维护技术的应用，研究海上风电智慧运维调度策略和运维调度模型的建模方法。

第二节　海上风电运维船舶管理

一、海上运维船舶的现状及发展

海上风电运维船是用于海上风电机组运行维护的专用船舶，该类型船舶在海洋环境中应具有良好的运动性能，在航行中具备安全性和舒适性，能够低速精准地靠泊到风电塔筒的基础，安全方便地将人员和设备运送到风电机组，船舶甲板区应具有存放工具、备品备件、材料等物资的集装箱或风电机组运维专用设备的区域，并可以进行接卸，船舶还应具有保障运维人员短期生活住宿的条件和夜泊功能。

（一）海上风电运维船舶分类

1. 普通运维船

普通运维船泛指用于海上风电工程或运行维护的交通艇，典型特征为航速较低（20节以下），普通舵桨推进，耐波性差，靠泊能力差（有效波高在1.5m以下）。

2. 专业运维船

专业运维船指用于海上风电工程或运维的专业船舶适合离岸距离在10～20n mile内的近海风电场通常采用的专业运维船典型特征为双体，稳定性好，航速中等，为15～20节。靠泊能力强，抗风浪强，有效波高为1.5～2m；甲板面积大，可搭载各种专业运维设备及物资，可拓展性强；船体采用钢或钢铝混合，建造成本低，运营成本低，至少装载10个运维人员。

用于离岸20n mile以上的海上风电场运维专业船典型特征为航速较高（25节以上），喷水推进或螺旋桨推进，船体为小水线面机构，耐波性好（能在8级风3m海浪中正常航行），靠泊能力强，抗风浪强，船体一般为全铝构造，可做日常运维船，也可做居住船的交通船及应急救生船，缺点是建造与运营成本略高。

3. 运维母船

运维母船用于远海风电场运行维护，是供人员住宿，存放工器具、备件、物资的较大型船舶，典型特征为可提供40人以上的住宿，具备一个月以上自持力，靠泊能力优异（有效波高2.5m以上），具备DP定位及补偿悬梯传送人员功能，安全性高。缺点是建造与运营成本很高。

4. 居住船

居住船是适合离岸20～50n mile的海上风电场运维专用船舶，双体船机构，稳性好，安全性高，作业面积大，居住空间大，居住不少于50人；船舶功能齐全，生活、工作条件齐备；后甲板作业区配备起重机，可安放数条小船或水陆两用车；配备应急救生设备、勘探设备、潜水设备。前作业甲板可放置运维专用设备、测试用发电机组。居住船优点是功能性强，移动方便，整体运维成本低，海上持续航行20天，续航能力不少于500n mile。

5. 自升式运维船

自升式运维船指主要用于海上风电大部件更换（齿轮箱、发电机等）的船舶。典型特征为具备一定的起重能力，拥有自升式平台，能适应水深40m以内大多数海域作业，具备DP定位及较长时间的自持能力。

（二）国外运维船发展现状

在欧洲，海上风电场离岸距离越来越远，海况也更加复杂，风电场的运维工作要求越来越高。对运维船的功能和性能提出了更高的要求，船舶的安全性、可靠性、专业性、舒适性、经济性需要统筹考虑。

目前，欧洲海上风电场运维船舶通常采用小型双体船，其船长范围为20～30m，设计航速能达 25 节，可载运维人数 12 人，其作业海况一般为 3 级，船体结构通常采用铝合金或玻璃钢材质，配有甲板起重机，用于日常运维物资和设备吊装。由于具有较好的快速性、耐波性和操纵性，在欧洲海上风电场成为主流日常运维船船型。此外，针对特殊情况下只需要较少工作人员快速抵达现场即可完成运维作业，欧洲部分风电场还配有快艇，快艇在快速性和便捷性具有一定的优势，但限制于可携带工具有限、受波浪干扰较大、可作业天数较少、安全性不佳等因素影响，无法大规模应用，只可作为日常运维船的补充。

近年来，水线面双体船在海上风电使用的越来越多，它类似于双体船，但为了增加船体稳定性，减少了船体和水面接触的横截面积，速度比双体船慢，但安全性、舒适度提升明显，人员在有效波高 2～2.5m 之间也能安全抵达；其缺点是造价高。

表面效应船将表面效应技术应用到运维船，其船体外形和双体船类似，但船体大部分重量通过气垫支撑，可在高速前进中保持船体稳定，油耗更少，适航性更好；但由于设计复杂，成本高昂。

（三）国内运维船发展现状

我国海上风电发展初期，由于海上风电场普遍离岸距离较近，海况相对平稳，且大部分风电机组还处于质保期，故障率相对较低，维护工作量少，所以对专业运维船的依赖性不高。普通的工作艇、交通艇、港作艇、拖船和渔船等均可用于运输少量运维人员和简单工具、设备，对船舶的装载能力、吊装能力、舒适性、安全性等要求不高。

国内专业运维船制造从 2014 年开始起步，初期由交通艇和渔船改造而来。相对于专业运维船来说，渔船和交通艇在适航性、舒适性、安全性、靠泊方式上表现较差。经过不断地改进和研发，国产各种类型专业运维船功能日益完善，成为国内海上风电场专业运维船的中坚力量。

国产第一代风电运维船通常为单体船，单体船的优点是结构较简单，吃水较浅，建造工期短，建造成本低。缺点是耐波性差，如果航行在距岸远或海况复杂的海域，船上人员舒适感差；各舱室空间有限，系统布置较紧凑，可利用储物空间很少；单体船型宽较小，甲板敞开面积小、运载能力低。第一代运维船的材质主要有钢、玻璃钢，钢制单体船的特点是航速低，油耗大，后期维修保养费用较高；玻璃钢单体船虽然质量轻、外形及内饰美观、速度快，但强度低、抗刮碰能力差、使用寿命短。

基于国内第一代运维船出现的各种问题，造船厂家开始研制钢制传统型双体运维船、钢铝合金传统型双体运维船、全铝合金传统型双体运维船等第二代双体运维船。此传统型双体船的优点是吃水浅、航速高、兴波阻力较小，具有良好的操纵性，稳定性明显优于单体船，具备承受较大风浪的能力；且两个片体对称布置，使左右船舱里各系统的布置井然有序，增加了舱室内可用于储物的空间；甲板上敞开的空间大，可以布置起重机或起吊设备、集装箱等。由于双体运维船的船体结构上的优点，使得无论在船舶静止或是处于航行状态，都可确保较小的移动幅度，这种船型是国内外风电场最主要的风电运维船型。

二、运维船舶要求及管控措施

（一）运维船舶基本要求

海上风电运行维护受风、浪、流、天气和海况等自然因素影响较大，运维船舶选择应考虑经济性、及时性、安全性和适应性。

（1）运维船应具有良好的运动性能，应能够在50%～80%气象条件下安全通达，在航行中具备安全性、舒适性，在保证航行安全和满足潮汐周期的前提下，具备较强的快速性能，以便运维人员分批依次接送。

（2）运维船应具备良好的灵活操纵性能，海上风电场塔柱较为密集，维护船必须具有较好的船位控制和靠泊能力，以避免维护船与塔基发生碰磨，同时保证运维船与塔基的准确对位。

（3）运维船应具备无缆靠泊功能，由于运维船受风、浪、流的影响较大，因此运维船必须装备靠泊装置，以实现运维船与塔基的快捷无缆系结，同时保证运维人员安全登离塔基。

（4）运维船应设置存放工具、备品备件、材料等物资的专用区域，并可以进行接卸。

（5）运维船必须按规定参加年检并验收合格，持有合法有效证件，船舶配备的船员应符合船舶最低安全配员的要求，并具备相应的资质。

（6）运维船应根据国家相关规定配备符合要求的安全设备（如护栏、足够数量的救生衣、救生筏、灭火器等）。

（7）运维船船艏或船艉应配备液压伸缩克令吊（又称船用起重机），安装橡胶护舷，防止靠泊机组基础时，损伤基础防腐涂层。

（8）运维船应具备运维人员短期住宿生活的条件并配备一定量的淡水、食物，具备夜泊功能，供特殊情况下运维人员临时留宿时使用。

（二）运维船舶管控措施

（1）严格运维人员资质管理。海上风电运维人员应身体健康，无不适应海上作业的疾病，具备风电运维基本技能。对身体条件符合、技术技能满足的运维人员，必须开展海上基本安全知识和应急培训，并取得相应的培训合格证明，方可准予出海工作。在日常安全培训中，应突出海上风险规避、海上应急自救等内容。

（2）严格船舶航行资质管理。运维船舶必须取得海事的适航许可，配备登乘软梯等辅助设施。船员必须取得海事的适任证明。船舶及其系统配置必须按规定完成年检和定期维护，每次出海前确认导航、雷达、通信、测水深、消防及救生设施完好可用，携带的燃料及生活用品满足出海作业需要。

（3）严格执行出海报告、审批制度。海上风电场要根据所处海域的气象、潮汐规律、滩面高程变化特点以及近岸海产养殖情况，设定船舶出海气象条件。每次出海前必须认真分析当前及运行维护过程中水文、气象情况，充分预警未来可能出现的气象趋势，并设定好出海航行路线，计划好出海及回程时间，同时必须建立专门的船舶出海调度、监督、审批机制，确保出海安全规定得到有效执行。

（4）严格执行出海安全管理制度。海上风电场应制定符合当地海域环境情况且切实可行的出海作业安全管理制度和各类应急预案，并加强应急演练。绘制并张贴海上风电场各机位经纬图、海缆路由图、通航区域路线水深分布图等，制定运维船舶安全管理相应制度，并严格开展安全检查监督，确保出海运维全过程得到有效安全管控。在船舶和人员的管理上，充分利用无线通信网络、船舶自动识别系统和卫星定位系统，实现船舶、人员位置和状态的实时动态跟踪。

（5）持续提升海上风电场安全技术水平。在吃水深度符合风电场地理特点，基本承载和航行速度满足风电场运维作业需要的前提下，优先使用抗风浪能力强，海上导航、识别、避碰、测水深、通信、消防及救生设施完善的交通船舶。针对船舶停靠及人员转运过程中的薄弱点，及时装备采用波浪补偿器等先进技术的专业设备，提升海上运行维护全过程安全水平。

（6）海上风电场应设立专用航标，并根据需要建设电子围栏，确保有效运行。通过建设安全预警系统采集本海域的实时水文、气象、船舶、运维人员等数据信息，综合各方面数据并精准计算和分析，发出预警信息，从而保证运维船舶和人员的安全。

三、运维船舶选择建议

运维船作为海上风电运行维护的重要装备，对我国海上风电高质量发展具有较大的影响。运维船的合理配备与智慧调度是海上风电智慧运维的必备条件，高效、合理的船队配置和科学、优化的调度技术是降低海上风电运维成本、提高发电量的关键措施之一。在选择运维船的过程中，既要借鉴国外成熟的经验，也要根据风电场所在海域的实际情况定制适用于特定环境、特定工作模式的运维船。

（一）运维船选择应适合海域特点

1. 我国各海域特点

影响运维船参数选择的环境因素主要包括距离、水深、波高、风况等。船舶稳性通常强于耐波性，因此波高是更关键的因素。国内风电场主要集中在黄海北部、渤海湾、黄海、福建和广东等区域（各区域环境情况见表10-1、表10-2）。

表 10-1 各海域环境概况

项目	风电场距离（km）	水深（m）	平均风速（m/s）	波高（m）	特殊天气（d）
黄海北部	10～30	10～30	6.5～7.5	1.3～3.5	90
黄海	5～60	0.5～25	7～7.7	1.6～4.4	73.5
福建	5～30	3～30	8～10	1.0～4.5	134
广东	5～30	3～30	7～8	1.0～4.4	130

表10-2   各 海 域 风 频 分 布

风速 (m/s)	黄海北部 (%)	黄海（江苏） (%)	福建 (%)	广东 (%)
1	0.5	2	2	1.2
2	6	4	2.8	3.2
3	10.5	7	4.6	5.4
4	11	8.5	5.9	7.4
5	11.4	10.5	6.7	9.6
6	11	11.5	6.1	11.9
7	9.9	12.5	7.0	14.9
8	9	10.5	7.4	12.6
9	7.5	9	8.3	12.4
10	6.5	7	8.9	8.5
11	5	5.5	8.1	5.6
12	3.5	4.5	7.4	3.4
13	3	3	6.7	1.8
14	2.2	2	5.4	1.2
15	3	2.5	12.8	1.3

根据海上风电场所处环境情况、风电机组数量、位置分布、运维能力等因素可初步确定运维船的航速、专业功能、性能特点等条件，选择满足相应条件的运维船舶。

2. 典型运维船特点

海上风电场运维船可采用的船型有单体船、双体船和三体船。单体船特点是质量轻、速度快、吃水浅、建造成本低；缺点是甲板作业面积小，不利于安装克伦吊，也不利于顶部靠泊风电机组基础，船体窄，运输能力有限，耐波性不好，舒适性差，一般适合有效浪高在1m以下的场合。双体船吃水浅，甲板面积大，布置宽敞，稳定性好，具有较高的航速，能承受较大的风浪，安全性好，还具有良好的操纵性、使用可靠、维修方便等优点，这种船体形式，无论在船舶静止或处于海中的航行状态，都可确保较小的移动幅度。三体船通常很少采用，此船型由3个片体组成，中间为主船体，尺度占排水体积的80%~90%，主要特点是中、高速阻力性能优于单体船和双体船，适航性优于单体船，甲板面积更宽；缺点是结构复杂、质量较大、操纵性能稍差，监造、下水、锚泊和进坞都比较困难。

3. 各海域适宜运维船典型特点

北方海域整体环境优于多风的福建、潮汐带的江苏沿海，但冬天海面会有冰冻现象，所有运维船舶需在艏部增加B级冰区加强的破冰功能。船舶需增加保暖防冻功能。适宜采用专业双体运维船、居住船、自升式运维船。

江苏海域大多为潮汐带，工作水位从0~20m不等，风速为3~7m/s，波高为0.5~4.6m，早期风电场离岸距离为3~50km，波周期的平均值为3.1s，全年安全出海时间约为160天，全年可作业时间约为 220 天，适宜采用专业双体运维船、居住船。

福建、广东、浙江海域情况复杂，岛礁、暗礁多，涌浪大，水流急，风浪大，水深在 10～50m 内，年平均风速为 8.0m/s，平均浪高为 2.0m，早期开发的风电离岸距离近，浪高、风大，适合快速、抗风浪的运维船舶。近期开发的风电场离岸距离达到 30km，全年安全出海作业时间约为 140 天，全年可作业时间约为 200 天，适宜采用专业双体运维船、自升式运维船。

（二）运维船性能要求

（1）保障船舶出航率。船舶选型要充分考虑风电场海域地质、水文、气象等条件的影响，结合海上风电场设备运行状态和运维工作计划安排，在确保安全的基础上，保障船舶的出航率。

（2）确保船舶安全性。船舶安全性主要体现在船舶稳定性和可操作性满足现场要求，通常采用双体或三体船可提高船舶的稳定性，全回转推进器可提高船舶操作性。

（3）提升出航经济性。主要从降低燃料消耗和减少重复航行次数两个方面降低油耗。在船舶设计方面，要减轻船舶重量，优化船舶线型，合理规划船舱空间布局，提升船舶续航力和载货能力，在经济调度方面，要统筹制定运维工作计划，合理安排航线，降低船舶重复航行次数，以达到降低燃料消耗的目的。

（4）提升船舶专业性。船舶制造商应加大设计、研发投入，确保运维船具有适应恶劣海况、抗风浪等级高、较高稳定性和舒适性特点，进一步提升船舶的可达性，确保较高的出航率和安全性；优化船体空间布局，配备折臂吊机等专用接卸设备，提升装载能力，增强实用性；采用特殊设计或装配海上风电机组运维船专用登靠系统等专用设备，突出专业性能。安全、高效、经济成为专业运维船舶新要求。

（5）突出船舶定制性。根据本海域及风电场特点合理定制各项功能，定制船舶应充分考虑后续运行维护需求，突出本海域运行维护特点，优化配置船舶性能和船载设备功能，船体配套设备应采用专业设备，如艏部护舷、波浪补偿舷梯等，降低船舶制造成本，并提升运行维护工作实际效果。

（6）日常维护保障性。运维船应停靠专门母港，船舶日常保养、维护需要专业人员严格按照相关规定执行。

运维船作为海上风电全寿命周期内重要的运维工具，提高运维船的安全性、可达性、经济性，对降低运维成本、发电损失、提高发电量起着至关重要的作用。

第三节　海上风电智慧运维技术

由于海洋气候条件较陆地严酷，海上风电受到台风、海浪等恶劣自然环境影响，存在风电机组部件失效加快、机械及电气系统故障率高的特点。在海上风电日常运维工作中，需要针对这些特点，制定对应的措施，采用科学、智慧的运维方法提高设备可靠性，提升运维工作效率。

一、海上风电运维工作特点

（一）运维工作内容复杂

1. 运行巡视

海上风电场巡视工作可分为日常巡视和特殊巡视。日常巡视主要对风电机组、基础、海上升压站、测风塔、海底电缆进行巡回检查，发现缺陷及时处理。特殊巡视主要在发生异常天气，风电机组、升压站非正常运行，机组抢修、大修，新设备（技术改造）投入运行后，增加的特殊巡视检查内容或巡视次数。

海上风电场巡视项目包括升压站巡视、风电机组巡视、测风塔巡视、海底电缆巡视、基础巡视和环境巡视。其中基础巡视内容包括基础完整性（含爬升系统、靠泊装置、防坠落装置、栏杆、梯子及平台），防腐涂层完整情况及海洋生物附着情况；沉降观测系统；助航标志与信号。环境巡视内容包括环境污染情况、风电机组噪声情况、升压站内生活垃圾及污水处理情况。

2. 定期维护

海上风电场定期维护间隔时间一般不超过 1 年，整个风电场所有部件（包括海底电缆）在 5 年时间内至少检查一次。

（1）机械定期维护。

1）机械定期维护项目，可分为 11 大系统部件：主轴、齿轮箱、联轴器、发电机、偏航、变桨、液压、散热系统、机架、起重机、罩体。

2）检查内容可分为 12 大类：表面破损或异常、堵塞、泄漏、转动部件、压力、力矩、间隙、信号、性能测试、程序试验、校验，噪声。

3）维护内容可分为 5 大类：打磨后补漆、清洁、补充（油、脂、气、液）、校验、更换。

（2）电气定期维护。

1）电气定期维护可分为 9 大系统部件：塔筒内电缆及接地、塔基控制柜、机舱控制柜、变桨系统、偏航系统、变频器、机组变压器、发电机、防雷保护系统。

2）检查对象可分为 13 大类：各种线缆（电缆、电缆夹、接地铜带、接地线、屏蔽线、通信电缆）、接线端子、保护开关、接触器、紧急停机按钮、控制柜内元器件、哈丁接头、充电器及浪涌器、散热系统、加热器、防雷模块、电气连接、机械连接。

3）检查内容可分为 9 大类：松动、过热、拉弧、吸合阻滞，输入信号、输出信号、油污、灰尘、积水。维护内容可分为 5 大类：清洁、紧固、打力矩、维护、排水。

（3）基础定期维护。

1）基础定期维护项目：海上升压站、风电机组基础。

2）主要内容：基础完整性，结构变形、损伤及缺口，钢结构节点焊缝裂纹，混凝土表面裂缝、磨损，基础冲刷，助航标志。

（4）防腐定期维护。

1）防腐定期维护范围：钢结构、混凝土基础的涂层、包覆、阴极保护。

2）防腐系统维护具体内容：涂层损坏位置打磨后补漆，对水下结构涂层、牺牲阳极块进行检测，对阴极保护系统进行电位检测，对结构焊缝进行无损检测，力求对腐蚀疲劳进行早期检测，对钢构基础过度腐蚀位置进行钢板厚度测量。

（二）安全风险防控困难

海上风电所处环境恶劣、安全风险问题突出，必须精准制定安全风险防范措施。充分识别海上风电运维工作面临的各种危险源，根据各种危险源发生的概率和后果，做好预防管理措施以及相应的处置预案，并定期组织演练，确保措施有效。

（1）建立完善的安全管理体系。通过建立、健全各级安全组织机构，制定全面的安全生产相关规定、"两票三制"、防止电气误操作措施等手段防范事故发生，精准制定不同类型运维船对应不同出海运维工作内容的要求，对工作使用的通信设备及通信方法制定统一的规定并严格执行，特别是要加强对制度执行的监督管理。

（2）海上风电运行维护需要配备具有舒适性强、安全性好、可达性高等特点的专业运维船，并配备足量救生设备，提高作业人员的登乘安全可靠性，降低运维人员登乘落水、挤压安全的风险，确保海上航行和登乘安全。

（3）要强化执业资格培训，海上风电运维涉及多种特殊作业，必须严格执行从业资质要求。除了高处作业证，高、低压电工证等常规特种作业证书的资质要求之外，海上运维作业还需具备一些特殊的资质要求，比如出海证，包括"海上求生""海上急救""海上平台消防""救生艇筏操纵"和"直升机遇险逃生"5项安全培训，其中"救生艇筏操纵"和"直升机遇险逃生"可以根据具体设备配备情况选择和免除培训，运维船舶上的船员应持有国家主管部门规定的与所在船舶相适应的"船员适任证"。

（4）配备完善的安全设施。安全设施包括安全标志和安全防护设备。安全标志起到安全警示和规范安全作业行为的作用，例如"必须系安全带""必须戴安全帽"以及"紧急出口"等安全标识。安全防护设备主要用来保护设备和人身的安全，除了包括运维人员必须穿戴的劳保用品、救生圈等，还包括运维船上靠桩平台、基础承台上的救生圈、攀爬时防跌落的速差器和安全滑块、休息舱和灭火器等。

（5）建立健全应急管理体系。从安全预警和应急处理着手，建立、健全应急管理组织机构，编制应急预案和现场处置方案，并开展应急演练。通过建设安全预警信息平台，采集风电场海域水文、气象信息，运维人员定位信息等实时数据进行监视和预警，一旦发现安全风险，及时调整运行维护工作方案，及时将船舶召回，保障运维人员安全。

（三）运维计划影响因素多

由于海上风电场的风电机组台数比较多、分布区域比较广，具有点多、面广、线长等特点，这些特点给风电机组及时维护和全面管理带来一定的困难。由于海上风电场大都处于海洋性气候和大陆性气候交替影响的区域，这些区域气候变化较大，能够在海上进行设备巡视、维护的时间大大缩短，所以对风电机组及时有效维护影响较大。因此，制定运维工作计划需要根据运行方式、设备工况、水文、气象信息等情况综合考虑，周密计划，确保每一个出海窗口期完成运维工作任务最大化。

海上风电运维工作分为预防性维护和故障检修，预防性维护主要包括日常的日常巡检和定期维护。海上风电运维工作计划要根据经验和当地历年浪高信息制定，选取每年风浪比较小的时间段，进行集中的预防性巡检、维护。故障检修一般来说无法提前预知，需要根据事故类型和设备受损情况、备品备件情况、工器具情况、海洋信息、气象情况等相关因素制定检修计划。

（四）台风应急预案针对性要求高

东南沿海地区的海上风电场，要针对台风制定有效的应急预案。台风专项应急预案应根据台风特点、海上风电场运行方式和现场设备的特点进行编制。应对措施主要包括台风来临前的检查和准备、台风期间的运行维护、台风过后的检查和启动流程三方面。

（1）台风来临前的海上作业窗口期内，运维人员应对全部机组、设备进行全面检查，一旦发现设备存在缺陷或隐患，应及时处理。要严格按要求进行制动器、刹车片和液压设备运行工况的检查，对机组后备电源进行检查，并进行停机测试，确保机组异常情况下可靠停机，台风来临前还需要密切关注气象部门的台风预报信息，提前做好防控措施。

（2）台风期间，运维人员应通过对设备参数，水文、气象数据的实时监控，判断台风影响程度和区域范围，及时调整相应防范策略，密切监视风电机组、变压器及电网运行工况，随时掌握各风电机组运行状态，及时调整场内的运行方式，如发生紧急事件应立即停止风电机组运行。如果台风期间送出线路停电，应立即向调度申请尽快恢复送电。

（3）台风过后，应对风电机组和主要设备进行检查，无异常后才能启动并网。风电机组检查内容包括气象站、叶片等所有部件是否有损坏和变形，电网电压及通信是否正常，高强度螺栓是否有断裂，电缆是否与其他部件缠绕，扭缆是否过紧，机组、设备内部是否进水，控制系统是否正常，控制系统在台风期间所有事件记录是否有异常。

二、海上风电运维管理要求

（一）安全管理全覆盖

海上风电环境相对恶劣，其风险不确定性和危险系数明显高于陆上风电。在安全管理上要借鉴传统电力行业成熟的安全管理经验，健全安全管控体系，建立安全管理组织机构，完善三级安全监督网络体系。在制定安全生产责任制、"两票三制"规定、防止电气误操作制度、交通安全管理办法、消防安全管理办法等常规的安全管理制度基础上，特别要对出海交通工具的使用、海上救生用具的配置、出海窗口期的选择、出海通信工具配置及联络方式、出海人员合理安排等方面进行规范。针对海上作业特殊性，必须对运维船舶和运维人员进行准入资格认定，并通过标准的安全实训，提高运维人员的安全意识和预防、处理安全事故的能力。此外，在海上风电运维工作中，要全面梳理危险源点，全方位、多角度进行安全隐患排查，确保海上作业安全。

（二）生产管理精益化

1. 生产体系健全

目前，涉及海上风电的国家和行业标准体系尚未健全，海上风电场运维管理并未形成标准模式，只有对海上风电运维工作进行全面分析，以提升风电场运营管理水平和降低运营成本为目的，在分析总结国内外海上风电场运维管理现状，特别是本海域风电场运行维护特殊需求和存在问题的基础之上，健全生产管理体系，编制运维工作标准，规范工作流程，才能形成完整合理、高效统一的管理机制。

2. 船舶管理规范

海上风电运维主要依靠运维船，这也是目前国内海上风电运维的主要交通工具。由于海上风电机组分布范围广，运维区域面积大，对运维船及其附属设备管理的水平提出了更高要求，在运维过程中既要保证在出海窗口期内安全往返，也要保证运维工作高质量完成，不留安全隐患。这就要求必须制定行之有效的运维船舶管理标准、船舶调度管理方案，按照运维工作需要对运维船进行统一管理与调度，做好风险防范与应急处置预案，同时做好船舶台账管理，全面记录船舶、设备的年检、保养、维修和使用情况，做到使用有标准、检查有依据、防范有措施，确保运维工作高质量完成。

3. 物资管理科学

由于海上风电运维的特殊性，在出海窗口期受制的条件下，确保在有效的出海窗口期完成既定运维任务，备件、工具保障必不可少。应定制不同出海任务所需相应备件、材料、工器具清单，每次运维工作前应通盘考虑应维护风电机组数量、维护周期、运维工作内容、外界影响等因素，综合历史数据与工作经验，制定全面详尽的备品备件、工器具、材料使用方案和人员配置方案，核对现场需用备品备件、工器具、材料数量，设定备件、工具、材料准备范围和数量，确保在运行维护过程中，工器具完备，备品备件、材料充足，顺利完成预定的运维工作计划。

4. 运维调度精准

海上风电的运维工作计划应充分考虑气象、水文、交通等因素，这些都对运维工作调度的精准性提出挑战。如遭遇特殊情况，则需通过合理调度，最大程度完成计划工作，努力减少不必要的经济损失。因此，必须确保每次出海运维调度工作井然有序、精准完成，通过实时掌握相应海域气象、水文信息等相关监测数据，综合历史变化规律，并根据现场设备运行状况及维护要求，对每个出海周期内的运维工作内容进行合理安排，精准调控并模拟演练，确保运维工作计划顺利完成。

（三）运维培训全面

（1）开展基于风电安全技能的全球风能组织基本安全培训（GWO～BST）理论实操培训标准、基础技能培训（GWO～BTT）理论实操培训标准的专业化培训，针对不同海域、海况的差异性和运维现场实际需求，编制海上风电运维培训教材，对海上风电运维工作人员资质（包括身体条件，登高证、电工证等特种作业证，以及安全培训合格证、救生艇筏和救助艇培训合格证、高级消防培训合格证、急救培训合格证）、技术（如验收规范、海上防腐、电气防护、运维技能等）、管理（安全管理、生产管理、技术管理、后勤管理等）等要求进行统一规定。

（2）通过开展三级安全教育、设备厂家、第三方专业培训机构等多方位培训，夯实安全基础，提升技术水平，加强技术创新，实现标准化管理，最终打造高素质运维团队。

（3）建设海上风电技术培训基地，通过仿真系统模拟海上风电环境、特点、工作方式等，为运维人员进入现场适应环境打好基础，邀请海上风电设计单位，整机厂商及主设备供应商，施工安装、调试单位等所有海上风电项目相关人员对运维人员开展培训，全方位提升海上风电运维人员的专业技能素养。

三、海上风电智慧运维技术

（一）数字化技术应用

1. 信息管理技术

我国的海上风电发展时间不长，数字化管理的水平仍处于发展阶段，具有极大的提升和发展空间。要实现海上风电综合信息的数字化管理，需要进行全方位的统筹谋划，借助数字化信息管理平台，建立、健全主要设备台账，船舶管理台账，人员信息台账，日常运行、维护记录，设备参数、气象、水文监测等方面信息，通过信息积累与数据整合，促进海上风电运维管理的综合信息数字化水平提升。同时，通过大数据分析，统筹船舶、备件、人员、设备等资源的有效分配，确保运行维护工作高效开展。

2. 智能分析技术

目前，海上风电的设备状态监视大多沿用传统陆上风电的方法，通过安排具备较高的风电机组专业技能素养的人员作为运行监盘人员，对风电机组传回的实时数据进行监视并储存，通过分析不同风速、负荷下风电机组各系统运行状态判断可能存在的问题，提早发现设备存在的缺陷和隐患并及时解决。海上风电开发和运维过程中虽然积累了大量的数据，但数据库独立，数据来源分散、维度繁多、缺乏统一规范，数据未能充分利用。缺乏一体化数字管理平台对多个设备或系统数据进行科学分析，导致海上风电风电机组的智能诊断方法缺乏。因此，建立一体化运维管理平台成为十分迫切的需要，今后，通过建立海上风电智慧运维管理平台，逐步实现设备运行数据智能分析，使海上风电智慧运维平台的设备诊断分析模块与控制系统数据有效衔接，将主要设备运行状态的变化趋势、存在风险及时提示运行监盘人员，提早采取防范措施，避免设备故障的发生。

3. 故障诊断技术

按照传统风电运维模式，对设备异常的提前预判主要靠巡视、检查发现，有时不够及时、精准，甚至可能出现误判，由于海上风电运维存在环境、气象、交通等方面问题，海上风电机组从海底电缆、基础、塔筒到机舱，其各个部件紧密相连，一旦重要部件出现故障，将影响整机甚至临近馈线机组的可靠运行，且维护成本高昂且效率不高。对此，急需建立有效的设备故障诊断系统进行风险预判。开发融合数据采集、计算、分析为一体的智能故障诊断系统，及时发现设备异常状态，制定预防性维护策略，消除设备隐患，有效降低维护成本与检修难度。

4. 区域集中监控技术

通过建立集中海上风电监控中心，可以实现区域统一规模化管理，将同海域的多个风电场在同一平台下统一调度、统一监控、统筹巡检，可实现升压站现场无人值班或少人值守。通过建立区域检修维护中心，负责该区域海上风电场检修维护工作，可实现专业技术人员、数据资源共享，集中力量对设备开展预防性维护，降低设备故障率，提高风电机组的可利用率，优化备品备件、消耗性材料库存，包括试验仪器及专业工具配置，实现资源利用最大化。通过建设海上风电智慧运维管理平台，集合多数据源的风电场设备运行数据的采集、分析和计算，包括数据采集与监视控制系统（SCADA）数据、风功率预测数据、状态监测数据、预防性试验数据，以及历史维护记录、异常运行记录、故障检修记录、缺陷记录等非结构化数据，可实现大数据积累共享及各类风电机组故障预警、智能诊断和寿命预测等功能，优化运维策略，提升设备可利用率。

（二）全方位监测技术

随着海上风电机组各方面技术的发展，针对海上风电设备监测手段越来越丰富，这些技术手段的应用可对设备状态诊断、故障预警、异常分析等提供强有力的技术支持，为海上风电场安全稳定运行提供基础保障。

1. 振动监测技术

对风电机组及重要转机进行振动监测，振动分析方法就是通过采集转动设备各部件的振动特征频率，并根据特征频率将设备各部件的振动区分开来，从而对设备的故障进行定位分析与诊断。

2. 油液在线监测技术

通过分析被监测设备润滑油和液压油本身性能、油内磨屑微粒的情况，从而掌握设备运行中润滑和零部件的磨损信息，是对机械设备进行不停机状态监测、故障诊断的重要手段。特别是海上风电机组单机容量大，巡视、检查、维护受各方面影响很难定期开展，配置状态监测系统将是必然趋势。

3. 海底电缆综合监测技术

海底电缆综合监测系统采用分布式光纤温度传感器、分布式光纤振动传感器及双端行波故障定位装置实时监测海缆的扰动、温度、载流量、埋深等运行参数，并基于船舶自动识别系统（AIS），AIS 系统可实时跟踪、采集船舶的 AIS 信号，配合全球定位系统（GPS），实时掌握海缆附近海面的船舶资讯，对可能发现的锚害进行跟踪与预警。

4. 基础防腐监测技术

开展海上风电基础结构安全监测，有利于精确掌握其服役状态，掌握其全寿命期的应力、应变、振动、倾斜、腐蚀、波浪力等的监测数据，主要包括防腐涂层检查，阴极保护系统检查及保护电位检测，检查牺牲阳极块数量、测量尺寸，测量保护电位，关键焊缝位置的腐蚀疲劳预防性无损探伤检测，腐蚀量检测，测定钢结构壁厚等。根据监测情况及时预警，及时采取补救措施，避免因海上风电基础失效造成较大经济损失。

（三）状态维护技术

陆上风电运行维护通常采用计划维护为主，故障抢修为辅的方式，海上风电由于受客观条件的影响，采用传统运维方式效率低下，且需要大量的人力、物力、财力支撑，越来越不适应大规模发展的需要，面对这种情况，海上风电的运维方式应逐步向以状态维护为主、计划维护与故障抢修为辅的模式转变。

（1）状态维护是以设备状态为基础，根据对潜伏性故障离线测量和在线监测的结果，结合巡检数据、历史数据、实时数据等技术，对设备进行状态评估，并以此来指导安排设备维护周期和维护内容。状态维护通过对设备结构特点、运行情况、监测数据等信息进行综合分析，确定设备是否需要维护、检修需要进行哪些项目，具有很强的针对性，可以取得较好的维护效果。特别在海上风电机组运维上，风电场要根据各台风电机组历史运行数据及实时监测情况，统筹安排对多台风电机组进行状态维护，可大大节约运维成本，提高风电机组发电效率。

（2）海上风电运维计划制定要以出海窗口期时间内完成多项运维工作为前提，尽可能完成计划运行维护和存量检修任务，提升运维工作效率，要充分考虑气象预测和相应数据分析对运维工作的影响，根据得到的结果拟定运维计划，进而延伸到长期计划范畴中。例如，在制定年计划的过程中，需要提前对各个要点位置进行统计，做好衔接控制工作，保证风电机组实现可持续运转，应对盛风期，通过风功率预测系统，综合利用短、中、长期预测数据，探索出海浪大小与风速之间存在的联系，为运维计划制定提供指导依据。

（3）推动"一站式"风电机组大部件检修模式。通过状态监测的振动预警系统，对风电机组关键设备异常情况进行预警，通过整合气象、水文、缺陷、安全、船舶、工艺技术、工具、备品备件、人员等各方面要素，统一组织"一站式"风电机组大部件检修更换工作，缩短检修时间，减少发电损失。

四、海上风电智慧运维调度管理

海上风电场环境条件恶劣，面临盐雾浓度高、湿度大、海生物附着及暴雨、台风等极端天气的挑战。恶劣的环境条件一方面会导致风电机组故障率升高，另一方面也限制了运维船舶出海窗口期。因此，海上风电的特殊性对运维策略制定、技术水平提升、运维船舶及智能运维装备提出了更高的要求，也导致海上风电对风电智能感知、智能运维、智能控制、智能决策能力的需求更加迫切。

充分利用大数据、云计算、人工智能等先进技术，建设海上风电智慧运维调度系统，将区域内的运维资源集中，共享调配、统一调度，提供智能决策分析，充分利用有限的作业窗口期，规划最优的出海运维方案，提高运维效率，降低设备的故障率，提升风电机组可利用率，实现海上风电场的降本增效。

（一）海上风电智慧运维需求

1. 影响海上风电运维关键因素

影响海上风电运行维护的因素很多，主要包括风电机组位置、风电机组类型、设备工况、风资源、海底电缆、海上升压站、海洋水文、海洋气象、航线、运维船舶、码头、运维人员、设备、物资等因素。

（1）影响出海作业时间窗口的主要因素：海洋水文（海浪、海况、水深、海冰等）、海洋气象（海洋有效能见度、海洋最小能见度、降水量、风向、风速等）和运维船舶类型（总长、船长、型宽、满载吃水、最大航速、巡航速度、续航力、油箱、容量、载员数量、甲板承载、专业设备等）。

（2）影响运维路线的主要因素：风电机组位置、码头位置、船舶位置和航线等。

（3）影响运维成本的主要因素：风电机组位置、码头位置、船舶位置、航线、运维船舶单位里程费用、专业技术人员数量、停机时间、所需设备及物资数量等。

2. 海上风电维护策略

海上风电场维护成本不仅包括运行维护产生的人工费用、维修费用、设备和物资等费用，还包括机组停机造成的电能损失。风电场维护策略分类方式很多，通常可分为计划维护、状态维护、事后维护3类。

（1）计划维护是指在对设备的故障规律有一定认识的基础上，无论设备的状态如何，按照预先规定的时间对其进行维护的方式。计划维护主要分为日常巡检、特殊巡检、定期维护。

1）日常巡检主要对风电机组、水面以上风电机组基础、海上升压站基础及设备、测风塔、机组变压器、海底电缆进行巡回检查。

2）特殊巡检是在海洋水文、气象异常情况发生后，风电机组、海上升压站非正常运行，风电机组进行过事故抢修（或大修），新设备（技术改造）投入运行后，增加的特殊巡回检查内容。

3）定期维护主要是按照设备检修周期开展维护、检修工作。

计划维护是目前海上风电采用的最主要的维护策略。

（2）状态维护策略是预防性维护的一种，是指在海上风电设备中安装各种传感器，采集机组当前的运行状态数据，评估机组状态，在机组的状态评估和健康预测的基础上，确定机组的维护时机和维护内容。状态维护是通过机组状态监测过程中的状态信息对机组运行状态进行判断，以便及时发现故障并迅速制定正确有效的维护方案。状态维护使风电设备的维护管理从计划性维护、事后维护逐步过渡到以状态监测为基础的预防性维护。状态维护过程示意图如图 10-3 所示。状态维护能够在最大限度保证机组可靠性的同时减少不必要的维护操作和停机时间，在一定程度上能够降低运维成本。

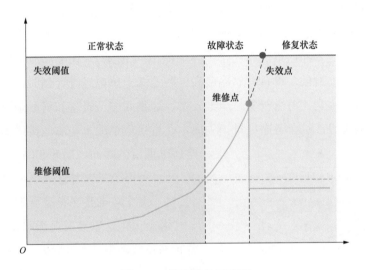

图 10-3　状态维护示意图

实现状态维护的核心是风电机组及核心零部件的状态监测与故障诊断技术。状态监测与故障诊断技术适用于风电机组齿轮箱、主轴、发电机和叶片等具有退化失效过程的关键部件。针对不同的监测数据，采用不同的故障诊断技术，可监测的信息包括气象数据、振动数据、转速数据、电气数据、温度数据以及油液成分数据等。海上风电机组安装各类传感器，可以测得大量的状态数据。但由于风速的随机波动特性、变速型风电机组自身的特性，风电机组往往运行在多种工况下，加上设备运行状况本身也比较复杂，采集到的信号往往表现出较强的非平稳性和非线性，有时还具有较低的信噪比。如何处理和分析这些数据，是当前风电机组状态监测与故障诊断的关键难题。

（3）事后维护是指设备发生故障前，不对其进行预防性维护，直至设备发生故障后再安排相关人员进行维护。与计划维护、状态维护相比，事后维护可以降低对机组维护及检查的频率，能够在一定程度上节省成本。海上风电机组面临恶劣的自然环境、复杂的地理位置和困难的交通运输条件。天气情况恶劣的时候，运维人员难以接近，若无法及时维修，将导致停机时间更长，发电量损失巨大。对于海上风电而言，事后维护需要更长的维修时间、更多的维护资源并导致更长时间的故障停机。事后维护策略虽然能在一定程度上节省交通费用，但会导致更大的经济损失，经济性远低于其他类型的维护策略。

3. 海上风电运维调度决策需求

海上风电运维路径规划是运维管理的重要技术环节，而精准的运维调度是路径规划科学合理的前提条件。海上运维调度决策的目标是综合运行管理、检修管理、设备管理和安全管理等环节产生的各类信息，并在结合海洋水文和气象条件、运维人员、备品材料以及运维船等资源基础上，合理制定运维工作计划。

海上风电出海运维工作主要取决于海洋水文、气象条件和运维船舶，当浪高或风速超出运维船舶的限制时将不能接近风电机组进行维护。海上风电智慧运维调度就是在合适的时间窗口内对运维所需的各种资源进行调度和分配，制定科学合理的运维工作计划，同时需要兼顾电量损失成本和运维成本的平衡（如图 10-4 所示），在提高海上风电场运维效率的同时使运维总成本最低，设备可靠性最高。制定海上风电运维计划时，需要统筹考虑各项因素，包括海洋水文、海洋气象、运维人员、运维船舶、设备和材料是否可用，以及机组停机造成的损失等，综合考虑电量损失成本、直接运维成本和总运维成本三者关系来确定运维调度的时间、船舶和路线等。

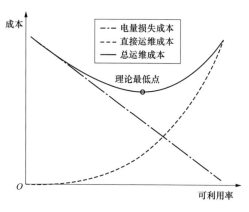

图 10-4 电量损失成本和运维成本的平衡

（二）海上风电智慧运维调度策略

1. 海上风电数字模型要素

海上风电运维涉及海洋水文、气象条件、设备状态及故障率、停电损失、运维人员配置、船舶配置、备件管理、海洋环境生态影响等诸多因素，建立数字海上风电模型，需要统筹考虑区域内海上风电运维资源，构建最优海上风电运维策略。主要涉及的内容如下。

（1）确定所有可能影响运行维护的评价维度，基于大数据（气象数据、海洋数据、船舶数据等）的智能作业和运维策略研究，确定所有可能影响运维工作的评价维度，运用多个维度构建以一定时间窗口期内运维成本最低为目标的海上风电数字模型。

（2）设定基于区域多风电场集中运维策略模型，统筹优化区域内海上风电运维资源。

2. 海上风电运维调度管理策略

通过确定海洋水文、气象条件与作业船舶大小、吃水深度、排水量等关系模型，获取不同条件下的船舶出海影响模型，通过建立海上风电大数据体系，制定基于大数据分析的海上风电运维船舶智能调度策略。根据大数据提供的区域内运维船舶资源、码头资源、海洋气象条件、船舶数据、单位成本等条件，优化配置运维船舶资源，制定船舶出海计划。基于运维船舶智能化及船舶物联网相关技术，制定在给定优化目标下，通过智能算法给出最优或趋优的可行调度方案，以此确定船舶的出海计划、备件配送方案与运维时间等。

建立基于全生命周期的海上风电运维成本统计模型，完善设备管理、物资管理、人员管理、安全管理等相关功能模块，便于对运维成本进行分析和优化。

（三）海上风电运维调度模型

1. 海上风电三维地理信息系统模型

地理信息系统是一种特定的而且具有重要作用的空间信息系统，具体是指由网络系统支撑，通过相应软件对地理环境信息进行收集、储存、检索、分析以及显示的综合性技术系统。

应用地理信息系统技术，将海上风电机组位置、机组类型、风电机组高度、基础深度、运行状况、风资源、海底电缆、海上升压站、海洋水文、海洋气象、航线、运维船舶、码头、运维人员等关键因素进行位置矢量化处理，与海图进行叠加处理，建立直观可视化的海上风电三维地理信息系统模型，为可视化运维和智能运维调度奠定基础。

三维建模的一般过程如图 10-5 所示。

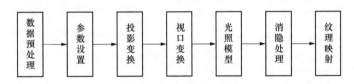

图 10-5　三维建模的一般过程

（1）数据预处理：将建模后得到的物体的几何模型数据转换成可直接接收到的基本图形的形式，如点、线、面（三角）等；再对影像数据如纹理图像，进行预处理，包括图像格式的转换、图像质量的改善及影像金字塔的生成等。

（2）参数设置：三维场景进行渲染前，需要先设置相关的场景参数值，包括光源性质（镜射光、漫射光和环境光）、光源方位（距离和方向）、敏感处理方式（平滑或平面处理）和纹理映射方式等。此外，还需设定视点位置和实现方向（通过设置观察点指定）等参数。

（3）投影变换：确定观察者和物体间的相对位置后，还要决定物体投影到屏幕上的方式。投影变换一般分为正射投影变换和透视投影变换两类。

1）正射投影直接把物体投影到屏幕上，不改变其相对尺寸，反应物体的真实大小，主要用于工程图纸；

2）透视投影遵守物体近大远小的投影规则，与摄影或人的视觉效果相似，有较强的立体感。

因此在建立三维场景时通常采用透视投影变换。

（4）视口变换：经光照模型计算可获得可见面元二维影像的明暗值，从而显示形成模型的浓淡渲染图。光照模型应考虑由环境分布光源综合引起的泛光、穿过物体表面被吸引并重新发射出来的漫反射光、由物体表面光洁度产生的镜面反射光（高光）等效应，最终以不同颜色（256 种）及其不同亮度（16 级）表现不同要素的表面光照特性。

（5）光照模型：当光照射到物体表面时，物体对光会发生反射、透射、吸收、衍射、折射和干涉现象，其中被物体吸收的部分转化为热，反射、透射的光进入人的视觉系统，成为可见物体。为模拟这一现象，通过建立数学模型来替代复杂的物理模型，这些模型就称为光照模型，光照模型可划分为局部光照模型和全局光照模型。

（6）消隐处理：为改善图形的真实感，消除多义性，在现实过程中应该消除实体中被隐蔽的部分，这种处理称为消隐。代表的算法有画家算法、深度缓冲区算法和光线跟踪算法。

（7）纹理映射：为了增加模型的逼真性和现实性，可以在三维模型的灰度图上增加纹理，使其成为具有纹理映射的三维模型。目前，主要有从影像图上提取纹理和按照一定公式计算纹理两种方法对模型增加纹理映射。

2. 海上风电运维调度建模方法

（1）运维调度建模。根据不同场景，可以将运维调度建模触发条件分为计划运维、故障维护、预防维护 3 种。每一种触发条件都需要分析运维关联的风电机组型号、位置坐标、运维任务类型、所需要技术人员、运维船舶类型、工器具、试验检测设备及备品备件等信息，然后触发建模，系统会根据请求资源的情况进行组合，如果资源不能满足最低要求，则启动资源适配或请求资源边界条件，再次请求资源，满足条件则根据预先设定的计算方案（如最小成本、最小路径、最快时间）调用智能算法进行计算，根据计算结果进行排序，选出最优方案。建模流程如图 10-6 所示。

举例说明运维调度计算过程如下：

有 2 台风电机组发生故障需要进行维修，另外 3 台风电机组需要巡检，其风电机组编号、位置及任务类型如表 10-3 所示。

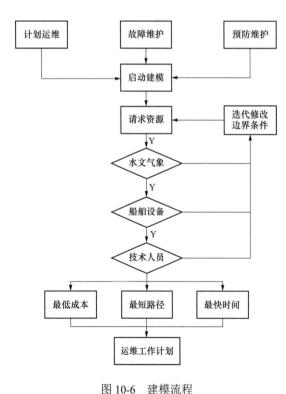

图 10-6　建模流程

表 10-3   风电机组编号、位置和任务类型说明

风电机组编号	位置坐标	任务类型	工作内容	所需时间（min）
F01	$(x01, y01)$	计划运维	检查基础	30
F02	$(x02, y02)$	计划运维	检查轮毂	60
F03	$(x03, y03)$	计划运维	检查叶片	30
F04	$(x04, y04)$	故障维护	更换接触器	60
F05	$(x05, y05)$	故障维护	更换控制电缆	120

有 2 艘运维船可以调度使用，其信息如表 10-4 所示。

表 10-4   运维船舶资源信息

船舶编号	位置坐标	类型	可完成任务类型	状态
C01	$(x06, y06)$	单体船	正常巡检	正常
C02	$(x07, y07)$	双体船	正常巡检、维护检修	正常

风电机组和船舶位置如图 10-7 所示。

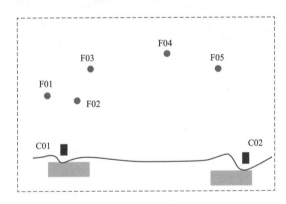

图 10-7   风电机组和船舶位置

假如，根据海洋水文和气象预报数据计算，未来 2 天内符合完成运维任务要求的出海时间窗口有 3 个，分别如表 10-5 所示。

表 10-5   出 海 时 间 窗 口

时间窗口编号	开始时间	截至时间	可出行船舶类型
S01	某日 12:00	某日 14:00	单体船、双体船
S02	下一日 09:00	下一日 12:00	双体船
S03	下一日 12:00	下一日 16:00	单体船、双体船

仓库中设备物资满足维护要求。运维人员在岗情况如表 10-6 所示。

表 10-6　　　　　　　　　　　　　运 维 人 员 在 岗 情 况

日期	在岗班组	说明
某日	维护班组 02、运行班组 02	
下一日	维护班组 01、运行班组 01	

根据最小成本法测算最优运维调度方案如表 10-7 所示，航线如图 10-8 所示。

表 10-7　　　　　　　　　　　　　最小成本调度方案

调度时间	S03：某日 12:00—14:00
调度船舶	C02
行走路线	C02：F05→F04→F03→F02→F01（如图 18 所示）
人员班组	维护班组 01、运行班组 01

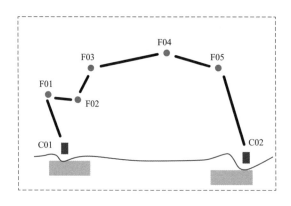

图 10-8　最小成本运维航线图

根据最快时间法测算最优调度方案如表 10-8 所示，航线路线如图 10-9 所示。

表 10-8　　　　　　　　　　　　　最 快 时 间 调 度 方 案

调度时间	S03：某日 12:00—14:00
调度船舶	C01、C02
行走路线	C01：F01→F03→F02 C02：F05→F04（如图 10-9 所示）
人员班组	C01：运行班组 02 C02：维护班组 02

首先，确定风电机组编号和位置。

其次，确定运维船舶编号和位置。

再次，搜索码头、船舶和风电机组之间最优映射关系，如图 10-10 所示。

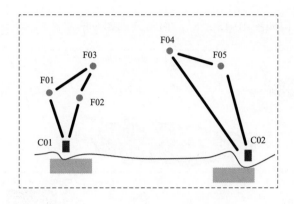

图 10-9 最快时间运维航线路线图

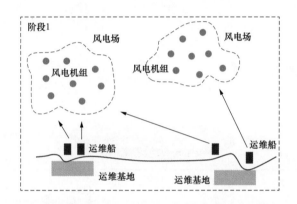

图 10-10 目标风电机组与运维船舶对应关系

最后,计算出船舶、风电机组映射关系,使用智能算法以最小成本、最短路径或者最快时间为目标,在满足约束条件的情况下,规划最优的运维船舶航行路径(如图10-11所示)和作业方案。

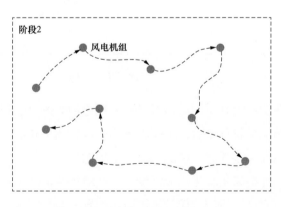

图 10-11 最优的运维船舶航行路径

(2)平台结构。利用大数据、人工智能、物联网技术、移动通信等技术,搭建高效、稳定的智慧运维调度系统平台,可为海上风电智慧运维管理提供技术保障。

系统网络拓扑结构如图 10-12 所示，通常分为如下两层。

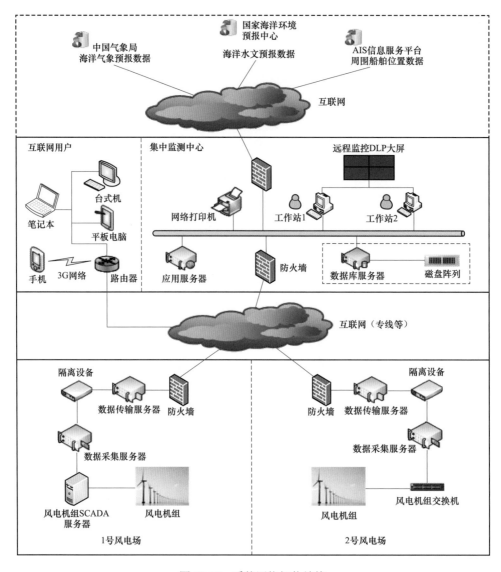

图 10-12　系统网络拓扑结构

第一层：集中监测中心管理层，可实现对海上风电场的统一监视和管理。

建设海上风电智慧运维管理平台，可接收各海上风电场上传的实时生产运行数据，远程实时监测各风电场主要设备的运行情况，对风电场的历史数据和故障缺陷进行多层次、多维度综合对比分析，评估风电场生产运行情况，并提供全面的生产运行报表，集中监测中心统一将海洋气象、水文、运维船舶及周围船舶位置等数据接入。

第二层：海上风电场数据采集层，建设在各海上风电场就地，通过在生产控制一区部署通信管理机（部署数据采集、协议转换、数据转发等应用程序）接收风电场 SCADA 监控系统后台转发的风电机组、测风塔、升压站设备和电能计量表（安全Ⅱ区）、环境监测数据，并经过横向隔离装置（正向型）传输到管理信息区的生产运行服务器，位于服务器中的解析程序对传入的数据进行实时解析、入库和统计分析。

系统采用分布式框架，功能应用可在系统内任一节点上配置运行，具备高性能、可扩展等特点。

第四节 结 论 与 建 议

国内海上风电发展已经呈现"由小及大、由近及远、由浅入深"的趋势，新开发的海上风电场离岸距离和水深不断增加，规模化、深远海化趋势明显，风电场规模越来越大。本章针对深远海海上环境特点，论述了海上运维船舶要求及管控措施、海上风电运维管理要求。通过对日常巡视最优运维策略的分析，结合数字化技术、智能监测技术、状态维护技术，介绍了海上风电智慧运维调度策略和运维调度模型的建模方法。

海上风电智慧运维技术最终要实现的目标是在海上风电机组全寿命周期内，保障安全稳定运行，提升设备可靠性和可利用率，提升发电能力，降低运维成本，提高投资收益。通过对目前海上风电运维技术及生产管理方面难点的分析，对未来海上风电智慧运维技术发展方向提出以下建议：

（1）海上风电智慧运维需在传统风电场运维技术基础上，针对海上风电特点，制定精准的应对措施，大量采用专业化智能运维装备，有效降低风电场安全风险和运营成本，提高发电量，提升设备的可靠性和可利用率。

（2）采用配置专用装备且布局合理的运维船舶，作为海上风电交通运输工具和小型维护基地，对提升海上运维作业安全性、通达性、经济性，提高检修效率，降低运维成本，降低发电损失，提高风电场发电量起着至关重要的作用。

（3）海上风电采用以状态检修为主、定期维护为辅的形式，可以提前发现设备潜在隐患、异常并及时处理，保障机组安全稳定运行，有效减少因设备故障导致的停机时间。

（4）建设基于数字化技术和智能算法的海上风电智慧运维平台，可以实现设备运行状态实时监测、故障分析、智能诊断及异常预警等功能，采用基于最优算法的智能运维调度策略，结合设备状态检测信息与精细化水文、气象预报等相关信息，可以生成综合最小成本、最快时间和最短路径三项要素的最优运维方案，有效提高运维工作效率，降低海上风电整体运营成本。

参 考 文 献

[1] 白旭. 中国海上风电发展现状与展望 [J]. 船舶工程，2021，43（10）：12-15.

[2] 黄海龙，胡志良，等. 海上风电发展现状及发展趋势 [J]. 能源与节能，2020，6：51-53.

[3] 李翔宇，Gayan Abeynayake，等. 欧洲海上风电发展现状及前景 [J]. 全球能源互联网，2019，2（2）：116-126.

[4] J. L. Rodriguez-Amenedo，S. Arnaltes，M. Aragues-Penalba et al. Control of the parallel operation of VSC-HVDC links connected to an offshore wind farm [J]. IEEE Transactions on Power Delivery，2019，34（1）：32-41.

[5] 刘桢，俞旻昊，等. 海上风电发展研究 [J]. 船舶工程，2020，42（8）：20-25.

[6] 黄海龙，胡志泉，等. 海上风电发展现状及发展趋势 [J]. 能源与节能，2020，（6）：51-53.

[7] 迟永宁，梁伟，张占奎，等. 大规模海上风电输电与并网关键计算研究综述 [J]. 中国电机工程学报，2016，36（14）：3758-3770.

[8] 李红友，吴永祥，周全智，等. 我国海上风电场地质勘察问题及对策 [J]. 船舶工程，2019，1（41）：399-402.

[9] 钮建定，李孝杰，胡建平，等. 近海工程勘探平台创新设计及应用 [J]. 中国港湾建设，2020，12（40）：5-9.

[10] 胡建平，李孝杰，等. 岩土工程水陆两栖勘察平台设计 [J]. 岩土工程技术，2019，33（1）：1-5.

[11] 钮建定，胡建平，等. 自航式水上移动平台关键技术 [J]. 中国港湾建设，2012，6（3）：19-2.

[12] 顾小双. 波浪补偿钻探设备在海洋岩土工程勘察中的应用 [J]. 上海建设科技，2020（1）：12-14.

[13] 胡建平，赵磊. 船载桁架式勘探双平台设计 [J]. 水运工程，2014（6）：45-49.

[14] 欧阳志强，雷统平，田爱民. 海洋钻机液压波浪补偿装置. 0140173368. 6 [P]，2014-04-28.

[15] 宋宝杰，等. 拼装式浅海勘探平台实用性分析 [J]. 探矿工程（岩土钻掘工程），2019，46（5）：58-64.

[16] 黄斌彩，等. 海上风电工程各勘察阶段勘探方法选择 [J]. 南方能源建设，2020，7（1）：53-58.

[17] 翟立伟. 海洋自升式勘察平台插桩风险分析 [J]. 化学工程于装备，2019（12）：71-72.

[18] 戴兵，段梦兰，宋松林，等. 自升式勘察平台穿刺分析 [J]. 科技报，2010，28（17）：63-66.

[19] 王崇杰. 钻探设备的现状与应用探讨 [J]. 江西建材，2014 （1）：212.

[20] 朱清. 浅谈钻探机械设备现状及技术创新 [J]. 黑龙江科技信息，2015，29：41.

[21] 胡宝峰. 论钻探机械设备现状及技术创新在实际工作中的应用 [J]. 西部探矿工程，2013，25（8）：183，186.

[22] 贺明鸣，李辉，桂满海. "海洋石油707"综合勘察船的总体设计 [J]. 船舶与海洋工程，2017，33

（3）：27-30，61.

[23] 田雪，赵建亭，吴雪峰. 大洋勘探船钻探及岩心采集系统总体设计研究［J］. 海洋工程装备与技术，2020，7（4）：208-214.

[24] 蒋衍洋. 海上静力触探测试方法研究及工程应用［D］. 天津：天津大学，2011.

[25] 陆凤慈. 静力触探技术在海洋岩土工程中的应用研究［D］. 天津：天津大学，2005.

[26] 田雪，赵建亭，吴雪峰. 大洋勘探船钻探及岩心采集系统总体设计研究［J］. 海洋工程装备与技术，2020，7（4）：208-214.

[27] 陈奇，徐行，张志刚，等. 用于海洋地质调查的 ROSON-40KN 型海底 CPT 设备［J］. 工程勘察，2012（9）：30-34.

[28] 范红申，徐高峰. ROSON200kN 海床式静力触探系统的应用［J］. 科技通报，2019，35（4）：163-167.

[29] 陆凤慈，曲延大，廖明辉. 海上静力触探（CPT）测试技术的发展现状和应用［J］. 海洋科技，2004，23（4）：32-36.

[30] 贺明鸣，李辉，桂满海. "海洋石油 707" 综合勘察船的总体设计［J］. 船舶与海洋工程，2017 33（3）：27-30.

[31] 沈锦康. 动力定位船舶的 FMEA 介绍［J］. 江苏船舶，2010，27（3）：26-29.

[32] 胡世江，畅家海. 双体半潜式居住平台 DPS-3 动力定位系统设计和应用［J］. 海峡科学 c2016（12）：53-57.

[33] 王要强，吴凤江，孙力，等. 带 LCL 输出滤波器的并网逆变器控制策略研究［J］. 中国电机工程学报，2011，31（12）：6.

[34] 谢宗伯. 海洋柔性管缆弯曲限制器设计与制造技术研究［D］. 大连理工大学，2017.

[35] 张聪. 海上风电海缆弯曲保护装置设计技术研究［D］. 大连理工大学，2018.

[36] 崔东岭，摆念宗. 海上风电与陆上风电差异性分析（上）［J］. 风能，2019（5）：3.

[37] 崔东岭，摆念宗. 海上风电与陆上风电差异性分析（下）［J］. 风能，2019（6）：3.

[38] 陈蔓. 海上风力发电的输电技术分析［J］. 科技创业月刊，2011，24（17）：3.

[39] 高坤，李春，高伟，等. 新型海上风力发电及其关键技术研究［J］. 能源研究与信息，2010（2）：8.

[40] 王致杰，刘三明，孙霞. 大型风力发电机组状态监测与智能故障诊断［J］. 热能动力工程，2013.

[41] 边晓燕，尹金华，符杨. 海上风电场运行维护策略优化研究［J］. 华东电力，2012，40（1）：4.

[42] 郭宇星. 我国海上风电的发展现状及对策建议［J］. 产业与科技论坛，2014（9）：2.

[43] 周华. 海上风电运维之风电运维船［C］// 风能产业（2017 年 9 月 总第 98 期）. 2017.

[44] 谢鲁冰，李帅，芮晓明，等. 海上风电机组维修优化研究综述［J］. 电力科学与工程，2018，34（4）：9.

[45] 江建军. 海上风电场运维作业海上通达风险分析与管理［J］. 风力发电，2019（4）：4.

[46] 陈达. 海上风电机组基础结构（风力发电工程技术丛书）［M］. 北京：水利水电出版社，2014.

[47] 宏飙，孙小钎，刘碧燕. 海上风电场运维技术及通达方式研究［J］. 风能，2016（11）：5.

［48］谢云平．海上风电运维船船型及设计研究［J］．船舶工程，2020，42（12）：26-31.

［49］Dongming Fan，Yi Ren，Qiang Feng，et al．A hybrid heuristic optimization of maintenance routing and scheduling for offshore wind farms［J］．Journal of Loss Prevention in the Process Industries，2019，（62）：103949.

［50］刘永前，马远驰，陶涛．海上风电场维护管理技术研究现状与展望［J］．全球能源互联网，2019，002（002）：127-137.